高等学校计算机规划教材

# 数据结构项目实训教程

赵君喆　戴文华　主　编
卢社阶　闻　彬　副主编

电子工业出版社
Publishing House of Electronics Industry
北京·BEIJING

## 内 容 简 介

本书可作为《数据结构（C 语言版）》一书的配套实训教程。全书由 11 章和 1 个附录组成，其中第 0 章给出所有项目的总体实训规范，第 1～10 章描述各种数据结构的实训项目，各章节大致由结构特点总结、项目实训具体要求、核心代码提示和实训拓展四个部分组成，附录提供了标准化代码风格参考规范。本书配套素材中包含了所有实训项目的完整参考代码。

本书内容丰富、实践性强，不仅可作为高等学校数据结构课程的配套教材，还可作为广大工程技术人员和自学者的辅助学习资料。

未经许可，不得以任何方式复制或抄袭本书之部分或全部内容。
版权所有，侵权必究。

**图书在版编目（CIP）数据**

数据结构项目实训教程 / 赵君喆，戴文华主编. —北京：电子工业出版社，2017.8
ISBN 978-7-121-31939-6

Ⅰ. ①数… Ⅱ. ①赵… ②戴… Ⅲ. ①数据结构—高等学校—教材 Ⅳ. ①TP311.12

中国版本图书馆 CIP 数据核字（2017）第 139820 号

策划编辑：戴晨辰
责任编辑：裴 杰
印　　刷：北京虎彩文化传播有限公司
装　　订：北京虎彩文化传播有限公司
出版发行：电子工业出版社
　　　　　北京市海淀区万寿路 173 信箱　邮编　100036
开　　本：787×1 092　1/16　印张：19.75　字数：550 千字
版　　次：2017 年 8 月第 1 版
印　　次：2021 年 8 月第 3 次印刷
定　　价：42.50 元

凡所购买电子工业出版社图书有缺损问题，请向购买书店调换。若书店售缺，请与本社发行部联系，联系及邮购电话：（010）88254888，88258888。
质量投诉请发邮件至 zlts@phei.com.cn，盗版侵权举报请发邮件至 dbqq@phei.com.cn。
本书咨询联系方式：dcc@phei.com.cn。

# 前 言

计算机程序由数据结构和算法构成。在计算机科学理论方面，数据结构揭示了信息的逻辑结构、存储结构和相应操作；在编程实践方面，数据结构是程序设计的技术基础。因此，数据结构既是一门理论性学科，又具有很强的实践性。数据结构的实践性体现在工程开发的多个阶段。在实际软件工程开发过程中能否正确并灵活地运用数据结构，是衡量数据结构实践教学质量的一个重要标准。

传统的数据结构实践教材往往立足于离散知识点，并针对各种数据结构和算法设计小规模验证实验。这样的实践方式由于缺乏系统性，而显得较为枯燥，难以激发学习者对数据结构实践应用的兴趣，也难以使学习者体会数据结构在软件工程项目开发中所扮演的角色。

本书打破传统数据结构实践教材的格局，以工程项目思想贯穿始终，将所有数据结构及相关知识点封装成一个个完整的工程项目，并明确项目成果要求和标准化项目开发过程要求。本书的学习者将站在项目开发者的角度进行数据结构的应用和实践，同时遵循标准化软件开发流程，以实训的方式体验工程项目的实现过程。本书所构造的所有项目均具有较高的实用性，项目成果可作为实用工具应用于学习者今后的学习和工作中。

全书由 11 章和 1 个附录组成，各部分的主要内容如下：第 0 章给出所有项目的总体实训规范（即项目开发流程的公共要求）；第 1～7 章对各种基本数据结构（顺序表、栈、队列、串、广义表、树、图）的特性进行了总结，并针对各种数据结构设计了相应的项目实训和拓展；第 8 章设计了多种动态存储结构的项目实训和拓展；第 9 章设计了各种查找表和算法的项目实训和拓展；第 10 章设计了各种排序算法的项目实训和拓展；附录提供了标准化代码风格参考规范。本书所有实训项目的完整参考代码和其他相关配套资源，读者可登录华信教育资源网（www.hxedu.com.cn）注册后免费下载或联系编者（E-mail：daiwenh@163.com）索取。

本书的编写人员有赵君喆、戴文华、卢社阶、闻彬等，由于编者水平有限，加之时间仓促，书中难免存在不当之处，恳请广大读者批评指正。

编 者

# 目 录

第 0 章 项目总体实训规范 ················································································ 1

第 1 章 抽象数据类型项目实训 ········································································· 4

第 2 章 线性表项目实训 ···················································································· 7
   2.1 顺序表 ··································································································· 8
   2.2 单链表 ································································································· 13
   2.3 循环链表 ····························································································· 18
   2.4 双向循环链表 ······················································································ 20
   2.5 静态链表 ····························································································· 22
   2.6 线性表应用项目（多项式运算）····························································· 26
   2.7 线性表项目实训拓展 ············································································ 31

第 3 章 栈和队列项目实训 ·············································································· 32
   3.1 栈 ········································································································ 32
      3.1.1 顺序栈 ······················································································ 32
      3.1.2 链栈 ·························································································· 37
   3.2 队列 ···································································································· 41
      3.2.1 顺序队列 ·················································································· 42
      3.2.2 链队列 ······················································································ 46
      3.2.3 循环队列 ·················································································· 50
   3.3 栈和队列应用项目 ··············································································· 53
   3.4 栈和队列项目实训拓展 ········································································ 71

第 4 章 串项目实训 ························································································· 73
   4.1 串的定长存储 ······················································································ 74

|     |     |     |
| --- | --- | --- |
| 4.2 | 串的堆分配存储 | 80 |
| 4.3 | 串的块链存储 | 83 |
| 4.4 | 串项目实训拓展 | 94 |

## 第5章 数组和广义表项目实训 ············· 96

|     |     |     |
| --- | --- | --- |
| 5.1 | 数组的顺序存储 | 96 |
| 5.2 | 三元组稀疏矩阵 | 99 |
| 5.3 | 行逻辑链接稀疏矩阵 | 104 |
| 5.4 | 广义表头尾链式存储 | 110 |
| 5.5 | 数组与广义表项目实训拓展 | 116 |

## 第6章 树和二叉树项目实训 ············· 117

| | | |
| --- | --- | --- |
| 6.1 | 树 | 117 |
|  | 6.1.1 树的双亲表示法 | 118 |
|  | 6.1.2 树的孩子兄弟表示法 | 127 |
| 6.2 | 二叉树项目实训 | 138 |
|  | 6.2.1 二叉树的顺序存储 | 139 |
|  | 6.2.2 二叉树的链式存储 | 147 |
|  | 6.2.3 线索二叉树 | 156 |
| 6.3 | 树和二叉树应用项目 | 161 |
| 6.4 | 树和二叉树项目实训拓展 | 167 |

## 第7章 图结构项目实训 ············· 168

| | | |
| --- | --- | --- |
| 7.1 | 图的邻接矩阵表示 | 169 |
| 7.2 | 图的邻接表表示 | 183 |
| 7.3 | 图的十字链表表示 | 193 |
| 7.4 | 图的邻接多重表表示 | 202 |
| 7.5 | 图的高级算法项目 | 214 |
| 7.6 | 图项目实训拓展 | 228 |

## 第8章 动态存储管理项目实训 ············· 230

| | | |
| --- | --- | --- |
| 8.1 | 边界标识法 | 231 |

    8.2　伙伴系统 ································································································· 235

    8.3　动态内存管理项目实训拓展 ·············································································· 239

**第 9 章　查找表项目实训** ································································································ 240

    9.1　静态查找表 ···································································································· 241

        9.1.1　顺序查找表 ························································································· 241

        9.1.2　有序查找表 ························································································· 243

        9.1.3　静态查找树表 ······················································································ 246

    9.2　动态查找表 ···································································································· 250

        9.2.1　二叉排序树 ························································································· 250

        9.2.2　平衡二叉树 ························································································· 255

        9.2.3　B-树 ································································································· 260

        9.2.4　双链键树 ···························································································· 265

        9.2.5　Trie 树 ······························································································· 270

    9.3　哈希表 ·········································································································· 274

    9.4　查找项目实训拓展 ··························································································· 279

**第 10 章　排序项目实训** ································································································ 280

    10.1　常见排序算法 ······························································································· 280

    10.2　链式基数排序 ······························································································· 286

    10.3　排序项目实训拓展 ························································································· 289

**附录　标准化代码规范参考** ··························································································· 291

# 第 0 章　项目总体实训规范

数据结构是一门实践性非常强的课程，不但要深入理解各种结构的原理，还要能在解决实际问题的过程中灵活运用。因此，本书从项目实践入手，在商业项目的标准化运作过程中提炼核心开发流程，结合软件工程学的知识针对各种数据结构设计专门的实训项目。

本书所有实训项目的总体性实训规范如下。

## 一、实训要求

1）程序必须严格按照标准代码规范进行编写；
2）依据软件标准开发流程完成各种文档的编写；
3）按照教师要求，独立完成项目。

## 二、实训环境

操作系统 Windows XP 以上，C/C++编译环境 VC 6.0 以上。

## 三、实训安排

### 1. 准备阶段

实训前准备以下空白文档：
1）项目计划及进度控制表；
2）需求规格说明表；
3）功能模块结构说明表；
4）测试计划表；
5）缺陷记录表。

### 2. 计划、设计阶段

1）估计项目规模及开发时间，针对项目细节做出详细时间安排，并跟踪完成情况；
2）对项目进行需求分析，完成需求规格说明表；
3）设计各程序模块，完成功能模块结构说明表。

### 3. 编码调试阶段

1）遵循标准代码规范书写规整的代码；
2）根据设计文档编码实现程序；
3）编译调试程序，使程序能够顺利运行。

### 4. 项目测试阶段

1）完成项目测试计划表，根据项目功能填写测试用例，构造测试数据；

2）依据测试计划表对程序进行测试；
3）修复程序缺陷，填写缺陷记录表。

### 5．文档提交阶段

整理并汇总所有文档以及可顺利编译运行的源程序，提交任课教师。

## 四、文档规范

### 1．项目计划及进度控制表

针对项目开发流程中的每一个阶段，制订准确的时间约束，在项目进行中跟踪每一个开发环节，每天更新各环节的完成进度以及任务延迟情况，如表 0.1 所示。

表 0.1　项目计划及进度控制表

| 开发阶段 | 起始时间 | 终止时间 | 延迟时间 | 完成量/（%） | 备注 |
| --- | --- | --- | --- | --- | --- |
| 计划制订 | | | | | |
| 需求分析 | | | | | |
| 设计 | | | | | |
| 编码 | | | | | |
| 测试 | | | | | |
| 整理打包 | | | | | |
| 总计 | | | | | |

### 2．需求规格说明表

对项目的功能设计，应站在数据结构使用者的角度去进行分析，在需求分析的过程中要着重考虑结构操作的实用性、健壮性和可扩展性。对于一些常用的结构，甚至可以将其设计成一个具有实用意义的库以供今后的开发使用，如表 0.2 所示。

表 0.2　需求规格说明表（以顺序表结构为例）

| 功能需求 | 详细说明 |
| --- | --- |
| 用户操作菜单 | 用户可以参照菜单输入操作编号来选择对结构的特定操作 |
| 创建顺序表 | 用户可选择以文件的方式输入结构初始数据，也可采用实时的方式输入数据 |
| 按位置查询元素 | 如果输入的位置超过表长，则提示用户输入错误，不会对表越界访问 |
| 删除元素 | 如果表中无任何元素，则直接提示空表 |
| … | … |

### 3．功能模块结构说明表

程序的功能模块的说明是项目的重要资料，这些资料是程序的使用者以及程序的维护者的主要参考依据。因此，针对程序中每一个重要的函数模块都应该给出详细的接口信息以及内部运作逻辑，如表 0.3 所示。

表 0.3　功能模块结构说明表（以顺序表结构为例）

| 函数名 | 参数说明 | 返回值说明 | 操作行为说明 |
|---|---|---|---|
| InitList | 参数：传入顺序表结构引用 | 无返回值 | 为顺序表申请默认长度的内存空间，并将表置空 |
| LoopCommand | 参数：传入顺序表结构引用 | 返回逻辑值，表示是否结束循环命令输入状态 | 使用户循环输入操作代号，依据代号调用不同操作函数，其中一个代号代表退出程序 |
| GetElem | 参数 1：传入顺序表结构变量<br>参数 2：传入查询元素位置<br>参数 3：外部变量引用，传出查到的元素值 | 返回状态码 | 判断参数 2 是否在表长度之内，如果不在，则返回错误值（负值）；将参数 3 赋值为查询到的元素值，并返回正确值（0） |
| ... | ... | ... | ... |

### 4．测试计划表

项目编码和调试结束之后，应该执行严格的测试流程来尽可能发现程序的缺陷。而测试计划设计的好坏直接决定着测试的效果，因此应尽可能从多种角度设计测试项目和测试步骤。而一份完善的数据结构测试计划表，可作为将来结构修改或维护时的质量标准，如表 0.4 所示。

表 0.4　测试计划表（以顺序表结构为例）

| 测试项目 | 测试步骤 | 期望结果 | 测试目的 |
|---|---|---|---|
| 顺序表插入元素测试 | 1．插入元素，输入合理插入位置<br>2．列出表信息，观察结果 | 元素正确插入到特定位置 | 正面测试，测试插入功能的正常使用情况 |
| 顺序表插入元素测试 | 1．插入元素，输入不合理的插入位置<br>2．观察程序输出状态 | 程序提示输入位置不合理而不会崩溃 | 负面测试，测试插入位置错误情况下的程序健壮性 |
| 顺序表插入元素测试 | 1．销毁顺序表<br>2．在合理的位置插入元素，观察结果 | 程序提示表已销毁，不能插入元素 | 负面测试，测试在表销毁情况下插入元素的程序健壮性 |
| ... | ... | ... | ... |

### 5．缺陷记录表

对项目的测试应该严格依据之前制订的测试计划表来进行，在测试的过程中每发现一个程序缺陷都应该详细记录。在修复缺陷之后，还要进行回归测试，并跟踪每一个缺陷的修复状态，整理成缺陷记录表，如表 0.5 所示。

表 0.5　缺陷记录表（以顺序表结构为例）

| 序号 | 程序缺陷说明 | 修复情况 | 备注 |
|---|---|---|---|
| 1 | 空表删除元素导致程序崩溃 | 已修复 | 严重漏洞，必须修复 |
| 2 | 表中元素数量达到表容量后，插入元素不会自动扩充表容量 | 待修复 | 可采用 2 倍递增的方式扩充空间 |
| ... | ... | ... | ... |

# 第1章 抽象数据类型项目实训

对于一些基本数据类型无法描述的信息结构，可以将其逻辑特性抽象出来，形成一组数据以及对这些数据的一组逻辑操作，这称为**抽象数据类型**。

逻辑特征抽象层次越高，抽象数据类型的复用性程度就越高，因此，有必要掌握如何定义一个抽象数据类型，以及如何用代码来实现该数据类型。

### 一、本章实训目的

- 用 C 或 C++语言实现一个抽象数据类型；
- 实现一个用户操作界面来验证该数据类型；
- 运行程序并对其进行测试。

### 二、实训项目要求

编写程序实现以下抽象数据类型，并实现一个主函数调用三元组的所有函数操作。

ADT Triplet {
  数据对象：D = {e1, e2, e3 | e1, e2, e3 ∈ Elemset}
  数据关系：R1 = {<e1, e2>, <e2, e3>}
  基本操作：

    InitTriplet(&T, v1, v2, v3)
    操作结果：构造三元组 T，元素 e1、e2、e3 分别赋值为 v1、v2、v3。

    DestroyTriplet(&T)
    操作结果：三元组 T 被销毁。

    Get(T, i, &e)
    初始条件：三元组 T 已存在，1≤i≤3。
    操作结果：用 e 返回 T 的第 i 元值。

    Put(&T, i, e)
    初始条件：三元组 T 已存在，1≤i≤3。
    操作结果：改变 T 的第 i 元值为 e。

    IsAscending(T)
    初始条件：三元组 T 已存在。
    操作结果：若 T 的 3 个元素按升序排列，则返回 1，否则返回 0。

    IsDescending(T)
    初始条件：三元组 T 已存在。
    操作结果：若 T 的 3 个元素按降序排列，则返回 1，否则返回 0。

    Max(T, &e)
    初始条件：三元组 T 已存在。

操作结果：用 e 返回 T 的 3 个元素最大值。
    Min(T, &e)
    初始条件：三元组 T 已存在。
    操作结果：用 e 返回 T 的 3 个元素最小值。
} ADT Triplet

### 三、重要代码提示

使用连续的空间来存储三元组中的元素，如果是动态三元组的内存，则只定义三元组类型 Triplet 为其元素类型的指针即可。

```
// Triplet类型是ElemType类型的指针，用于存放ElemType类型的地址
typedef ElemType *Triplet;   // 由InitTriplet分配3个元素存储空间
```

三元组初始化函数 InitTriplet 传入已定义的 Triplet 变量的引用 T（因此，函数要将新申请的空间指针赋予三元组变量，所以参数必须传入三元组变量的引用），同时传入三元组的 3 个初值 v1、v2、v3。在函数中先为 T 申请 3 个 ElemType 类型的空间，如果申请失败，则直接退出程序，否则将 v1、v2、v3 分别赋值给 T[0]、T[1]、T[2]，参考代码如下。

```
Status InitTriplet(Triplet &T, ElemType v1, ElemType v2, ElemType v3)
{
    // 操作结果：构造三元组T,依次置T的3个元素的初值为v1、v2和v3
    if (!(T = (ElemType *) malloc(3 * sizeof(ElemType))))
    {
        exit(OVERFLOW);
    }
    T[0] = v1, T[1] = v2, T[2] = v3;
    return OK;
}
```

因为三元组 T 是连续分配的空间，所以销毁三元组的函数 DestroyTriplet 只需要直接释放 T 所指向的空间，随机将 T 置为空即可。

```
Status DestroyTriplet(Triplet &T)
{
    // 操作结果：三元组T被销毁
    free(T);
    T = NULL;
    return OK;
}
```

获取三元组元素值的函数 Get 通过参数 i 传入元素顺序，通过引用 e 传出元素值。首先，判断 i 的合法性，因为是三元组，所以 i 值只能为 1~3。因为下标编号是从 0 开始的，所以 T[i-1] 是三元组第 i 个元素的值，最后将 T[i-1] 的值赋予 e。

```
Status Get(Triplet T, int i, ElemType &e)
{
    // 初始条件：三元组T已存在，1≤i≤3
    // 操作结果：用e返回T的第i个元素的值
    if (i < 1 || i > 3)
    {
        return ERROR;
    }
    e = T[i - 1];
```

```
    return OK;
}
```

修改三元组元素值的函数 Put 和函数 Get 类似，只是将要修改的值通过参数 e 传递进来，并将其赋值给 T[i-1]，在此之前同样要对 i 的合法性进行判断，见如下代码。

```
Status Put(Triplet T, int i, ElemType e)
{
    // 初始条件：三元组T已存在，1≤i≤3
    // 操作结果：改变T的第i个元素的值为e
    if (i < 1 || i > 3)
    {
        return ERROR;
    }
    T[i - 1] = e;
    return OK;
}
```

判断三元组是否升序排列的函数 IsAscending 实现起来很简单，只需要比较相邻的两个元素是不是后者比前者大，如果后者比前者大则返回1，否则返回0。

```
Status IsAscending(Triplet T)
{
    // 初始条件：三元组T已存在
    // 操作结果：如果T的3个元素按升序排列，则返回1，否则返回0
    return (T[0] <= T[1] && T[1] <= T[2]);
}
```

判断降序排列的函数 IsDescending 和 IsAscending 类似，代码略过。从三元组中找出最大元素的函数 Max 先比较 T[0]和 T[1]，将大的赋值给引用参数 e，再比较 e 和 T[2]，将大的赋值给 e 即可。找寻最小数的函数 Min 和函数 Max 类似，具体代码这里不再赘述。

```
Status Max(Triplet T, ElemType &e)
{
    // 初始条件：三元组T已存在
    // 操作结果：用e返回指向T的最大元素的值
    e = T[0] >= T[1] ? T[0] : T[1];
    e = e >= T[2] ? e : T[2];
    return OK;
}
```

# 第 2 章 线性表项目实训

线性表是具有相同属性的数据元素的一个有限序列,是最简单最常用的一种数据结构,其基本特点是结构中的元素之间满足线性关系。

**一、线性表的基本操作**

- 创建表;
- 求表长度;
- 查找元素;
- 插入元素;
- 删除元素;
- 遍历元素。

**二、本章实训目的**

1) 用 C 或 C++语言实现本章所学的各种线性表结构;
2) 编写线性表的基本操作函数(求长度、查找、插入、删除、遍历等);
3) 实现一个对线性表进行各种操作的用户界面(见图 2.1);
4) 运行程序并对其进行测试。

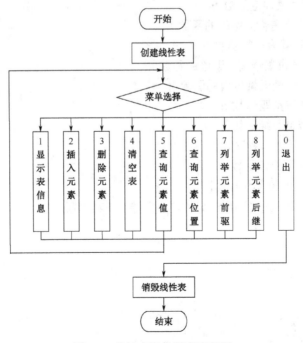

图 2.1 线性表操作程序流程图

### 三、线性表的实现形式

- 顺序存储形式（顺序表）；
- 链式存储形式（单链表、双向链表、循环链表）；
- 静态存储形式（静态链表）。

## 2.1 顺序表

### 一、顺序表结构特点

1）采用一组地址连续的存储单元来存储数据；
2）表的存储容量长度不易改变；
3）方便随机查找；
4）适用于频繁访问元素的应用；
5）不适用于频繁增删元素的应用。

| 低地址 | | | | | | 高地址 |
|---|---|---|---|---|---|---|
| 元素1 | 元素2 | 元素3 | … | 元素n-2 | 元素n-1 | 元素n |

图 2.2　顺序表存储结构示意图

### 二、实训项目要求

开发一个顺序表的操作程序，要求程序至少具备以下顺序表的操作接口。
- InitList（顺序表初始化函数）；
- DestroyList（顺序表销毁函数）；
- ClearList（顺序表清空函数）；
- ListEmpty（判断是否为空表的函数）；
- ListLength（计算表长的函数）；
- GetElem（依据位置查询元素值的函数）；
- LocateElem（判断元素位置的函数）；
- PriorElem（查询前驱函数）；
- NextElem（查询后继函数）；
- ListInsert（元素插入函数）；
- ListDelete（元素删除函数）；
- ListTraverse（元素遍历函数）。

要求程序具有任用户选择操作的菜单，并支持以下菜单项。
- 列举表元素；
- 插入元素；
- 删除元素；
- 清空表；
- 查询元素值；
- 查询元素位置；
- 列举前驱元素；

- 列举后继元素；
- 退出程序。

### 三、重要代码提示

在构造结构之前应该确定顺序表的元素数据类型、表初始存储容量以及每次扩大顺序表的容量时所分配的增量，参考以下代码。

```
typedef int ElemType;           //用户指定数据类型
#define LIST_INIT_SIZE 10  // 线性表存储空间的初始分配量
#define LIST_INCREMENT 2   // 线性表存储空间的分配增量
```

一个完整的顺序表结构必须拥有的属性包括存储空间的起始地址、顺序表的数据长度以及存储容量；因此，顺序表结构定义中包含了 3 个成员变量以对应 3 个必要的顺序表属性。参考如下代码，定义一个顺序表结构 SqList，其中存储空间起始指针变量 elem 必须定义为顺序表元素的数据类型 ElemType 的指针，而表容量 listsize 则以 sizeof（ElemType）为单位。

```
struct SqList
{
    ElemType *elem;      // 存储空间基址
    int      length;     // 当前长度
    int      listsize;   // 当前分配的存储容量
}
```

下面给出了构造空线性表的参考函数 InitList，此处采用 SqList 变量的引用作为函数参数传递到函数中进行处理，因此必须要有明确定义的 SqList 变量才能调用该函数。需要注意的是，顺序表的空间是通过动态内存分配申请的，因此在销毁顺序表的时候必须调用 free 函数释放内存。

```
void InitList(SqList &L) // 创建顺序表
{
    // 初始条件：顺序表L已定义
    // 操作结果：构造一个空的顺序表L
    L.elem = (ElemType*) malloc(LIST_INIT_SIZE * sizeof(ElemType));
    if (!L.elem)
    {
        exit(OVERFLOW);             // 若存储分配失败，则退出程序
    }
    L.length = 0;                   // 空表长度为0
    L.listsize = LIST_INIT_SIZE;    // 初始存储容量
}
```

对于顺序表而言，依据元素的位置查找元素值实现起来非常方便，下面的代码实现了随机查找顺序表元素的函数 GetElem。利用 ElemType 型变量 e 的引用传递出查询到的元素值，因此调用函数前要先定义变量 e，而对于传入元素编号的变量 i 一定要在函数中判断其值是否在顺序表长度以内，以免造成对顺序表的越界访问。

```
Status GetElem(SqList L, int i, ElemType &e)
{
    // 初始条件：顺序线性表L已存在,1≤i≤ListLength(L)
    // 操作结果：用e返回L中第i个数据元素的值
    if (i < 1 || i > L.length)
    {
        return ERROR;
    }
```

```
        e = *(L.elem + i - 1);
        return OK;
}
```

根据元素值满足的条件来查询元素编号的函数LocateElem可以设计得比较灵活，因为元素值和条件比较结果是一个二元逻辑值（真和假），所以可以约定一个回调函数形式来比较元素值和参考值，并约定回调函数的Status类型返回值来判定元素值和参考值之间的比较结果。所以用户可以自由地设计回调函数，并将函数指针通过compare参数传递到LocateElem函数中。

下面给出了参考代码，依次将顺序表的元素和参数e调用compare所指向的函数进行比较处理，如果结果为1则代表查询成功，否则查询失败，查询到的元素编号通过函数返回。

```
int LocateElem(SqList L, ElemType e, Status (*compare)(ElemType, ElemType))
{
    // 初始条件：顺序线性表L已存在，compare()是数据元素判定函数(满足为1，否
    //          则为0)
    // 操作结果：返回L中第1个与e满足关系compare()的数据元素的位序，
    //          若这样的数据元素不存在，则返回值为0
    ElemType *p;
    int i = 1;      // i的初值为第1个元素的位序
    p = L.elem;     // p的初值为第1个元素的存储位置
    while (i <= L.length && !compare(*p++, e))
    {
        ++i;
    }
    if (i <= L.length)
    {
        return i;
    }
    else
    {
        return 0;
    }
}
```

顺序表的元素插入函数ListInsert的关键操作在于插入元素之前要先判定插入位置i的合法性，以及顺序表是否还有足够的空间以供元素插入。参考如下代码，若线性表的存储空间已满，则调用realloc函数增加LIST_INCREMENT个元素的存储空间，同时将顺序表的容量值增加LIST_INCREMENT。由于顺序表的元素在内存中是连续存储的，所以插入元素之前，要从第i个元素开始，将后续所有元素后移一个单位。注意，元素插入成功之后，一定要将顺序表的长度值增加1。

```
Status ListInsert(SqList &L, int i, ElemType e)
{
    // 初始条件：顺序线性表L已存在，1≤i≤ListLength(L)+1。
    // 操作结果：在L中第i个位置之前插入新的数据元素e，L的长度加1
    ElemType *newbase, *q, *p;
    if (i < 1 || i > L.length + 1)  // i值不合法
    {
        return ERROR;
    }
```

```
    if (L.length >= L.listsize)              // 当前存储空间已满,增加分配
    {
        if (!(newbase = (ElemType *)realloc(L.elem,
            (L.listsize + LIST_INCREMENT) * sizeof(ElemType))))
        {
            exit(OVERFLOW);                  // 存储分配失败
        }
        L.elem = newbase;                    // 新基址
        L.listsize += LIST_INCREMENT;        // 增加存储容量
    }
    q = L.elem + i - 1;                      // q为插入位置
    for (p = L.elem + L.length - 1; p >= q; --p)
    {
        // 插入位置及之后的元素右移
        *(p + 1) = *p;
    }
    *q = e;                                  // 插入e
    ++L.length;                              // 表长增1
    return OK;
}
```

类似于插入元素,顺序表在删除第 i 个元素时,也是先判定 i 是否合法,然后将第 i 个元素之后的每个元素向前移动一个单位,并将表长度减 1 即可。即使顺序表之前在插入元素时扩大过存储容量,在删除一些元素之后也不需要缩小顺序表的容量,函数 ListDelete 的实现可参考如下代码。

```
Status ListDelete(SqList &L, int i, ElemType &e)
{
    // 初始条件:顺序线性表L已存在,1≤i≤ListLength(L)
    // 操作结果:删除L的第i个数据元素,并用e返回其值,L的长度减1
    ElemType *p, *q;
    if (i < 1 || i > L.length)               // i值不合法
    {
        return ERROR;
    }
    p = L.elem + i - 1;                      // p为被删除元素的位置
    e = *p; // 被删除元素的值赋给e
    q = L.elem + L.length - 1;               // 表尾元素的位置
    for (++p; p <= q; ++p)                   // 被删除元素之后的元素左移
    {
        *(p - 1) = *p;
    }
    L.length--;                              // 表长减1
    return OK;
}
```

获取顺序表某个元素的前驱元素或后继元素也是一个比较重要的操作。此类操作首先要判定参考值 cur_e 是否为顺序表 L 的元素,如果是 L 的元素则获取其前驱或后继。需要特别考虑的是,线性表第一个元素没有前驱,最后一个元素没有后继。下面给出获取前驱元素的函数 PriorElem,获取后继元素的函数 NextElem 与之类似。

```
Status PriorElem(SqList L, ElemType cur_e, ElemType &pre_e)
```

```
{
    // 初始条件：顺序线性表L已存在
    // 操作结果：若cur_e是L的数据元素，且不是第一个元素，则用pre_e返回它的前驱，
    //          否则操作失败，pre_e无定义
    int i = 2;
    ElemType *p = L.elem + 1;
    while (i <= L.length && *p != cur_e)
    {
        p++;
        i++;
    }
    if (i > L.length)
    {
        return INFEASIBLE; // 操作失败
    }
    else
    {
        pre_e = *--p;
        return OK;
    }
}
```

对顺序表元素进行遍历的函数是一个重要的函数，应该设计得比较灵活，因此同样采用用户自定义的回调函数来处理顺序表中的每一个元素值。为了让回调函数能够改变顺序表的元素值，回调函数所约定的参数应该是 ElemType 类型的引用。顺序表元素遍历函数 ListTraverse 的定义如下。

```
void ListTraverse(SqList L, void(*vi)(ElemType&))
{
    // 初始条件：顺序线性表L已存在
    // 操作结果：依次对L的每个数据元素调用函数vi()，
    //          vi()的形参加'&'，表明可通过调用vi()改变元素的值
    ElemType *p;
    int i;
    p = L.elem;
    for (i=1; i<=L.length; i++)
    {
        vi(*p++);
    }
}
```

对顺序表进行操作的主函数可以设计如下，先定义顺序表变量 sqList，再将其引用传入函数 InitList 构造一个空的顺序表，然后循环调用菜单选择函数 LoopCommand，让用户自由选择操作项对顺序表进行操作，直到函数返回 0 为止，最后调用 DestroyList 函数销毁顺序表。

```
void main()
{
    // 初始化顺序表
    SqList sqList;
    InitList(sqList);
    printf("顺序表已初始化\n");
    while (LoopCommand(sqList));   // 循环执行菜单选择函数
```

```
        DestroyList(sqList);
    }
```

  对顺序表操作应用的关键在于菜单选择函数 LoopCommand 的设计，为每一个操作设定一个操作代号，并将操作与代号的对应关系在用户屏幕上打印提示，然后依据用户输入的操作代号来调用与代号对应的操作函数，菜单选择函数 LoopCommand 的核心代码如下。（请思考 fflush(stdin)函数调用的作用，如果没有该语句会出现什么情况？）

```
bool LoopCommand(SqList &sqList)
{
    char command = 0;     // 命令变量
    printf("1-显示表信息  2-插入元素 3-删除元素  4-清空表  5-查询元素值\n");
    printf("6-查询元素位置  7-列举前驱  8-列举后继  0-退出\n");
    printf("\n请输入你要执行的操作代号：");
    fflush(stdin);   // 清除标准输入缓冲区内残留的内容
    command = getchar();
    switch (command)
    {
        case '1':      // 遍历表并打印
                       // 代码略
        case '2':      // 插入元素
                       // 代码略
        case '3':      // 删除元素
                       // 代码略
        case '4':      // 清空元素
                       // 代码略
        case '5':      // 查询元素值
                       // 代码略
        case '6':      // 查询元素位置
                       // 代码略
        case '7':      // 查询前驱
                       // 代码略
        case '8':      // 查询后继
                       // 代码略
        case '0':      // 退出菜单选择环境
            return false;
        default:
            printf("操作代号不存在！\n");
            break;
    }
    return true;
}
```

## 2.2 单链表

### 一、单链表结构特点

1）采用指针链接一系列存储单元来存储数据；
2）动态分配存储空间；
3）插入或删除元素的效率很高；

4）查找元素的效率较低。

两种单链表的存储结构如图 2.3 所示。

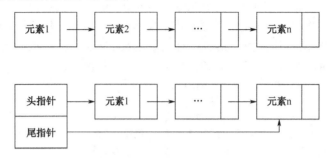

图 2.3　两种单链表存储结构示意图

### 二、实训项目要求

开发一个单链表的操作程序，要求程序具备以下操作接口。
- InitList（单链表初始化函数）；
- DestroyList（单链表销毁函数）；
- ClearList（单链表清空函数）；
- ListEmpty（判断是否为空表的函数）；
- ListLength（计算表长的函数）；
- GetElem（依据位置查询元素值的函数）；
- LocateElem（判断元素位置的函数）；
- PriorElem（查询前驱函数）；
- NextElem（查询后继函数）；
- ListInsert（元素插入函数）；
- ListDelete（元素删除函数）；
- ListTraverse（元素遍历函数）；
- Point（查找满足某种条件的元素指针）；
- DeleteElem（删除满足某种条件的元素）。

要求程序具有任用户选择操作的菜单，并支持以下菜单项。
- 列举表元素；
- 插入元素；
- 删除元素；
- 清空表；
- 查询元素值；
- 查询元素位置；
- 列举前驱元素；
- 列举后继元素；
- 退出程序。

### 三、重要代码提示

单链表元素结点的结构类型 LNode 包含一个数据单元 data 和一个指向下一个结点的指针单元 next，参考代码如下。

```
typedef struct LNode              // 结点类型
{
    ElemType data;                // 数据单元
    LNode    *next;               // 指针单元
} *Link, *Position;               // 定义两个结点指针别名，用于操作函数
```

链表结构类型 LinkList 的定义有多种，最简单的方式是将 LNode 的指针定义为 LinkList 即可。

```
typedef LNode *LinkList; // 简单链表类型
```

而在更具有实用意义的 LinkList 定义方式中，其结构成员应包含头结点指针变量 head、尾结点指针变量 tail 以及链表长度变量 len，参考以下代码：

```
struct LinkList              // 具有实用意义的链表结构
{
    Link head;               // 指向线性链表中的头结点
    Link tail;               // 指向线性链表中的最后一个结点
    int  len;                // 指示线性链表中数据元素的个数
}
```

在链表的某些应用中，可能会将第一个结点作为一个特殊的结点，不用来存储数据，这样的链表称为**带头结点的链表**，而该链表的第一个结点称为**头结点**或首结点。而不创建头结点的链表则称为**无头结点的链表**，这两种链表的基本操作实现起来没有太大的区别，因此本节采用无头结点的简单链表结构作为代码实例进行分析。

由于这里讨论的是简单链表类型的定义方式，LinkList 本质上是 LNode 的指针，因此初始化一个无头结点的链表非常简单，参考函数 InitList 的参数传入一个已定义的 LinkList 变量引用 L，只要为 L 赋一个 NULL 值即可，代码如下：

```
void InitList(LinkList &L)
{
    // 操作结果：构造一个空的无头链表L
    L = NULL; // 指针为空
}
```

由于简单链表没有专门的成员存储链表的长度，因此需要从表头遍历到表尾，通过计数来获取一个链表的长度。以下代码实现了计算单链表长度的函数 ListLength，定义一个指针 p 指向链表 L 的第一个结点，构造循环判断 p 是否为 NULL，循环体中将 p 的 next 指针赋予 p，以实现对链表 L 每个结点的遍历。在循环遍历的过程中，用变量 i 累计遍历结点的个数，最终将 i 返回并得到链表的长度。

```
int ListLength(LinkList L)
{
    // 操作结果：返回L中数据元素的个数
    int i = 0;
    LinkList p = L;
    while (p)          // p指向结点(未到表尾)
    {
        p = p->next;   // p指向下一个结点
        i++;
    }
    return i;
}
```

由于是无头链表，所以销毁链表操作 DestroyList 和清空链表操作 ClearList 是一样的。因为

链表每个结点的空间都是动态申请的，所以在清空表的时候一定要依次将每一个结点的空间释放掉，再置空链表变量。

在清空链表操作 ClearList 的示例函数中，定义一个结点指针 p 保存 L 所指结点的地址，然后让 L 指向 L 的 next 成员，即 L 移向后继结点，之后释放指针 p 所保存的结点；循环执行以上步骤，直到 L 为 NULL 为止（请思考为什么需要一个辅助指针 p 来释放结点）。

```
#define DestroyList ClearList    // 两个操作相同
void ClearList(LinkList &L)
{
    // 操作结果：将L重置为空表
    LinkList p;
    while (L)            // L不为空
    {
        p = L;           // p指向头结点
        L = L->next;     // L指向第2个结点（新头结点）
        free(p);         // 释放头结点
    }
}
```

链表的插入和删除操作比较有特色，无头链表的插入函数 ListInsert 通过参数 i 传入元素插入的位置，而函数的核心设计在于对 i 的判断处理，首先判断 i 值是否合理（不可小于 1，不可大于表长加 1），如果合理则创建新结点，写入插入元素的值并将新结点的 next 成员赋值为结点 i-1 的 next 成员值，然后将结点 i-1 的 next 成员值赋值为新结点的指针。

此外，由于链表变量是通过引用参数 L 传递到函数的，所以必须新建一个结点指针变量 p 来遍历链表寻找第 i-1 个结点（请思考为什么不能直接用 L 来遍历链表）。一般情况下，指针 p 指向第 i-1 个结点，所以可以直接操作指针 p 来插入新创建的结点 s；但有一个特殊情况，即当插入位置为 1 时，必须直接操作 L 插入新结点（请思考为什么），参考如下代码。

```
Status ListInsert(LinkList &L, int i, ElemType e)
{
    // 操作结果：在不带头结点的单链表L中第i个位置之前插入元素e
    int j = 1;
    LinkList p = L, s;
    if (i < 1 || i > ListLength(L) + 1)) // i值不合法
    {
        return ERROR;
    }
    while (p && j < i - 1) // 寻找第i-1个结点
    {
        p = p->next;
        j++;
    }
    s = (LinkList) malloc(sizeof(LNode));  // 生成新结点
    s->data = e;
    if (i == 1) // 如果插入到第1个位置，则必须直接修改L
    {
        s->next = L;
        L = s;   // 改变L
    }
    else // 如果不是插入到第1个位置，则修改p
```

```
    {
        s->next = p->next;
        p->next = s;
    }
    return OK;
}
```

参考以下代码，类似插入操作，无头链表的插入函数 ListDelete 通过参数 i 传入要删除的元素位置，同样要判断位置 i 是否合理。删除一个链表的结点，只用将该结点的 next 成员值赋予其前驱结点的 next 成员，最后一定要将该结点释放。

这里要注意的是，一定要用一个指针 q 指向待删除结点，否则当改变指针 p 的指向之后无法定位已删除结点，而导致无法释放已删除结点的空间。另外，删除操作在删除第一个结点的时候也应该直接操作链表引用 L，将 L 赋值为 p 的 next 成员值。

```
Status ListDelete(LinkList &L, int i, ElemType &e)
{
    // 操作结果：在不带头结点的单链线性表L中，删除第i个元素，并由e返回其值
    int j = 1;
    LinkList p = L, q;
    if (i == 1) // 删除第1个结点
    {
        L = p->next; // L由第2个结点开始
        e = p->data;
        free(p); // 删除并释放第1个结点
    }
    else
    {
        while (p->next && j < i - 1) // 寻找第i个结点，并令p指向其前驱结点
        {
            p = p->next;
            j++;
        }
        if (!p->next || j > i - 1) // 删除位置不合理
        {
            return ERROR;
        }
        q = p->next; // 删除并释放结点
        p->next = q->next;
        e = q->data;
        free(q);
    }
    return OK;
}
```

链表遍历以及查找前驱和后继的函数比较简单，这里略过。对于基本操作而言，针对链表还可以设计一些很有用的函数，如针对某条件查询元素的操作函数 Point 和针对某条件删除元素的操作 DeleteElem。

这两个函数的设计关键在于传入一个回调函数的指针 equal，而通过 equal 所传入的函数可以由用户自由设计。下面给出函数 Point 的具体实现，DeleteElem 函数和 Point 类似，这里省略。

```
LinkList Point(LinkList L, ElemType e,
```

```
                        Status(*equal)(ElemType, ElemType), LinkList &p)
{
    // 操作结果：查找表L中满足条件的结点。如找到，则返回指向该结点的指针，
    //          p指向该结点的前驱(若该结点是头结点，则p=NULL)。
    //          如表L中无满足条件的结点，则返回NULL，p无定义
    int i, j;
    i = LocateElem(L, e, equal);
    if (i) // 找到
    {
        if (i == 1) // 是头结点
        {
            p = NULL;
            return L;
        }
        p = L;
        for (j = 2; j < i; j++)
        {
            p = p->next;
        }
        return p->next;
    }
    return NULL; // 没找到
}
```

带头结点的链表实现与无头结点的链表实现类似，具体代码略过。

## 2.3 循环链表

### 一、循环链表结构特点

1）所有元素依次链接，尾部元素链接到首元素；
2）适用于环形结构处理场合；
3）方便于特定步长的循环遍历链表元素。

循环链表的存储结构如图 2.4 所示。

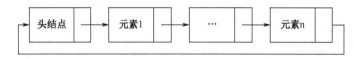

图 2.4 循环链表存储结构示意图

### 二、实训项目要求

开发一个循环链表的操作程序，要求程序具备以下操作接口。
- InitList（循环链表初始化函数）；
- DestroyList（循环链表销毁函数）；
- ClearList（循环链表清空函数）；
- ListEmpty（判断是否为空表的函数）；
- ListLength（计算表长的函数）；

- GetElem（依据位置查询元素值的函数）；
- LocateElem（判断元素位置的函数）；
- PriorElem（查询前驱函数）；
- NextElem（查询后继函数）；
- ListInsert（元素插入函数）；
- ListDelete（元素删除函数）；
- ListTraverse（元素遍历函数）。

要求程序具有任用户选择操作的菜单，并支持以下菜单项。
- 列举表元素；
- 插入元素；
- 删除元素；
- 清空表；
- 查询元素值；
- 查询元素位置；
- 列举前驱元素；
- 列举后继元素；
- 退出程序。

### 三、重要代码提示

循环链表的实现和带头结点单链表的实现类似，因此循环链表采用和单链表相同的结构定义；唯一不同的地方是循环链表尾结点的 next 指针指向循环链表的头结点。以下是循环链表初始化函数 InitList 的参考代码，一个空的循环链表至少要包含一个头结点。

```
void InitList(LinkList &L)
{
    // 操作结果：构造一个空的循环链表L
    L = (LinkList) malloc(sizeof(LNode)); // 产生头结点，使L指向此头结点
    if (!L)        // 存储分配失败
    {
        exit(OVERFLOW);
    }
    L->next = L;   // 指针域指向头结点
}
```

下面给出循环链表销毁函数 DestroyList 的参考代码。因为循环链表 L 尾结点的 next 指针指向 L，所以 while 语句的循环条件为 p != L。从第二个结点开始，循环删除所有结点后，还要删除 L 的头结点，最后一定要将 L 赋值为 NULL。

```
void DestroyList(LinkList &L)
{
    // 操作结果：销毁循环链表L
    LinkList q, p = L->next;    // p指向第一个结点
    while (p != L)              // 未到表尾
    {
        q = p->next;
        free(p);
        p = q;
    }
```

```
            free(L);
            L = NULL;
    }
```
循环链表的其他操作与带头结点的单链表类似,只需改动单链表操作中的遍历循环条件即可,参考代码略过。

## 2.4 双向循环链表

### 一、双向循环链表结构特点

1)每个元素除了拥有指向后继的指针之外,还拥有指向前驱的指针;
2)方便于元素的逆向查找或遍历;
3)具备循环链表的所有优点。
双向循环链表存储结构如图 2.5 所示。

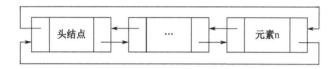

图 2.5 双向循环链表存储结构示意图

### 二、实训项目要求

开发一个双向循环链表的操作程序,要求程序具备以下操作接口。
- InitList(循环链表初始化函数);
- DestroyList(循环链表销毁函数);
- ClearList(循环链表清空函数);
- ListEmpty(判断是否为空表的函数);
- ListLength(计算表长的函数);
- GetElem(依据位置查询元素值的函数);
- LocateElem(判断元素位置的函数);
- PriorElem(查询前驱函数);
- NextElem(查询后继函数);
- ListInsert(元素插入函数);
- ListDelete(元素删除函数);
- ListTraverse(元素遍历函数);
- GetElemP(获取某位置元素指针的函数);
- ListTraverseBack(反向遍历函数)。

要求程序具有任用户选择操作的菜单,并支持以下菜单项。
- 列举表元素;
- 插入元素;
- 删除元素;
- 清空表;
- 查询元素值;

- 查询元素位置；
- 列举前驱元素；
- 列举后继元素；
- 退出程序。

### 三、重要代码提示

双向循环链表的结点结构中比普通链表多了一个指向前驱结点的 prior 指针，参考如下代码。

```
typedef struct DuLNode
{
    ElemType data;      // 数据
    DuLNode *prior;     // 前驱指针
    DuLNode *next;      // 后继指针
} DuLNode, *DuLinkList;
```

下面给出初始化函数 InitList 的代码示例，一个空的双向循环链表同样拥有一个头结点，将头结点的 next 成员和 prior 成员指向自身即可。

```
void InitList(DuLinkList &L)
{
    // 操作结果：产生空的双向循环链表L
    L = (DuLinkList) malloc(sizeof(DuLNode));
    if (L)
    {
        L->next = L->prior = L;  // 前驱和后继指针均指向自身
    }
    else
    {
        exit(OVERFLOW);
    }
}
```

双向循环链表的插入操作行为要考虑 prior 成员变量，如下面的 ListInsert 函数。首先，判断插入位置 i 值的合法性；其次，用指针 p 指向第 i-1 个元素，指针 s 指向新产生的结点；最后，将 s 插入到 p 和 p 的 next 成员所指元素之间，这里要特别注意相关节点 prior 指针和 next 指针的调整。

```
Status ListInsert(DuLinkList L, int i, ElemType e)
{
    // 操作结果：在带头结点的双链循环线性表L中的第i个位置之前插入元素e
    DuLinkList p = L, s;
    int j;
    if (i < 1 || i > ListLength(L) + 1)  // i值不合法
    {
        return ERROR;
    }
    for (j = 1; j <= i - 1; j++)  // p指向第i个元素的前驱结点
    {
        p = p->next;
    }
    s = (DuLinkList) malloc(sizeof(DuLNode));
```

```
        if (!s)
        {
            return OVERFLOW;
        }
        s->data = e;
        s->prior = p;  // 在第i-1个元素之后插入元素
        s->next = p->next;
        p->next->prior = s;
        p->next = s;
        return OK;
    }
```

因为双向循环链表具备指向前驱的 prior 指针，所以利用该指针可以方便地实现链表的反向遍历函数 ListTraverseBack，参考如下代码。因为对于双向循环链表 L 而言，其头结点的 prior 成员指向的是链表的尾结点，因此创建指针 p 从尾结点开始通过 prior 指针循环访问每一个结点直到 L 的头结点，此例也采用了回调函数 visit 来使遍历行为更加灵活。

```
void ListTraverseBack(DuLinkList L, void(*visit)(ElemType))
{
// 操作结果：由双链循环线性表L的头结点出发，逆序对每个数据元素调用
//          函数visit()
    DuLinkList p = L->prior;  // p指向尾结点
    while (p != L)
    {
        visit(p->data);
        p = p->prior;
    }
}
```

## 2.5 静态链表

### 一、静态链表结构特点

1）用数组空间建立一个类似链表的逻辑结构，为数组元素增加一个标号成员来模拟链表元素的 next 指针；

2）各方面性能与链表类似，插入、删除操作开销小，查找操作开销大；

3）一次性分配大块空间，当链表动态分配结点时，只需从预先申请的空间中取一个结点即可，避免普通链表频繁申请及释放内存时产生的开销；

4）静态分配的大块空间可以被多个静态链表所共享，比静态分配内存的顺序表更加节约内存。

### 二、实训项目要求

开发一个静态链表的操作程序，要求程序具备以下操作接口。
- Malloc（静态链表结点申请函数）；
- Free（静态链表结点释放函数）；
- InitSpace（初始化静态数组函数）；
- InitList（创建静态链表函数）；
- ClearList（静态链表清空函数）；

- ListEmpty（判断是否为空表的函数）；
- ListLength（计算表长的函数）；
- GetElem（依据位置查询元素值的函数）；
- LocateElem（判断元素位置的函数）；
- PriorElem（查询前驱函数）；
- NextElem（查询后继函数）；
- ListInsert（元素插入函数）；
- ListDelete（元素删除函数）；
- ListTraverse（元素遍历函数）。

静态链表存储结构如图 2.6 所示。

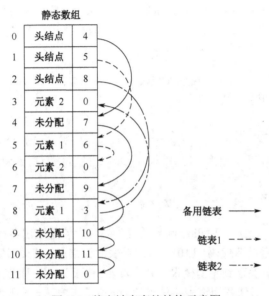

图 2.6　静态链表存储结构示意图

要求程序具有任用户选择操作的菜单，并支持以下菜单项。
- 列举表元素；
- 插入元素；
- 删除元素；
- 清空表；
- 查询元素值；
- 查询元素位置；
- 列举前驱元素；
- 列举后继元素；
- 退出程序。

### 三、重要代码提示

普通的链表利用指针来访问下一个结点，而静态链表利用数组下标号来访问下一个结点。所以，静态链表首先要定义一个结点数组，其结点结构包含一个 ElemType 类型的成员变量 data 以存储元素值，还包含 int 类型的成员变量 cur 以指向下一个结点的数组标号。因此，要提前为构造静态链表的基础数组分配固定的内存空间，然后在已有的数组基础上动态生成静态链表的结点，参考以下静态链表结点结构及结点数组定义代码。

```
#define MAX_SIZE 100        // 能产生结点数的最大限度
typedef struct
{
    ElemType data;          // 元素值
    int cur;                // 下一个结点的数组标号
} Component, SLinkList[MAX_SIZE];
```

静态链表实际上是从一个静态分配的数组中动态产生链表的结点，所以必须实现结点动态分配函数 Malloc 和结点释放函数 Free，为避免和标准库中的内存动态分配函数重名，这里将首字母以大写表示。

在动态分配静态链表结点之前，首先要将数组依次链接成一个专供结点动态分配的备用链表，参考数组空间初始化函数 InitSpace 的代码，L[0]就是备用链表的头结点。

```
void InitSpace(SLinkList L)
{
// 操作结果：将一维数组L中各分量链接成一个备用链表，L[0].cur为头指针，
//          0值表示空指针
    int i;
    for (i = 0; i < MAX_SIZE - 1; i++)
    {
        L[i].cur = i + 1;
    }
    L[MAX_SIZE - 1].cur = 0;
}
```

数组空间经过初始化之后，Malloc 函数的行为实际上就是取出备用链表的第一个结点作为动态分配出的结点。参考以下代码，L[0]是备用链表的头结点，其成员 cur 保存的是第一个结点的数组标号，将 cur 的值保存到整型变量 i 中；如果 i 值不为 0，则代表结点分配成功，要将结点 i 从备用链表中删除，即使备用链表头结点的 cur 成员指向结点 i 所指向的结点，最后将分配到的结点标号通过 i 返回。

```
int Malloc(SLinkList L)
{
    // 初始条件：L已被初始化空间
    // 操作结果：若备用链表非空，则返回分配的结点下标(备用链表的第一个结点)，
    //          否则返回0
    int i = L[0].cur;
    if (i)          // 备用链表非空
    {
        L[0].cur = L[i].cur;  // 备用链表的头结点指向原备用链表的第二个结点
    }
    return i;       // 返回新开辟结点的标号
}
```

结点释放函数 Free 实现起来比较简单，利用参数 k 传入待回收的结点标号，然后将结点 k 直接插入到备用链表的头结点之后。

考虑到安全性，应该对参数 k 的值进行合法性验证，如果 k 值超出了空间数组下标范围，则不应该进行回收处理；如果结点 k 本身就在备用链表中，则不能重复释放结点 k。（如果重复释放某个结点将会产生什么问题？）但是有时候为了提高效率，可能并不验证释放结点是否已

经存在于备用链表中,这就要求调用者在该函数的使用过程中非常小心,避免重复释放结点的情况。

```c
void Free(SLinkList L, int k)
{
    // 初始条件：L已被初始化空间
    // 操作结果：将下标为k的空闲结点回收到备用链表中(成为备用链表的第一个结点)
    int i = L[0].cur;
    if (k < 1 || k >= MAX_SIZE) // 如果k超出数组范围,则直接返回
    {
        return;
    }
    while (i)
    {
        if (i == k) // 如果k已经在备用链表中,则直接返回
        {
            return;
        }
        i = L[i].cur;
    }
    L[k].cur = L[0].cur; // 回收结点的"游标"指向备用链表的第一个结点
    L[0].cur = k; // 备用链表的头结点指向新回收的结点
}
```

从静态链表空间中产生一个空的静态链表非常简单,参考函数 InitList 的代码,只需从备用链表中分配一个结点,作为新链表的头结点,然后将该结点的 cur 赋值为 0,最后将头结点的数组标号返回即可。之后若要操作该链表,只需要知道其头结点的数组标号即可。

```c
int InitList(SLinkList L)
{
    // 初始条件：L已被初始化空间
    // 操作结果：构造一个空链表,返回值为空表头结点的数组标号
    int i;
    i = Malloc(L); // 从备用链表中分配结点
    L[i].cur = 0;  // 空链表的表头指针为空(0)
    return i;
}
```

当要将某静态链表清空的时候,可以直接将整条链表插入到备用链表的头部,没有必要反复调用 Free 函数。参考以下 ClearList 函数的代码,先用整型参数 n 传入要清空的静态链表头结点的标号,用变量 i 遍历到链表的尾结点,将结点 i 的 cur 指向备用链表第一个结点,然后将备用链表头结点的 cur 指向静态链表 n 的第一个结点,最后将静态链表 n 的 cur 置空即可完成整个静态链表的清空回收操作。

```c
void ClearList(SLinkList L, int n)
{
    // 初始条件：L中表头标号为n的静态链表已存在
    // 操作结果：将此表重置为空表
    int i = L[n].cur;        // 链表第一个结点的位置
    if (i == 0)              // 如果是空表,则直接返回
    {
        return;
```

```
        }
        while (L[i].cur)            // 未到尾结点
        {
            i = L[i].cur;           // 指向下一个结点
        }
        L[i].cur = L[0].cur;        // 备用链表的第一个结点接到链表的尾部
        L[0].cur = L[n].cur;        // 把链表n的第一个结点接到备用链表的表头
        L[n].cur = 0;               // 链表n置空
    }
```

静态链表主要在构造上与普通链表的差异很大，但是其基本操作的逻辑和普通链表大同小异，所以静态链表的其他操作函数这里略过。

## 2.6 线性表应用项目（多项式运算）

### 一、实训项目要求

利用带头结点的链表结构，开发一个一元多项式的运算程序，要求程序具备以下操作接口。
- CreatPolyn（多项式创建函数）;
- PrintPolyn（多项式打印函数）;
- AddPolyn（多项式相加函数）;
- Opposite（多项式取反函数）;
- SubtractPolyn（多项式相减函数）;
- MultiplyPolyn（多项式相乘函数）。

要求程序具备用户选择操作菜单的选项，支持以下菜单项。
- 显示多项式；
- 多项式相加；
- 多项式相减；
- 多项式相乘；
- 多项式取反；
- 退出程序。

### 二、重要代码提示

若用链表来存储一个多项式，则链表的每个结点对应多项式的一个项。一元多项式的每一个项包含两个属性——一个是系数，另一个是指数。因此项的结构类型 Term 包含两个成员变量，参考如下代码。

```
    typedef struct  // 项的表示
    {
        float coef; // 系数
        int   expn; // 指数
    } Term;
```

采用具有实用意义的带头结点的链表结构来存储多项式，链表类型 LinkList 还包含尾结点指针 tail 和长度变量 len。参考以下代码，需将链表结点成员 data 的 ElemType 类型定义为项的结构类型 Term，则链表结点的 data 成员存储一个一元多项式的项。

```
    typedef Term ElemType;
```

```c
typedef struct LNode            // 结点类型
{
   ElemType data;
   LNode    *next;
} *Link, *Position;

struct LinkList                 // 链表类型
{
   Link head;                   // 指向线性链表中的头结点
   Link tail;                   // 指向线性链表中的最后一个结点
   int  len;                    // 指示线性链表中数据元素的个数
}
```

为方便多项式的计算，在将多项式存储到链表中时，应该保持项指数的有序性，如依指数从低到高存储每一个项。这就要求增加一个按顺序插入结点的链表操作函数 OrderInsert，参考以下代码。

```c
void OrderInsert(LinkList &L, ElemType e,
            int (*comp)(ElemType, ElemType))
{
    // 初始条件：L已创建，comp函数比较第一个参数和第二个参数，
    //          小于则返回-1，等于则返回0，大于则返回1
    // 操作结果：将元素e按非降序插入到L中
    Link o, p, q;
    q = L.head;
    p = q->next;
    while (p != NULL && comp(p->data, e) < 0)
    {
        // p不是表尾且元素值小于e
        q = p;
        p = p->next;
    }
    o = (Link) malloc(sizeof(LNode));    // 生成结点
    o->data = e;                         // 赋值
    q->next = o;                         // 插入
    o->next = p;
    L.len++;                             // 表长加1
    if (!p)                              // 插在表尾
    {
        L.tail = o;                      // 修改尾结点
    }
}
```

用户在输入多项式的项时，有可能输入多个相同指数的项，考虑到函数操作的健壮性，应该允许这种情况。因此，可以对链表结构实现一个特殊的有序插入函数 OrderInsertMerge，该函数可以将相同指数的项合并起来。参考以下代码，在结点 e 插入之前，先判断链表中是否已存在与 e 相同指数的项，如果存在，则将结点 e 的系数累加到对应项中。如果不存在，则调用 OrderInsert 函数将 e 插入到合适的位置。

```c
void OrderInsertMerge(LinkList &l, ElemType e,
                int (*compare)(ElemType, ElemType))
```

```
    {
        // 操作结果：按有序判定函数compare()的约定，
        //          将值为e的结点插入或合并到升序链表l的适当位置
        Position q, s;
        if (LocateElem(l, e, q, compare)) // l中存在该指数项
        {
            q->data.coef += e.coef; // 改变当前结点系数的值
            if (!q->data.coef) // 系数为0
            {
                // 删除多项式L中的当前结点
                s = PriorPos(l, q); // s为当前结点的前驱
                if (!s) // q无前驱
                {
                    s=l.head;
                }
                DelFirst(l, s, q);
                FreeNode(q);
            }
        }
        else // 生成该指数项并插入链表
        {
            OrderInsert(l, e, compare);
        }
    }
```

为实现项的有序存储，还要根据项的结构实现比较项指数的回调函数 cmp，参考如下代码。

```
    int cmp(Term a, Term b)
    {
        // 操作结果：依a的指数值<、=或>b的指数值，分别返回-1、0或+1
        if (a.expn == b.expn)
        {
            return 0;
        }
        else
        {
            return (a.expn - b.expn) / abs(a.expn - b.expn);
        }
    }
```

多项式的结构和操作本质上是带头结点的链表结构和操作，因此可以为链表的结构及部分操作取一个与多项式相关的别名。

```
    typedef LinkList        Polynomial;      // 为链表结构取别名"多项式"
    #define DestroyPolyn DestroyList         // 别名"销毁多项式"
    #define PolynLength  ListLength          // 别名"多项式长度"
```

因为对多项式所特有的操作在基础链表操作中找不到对应，所以需要自行实现。首先要实现多项式的创建函数 CreatPolyn，此函数要求用户输入每一项的系数和指数，每次输入之后调用 OrderInsertMerge 函数并插入到多项式 p 中，因此支持用户乱序输入项，而且允许输入相同指数的项。

```
    void CreatPolyn(Polynomial &p, int m)
    {
```

```
    // 操作条件：要求用户给出要输出的项的个数m
    // 操作结果：输入m项的系数和指数，建立表示一元多项式的有序
    //          链表p
    Term e;
    int i;
    InitList(p);
    printf("请依次输入%d个系数和指数用空格符间隔：\n", m);
    for (i = 1; i <= m; ++i)  // 依次输入m个非零项(可按任意顺序)
    {
        scanf("%f%d", &e.coef, &e.expn);
        fflush(stdin);
        OrderInsertMerge(p, e, cmp);
    }
}
```

多项式的打印函数 PrintPolyn 的目的是将多项式的每一项按照指数的顺序打印出来，由于多项式的项是有序存储的，所以只需要遍历打印多项式每个项的系数和指数即可，参考如下代码。

```
void PrintPolyn(Polynomial p)
{
    // 操作结果：打印输出一元多项式p
    Link q;
    q = p.head->next;  // q指向第1个结点
    printf("   系数    指数\n");
    while (q)
    {
        printf("%8.2f   %-d\n", q->data.coef, q->data.expn);
        q = q->next;
    }
}
```

利用 OrderInsertMerge 函数可以大幅简化多项式相加函数 AddPolyn 的实现。参考以下代码，对于参数传入的多项式 pa 和 pb，依次取出 pb 中的每一个项，合并插入到 pa 中即可，最后销毁 pb，则 pa 是相加之后的多项式。

```
void AddPolyn(Polynomial &pa, Polynomial &pb)
{
    // 操作结果：pa=pa+pb,并销毁一元多项式pb
    Position qb;
    Term b;
    qb = GetHead(pb);       // qb指向pb的头结点
    qb = qb->next;          // qb指向pb的第1个结点
    while (qb)
    {
        b = GetCurElem(qb);
        OrderInsertMerge(pa, b, cmp);
        qb = qb->next;
    }
    DestroyPolyn(pb);       // 销毁pb
}
```

多项式取反函数 Opposite 实现起来很简单，从第一项开始遍历，依次将系数成员 coef 取反即可。而多项式的减法函数 SubtractPolyn 可以先对要减的多项式调用 Opposite 函数，再调用

AddPolyn 函数，参考如下代码。

```
void Opposite(Polynomial p)
{
    // 操作结果：一元多项式p系数取反
    Position q;
    q = p.head;
    while (q->next)
    {
        q = q->next;
        q->data.coef *= -1;
    }
}

void SubtractPolyn(Polynomial &pa, Polynomial &pb)
{
    // 操作结果：pa=pa-pb，并销毁一元多项式pb
    Opposite(pb);
    AddPolyn(pa, pb);
}
```

多项式乘法函数 MultiplyPolyn 实现起来相对复杂，但是同样可以利用 OrderInsertMerge 函数来简化操作。参考下面的代码，参数传入相乘的多项式 pa 和 pb，依次将 pa 的每个项乘以 pb 的所有项，可构造一个二重循环，外层循环遍历 pa 的项，内层循环遍历 pb 的项。此外，还要构造一个新的多项式 pc，将每个项的乘积累加到 pc 中，循环结束后 pc 就是 pa 乘以 pb 的结果，最终将 pa 清空，将 pb 销毁，将 pc 赋予 pa。

```
void MultiplyPolyn(Polynomial &pa, Polynomial &pb)
{
    // 操作结果：pa=pa×pb，并销毁一元多项式pb
    Polynomial pc;
    Position qa, qb;
    Term a, b, c;
    InitList(pc);
    qa = GetHead(pa);
    qa = qa->next;
    while (qa)
    {
        a = GetCurElem(qa);
        qb = GetHead(pb);
        qb = qb->next;
        while (qb)
        {
            b = GetCurElem(qb);
            c.coef = a.coef * b.coef;
            c.expn = a.expn + b.expn;
            OrderInsertMerge(pc, c, cmp);
            qb = qb->next;
        }
        qa = qa->next;
    }
```

```
        DestroyPolyn(pb);        // 销毁pb
        ClearList(pa);           // 将pa重置为空表
        pa.head = pc.head;
        pa.tail = pc.tail;
        pa.len  = pc.len;
}
```

## 2.7 线性表项目实训拓展

1) 可能会出现这样的情况：想统计分析班级中学生的分数，但有很多学生的分数相同，而自己希望将所有分数只列举一次，用一般的线性表打印函数无法实现该功能。请在顺序表结构中设计一个函数 UnicPrint，能够输出所有不重复的线性表元素值。

2) 有时候线性表可用来处理超大整数的计算，试着用顺序表实现一个存储超大整数的结构 HugeNumber，顺序表的每个元素依次表示超大整数的一个数位；针对结构 HugeNumber，构造实现两个超大整数加法和减法运算的函数。

3) 脱氧核糖核酸（DNA）承载着生命的遗传代码，它由 4 种核苷酸（又称为碱基）组成：腺嘌呤（A）、胸腺嘧啶（T）、鸟嘌呤（G）和胞嘧啶（C）。

这 4 种碱基有无穷种组合，形成一条碱基单链，而 DNA 是由等长的两条相互缠绕的碱基单链所构成的，在两条链上位置相同的碱基相互连接，称为碱基对。但是构成碱基对必须遵循一定的原则，其中 A 只能连接 T，G 只能和 C 连接，这称为 WC 兼容性。

尝试利用任意一种链表结构来构造 DNA 单链及双链结构，并设计函数实现 DNA 的以下生物学操作。

① 混合：互为 WC 补体的 2 条单链横向配对连接，形成一条完整的 DNA 双链。
② 融合：一条 DNA 双链，通过加热使得碱基对断裂，形成 2 条 DNA 单链。
③ 匹配：输入任意一条 DNA 单链，输出其匹配的 WC 补体单链。
④ 输出：输出任意一条 DNA 单链或双链。

4) 设计一个商品管理系统，要求以单链表结构的有序表形式表示某商场家电部的库存模型，当有提货或进货时，需要对该链表及时进行维护，每个工作日结束以后，将该链表中的数据以文件形式进行保存，每日开始营业之前，须将以文件形式保存的数据恢复成链表结构的有序表。

链表结构的数据域包括家电名称、品牌、单价和数量，以单价的升序体现链表的有序性。程序功能包括：初始化，创建表，插入、删除、更新数据，查询，链表数据与文件之间的转换等。

# 第 3 章　栈和队列项目实训

栈和队列是两种重要的线性结构。从数据结构角度看，栈和队列是特殊的、操作受限的线性表，因此称为限定性的数据机构。但是栈、队列是与线性表大不相同的抽象数据类型，本章将对栈和队列的定义、表示方法、实现以及实例进行详细讲解。

## 3.1　栈

### 一、栈的基本操作

- 创建栈；
- 入栈操作；
- 出栈操作；
- 查询栈的长度；
- 判断是否空栈；
- 遍历栈；
- 清空栈；
- 销毁栈。

### 二、本章实训目的

1) 用 C 或 C++语言实现本章所学的各种栈结构及操作；
2) 编写栈的基本操作函数（入栈、出栈、求长度、清空、遍历等）；
3) 实现一个对线性表进行各种操作的用户界面（图 3.1）；
4) 运行程序并对其进行测试。

### 三、栈的实现形式

- 顺序存储形式（顺序栈）；
- 链式存储形式（链栈）。

### 3.1.1　顺序栈

#### 一、顺序栈结构特点

1) 采用一组地址连续的存储单元来存储数据；
2) 顺序栈的存储容量不易改变；
3) 适用于特定的后进先出类应用环境，顺序存储结构如图 3.2 所示。

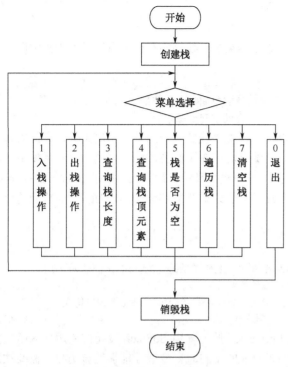

图 3.1　栈操作程序流程图

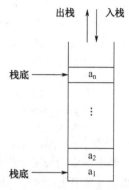

图 3.2　顺序栈存储结构示意图

## 二、实训项目要求

开发一个顺序栈的操作程序，要求程序至少具备以下顺序栈的操作接口。
- InitStack（顺序栈初始化函数）；
- DestroyStack（顺序栈销毁函数）；
- ClearStack（顺序栈清空函数）；
- Push（顺序栈入栈函数）；
- Pop（顺序栈出栈函数）；
- StackLength（查询顺序栈长度函数）；
- GetTop（查询顺序栈栈顶元素函数）；
- StackEmpty（判断是否为空栈的函数）；
- StackTraverse（遍历顺序栈函数）。

要求程序具有任用户选择操作的菜单，并支持以下菜单项。
- 元素压栈操作；
- 元素出栈操作；
- 查询栈长度操作；
- 查询栈顶元素操作；
- 判断栈是否为空操作；
- 遍历栈操作；
- 清空栈操作；
- 退出程序。

### 三、重要代码提示

在构造结构之前应该确定顺序栈的元素数据类型、栈初始存储容量以及每次扩大顺序表的容量时所分配的增量，参考以下代码。

```
typedef int SElemType;
#define STACK_INIT_SIZE 10      // 存储空间初始分配量
#define STACKINCREMENT 2        // 存储空间分配增量
```

一个完整的顺序栈结构必须拥有的属性包括顺序栈的栈顶指针、栈底指针及存储容量；因此，在顺序栈结构定义中包含了 3 个成员变量以对应 3 个必要的顺序表属性。参考如下代码，定义一个顺序表结构 SqStack，其中包括指向顺序栈栈底的指针 base 和指向栈顶的指针 top，并且栈顶指针和栈底指针都必须定义为顺序栈元素的数据类型 ElemType 的指针，而栈当前已分配的存储空间大小定义为 stacksize。

```
struct SqStack
{
    SElemType *base;        // 在栈构造之前和销毁之后，base的值为NULL
    SElemType *top;         // 栈顶指针
    int stacksize;          // 当前已分配的存储空间，以元素为单位
}                           // 顺序栈
```

顺序栈中构造空顺序栈的参考函数 InitStack，此处采用 SqStack 变量的引用作为函数参数传递到函数中进行处理，因此必须要有明确定义的 SqStack 变量才能调用该函数。需要注意的是，顺序栈的空间是通过动态内存分配申请的，并且分配产生的顺序栈大小由事先定义的初始空间大小变量 STACK_INIT_SIZE 决定。详细参考代码如下所示。

```
Status InitStack(SqStack &S)
{
    //初始化空栈
    if (!(S.base=(SElemType *)malloc(STACK_INIT_SIZE*
        sizeof(SElemType))))
    {
        exit(OVERFLOW); // 存储分配失败
    }
    S.top = S.base;
    S.stacksize = STACK_INIT_SIZE;
    return OK;
}
```

顺序栈中元素入栈参考函数为 Push，对于顺序栈而言，由于操作限制在栈顶，因此元素需要通过压栈操作进入栈内，下面的代码实现了元素压栈的函数 Push。利用 SElemType 变量 e 将元素值传递到函数中进行压栈操作，需要注意的是，在栈满的情况下，为避免越界访问，需要为顺序栈追加存储空间。详细的参考代码如下所示。

```
Status Push(SqStack &S, SElemType e)
{
    if (S.top - S.base >= S.stacksize) // 栈满，追加存储空间
    {
        S.base = (SElemType *)realloc(S.base,(S.stacksize +
            STACKINCREMENT) * sizeof(SElemType));
        if (!S.base)
        {
            exit(OVERFLOW); // 存储分配失败
```

```
        }
        S.top = S.base + S.stacksize;
        S.stacksize += STACKINCREMENT;
    }
    *(S.top)++ = e;
    return OK;
}
```

顺序栈中元素出栈参考函数为 Pop，由于顺序栈的操作仅在栈顶，因此元素要出栈也必须从栈顶弹出，称为出栈操作，下面的代码实现了元素出栈的函数 Pop。弹出的元素作为函数返回值返回。由于创建顺序栈时规定，当 S.top==S.base 时，栈不存在，因此出栈操作需要考虑该栈是否存在，若不为空，则返回栈顶元素，并将栈顶指针下移。

```
SElemType Pop(SqStack &S)
{
    if (S.top == S.base)
    {
      return ERROR;
    }
    return *--S.top;
}
```

顺序栈中销毁栈操作参考函数 DestroyStack，销毁栈是指除了删除栈中元素之外，还要销毁栈的结构。详细操作见下面的 DestroyStack 函数代码。销毁过程中，首先要将申请的空间释放；然后必须对 base、top 和 stacksize 进行相应的设置，即指针设置为 NULL，int 型数据设置为 0；销毁栈成功后返回 OK。详细参考代码如下所示。

```
Status DestroyStack(SqStack &S)
{
    free(S.base);
    S.base = NULL;
    S.top = NULL;
    S.stacksize = 0;
    return OK;
}
```

顺序栈中遍历栈参考函数为 StackTraverse，栈遍历操作从栈底到栈顶依次访问栈中元素，操作过程中以栈底指针作为访问指针，直到栈顶指针与栈底指针相等时，栈元素访问完毕。详细参考代码如下所示。

```
Status StackTraverse(SqStack S)
{
    //遍历过程中始终对栈底指针进行操作
    while (S.top > S.base)
    {
        printf("%c",*S.base++);
    }
    printf("\n");
    return OK;
}
```

顺序栈中还包括了清空栈 ClearStack、判断是否空栈 StackEmpty、求栈长度 StackLength 和查找栈顶元素 GetTop 等操作，由于操作函数较为简单，因此下面给出了这几个函数算法的参考函数，本书在此不再详细讲述。

```c
Status ClearStack(SqStack &S)
{
    S.top = S.base;
    return OK;
}

Status StackEmpty(SqStack S)
{
    if (S.top == S.base)
    {
        return TRUE;
    }
    else
    {
        return FALSE;
    }
}

int StackLength(SqStack S)
{
    return S.top - S.base;
}

Status GetTop(SqStack S, SElemType &e)
{
    if (S.top == S.base)
    {
        return ERROR;
    }
    e = *(S.top - 1);
    return OK;
}
```

对顺序栈进行操作的主函数可以设计如下。首先，初始化需要的变量和栈；其次，利用循环语句提示用户输入，直至用户输入退出指令'q'，调用销毁栈函数 DestroyStack，否则程序会一直运行，接收其中满足条件的输入并执行相应的操作。

```c
void main()
{
    char select;
    SElemType cache,e,i;
    SqStack s;
    InitStack(s);
    printf("栈已初始化成功！\n");
    while (1)
    {
        printf("*******************************\n");
        printf("请选择操作：\n");
        printf("a 从栈顶插入元素");
        printf("b 弹出栈顶元素");
        printf("c 查询栈长度 ");
```

```
                printf("d 查询栈顶元素\n");
                printf("e 是否为空栈");
                printf("f 依次输出栈中的元素");
                printf("g 清空栈 ");
                printf("q 退出程序\n");
                printf("*******************************\n ");
                printf("输入你的选择: \n");
                scanf("%c", &select);
                switch(select)
                {
                    case 'a' : //代码略, 入栈操作
                    case 'b' : //代码略, 出栈操作
                    case 'c' : //代码略, 查询栈长度操作
                    case 'd' : //代码略, 查询栈顶元素
                    case 'e' : //代码略, 判断是否为空栈操作
                    case 'f' : //代码略, 遍历栈操作
                    case 'g' : //代码略, 清空栈操作
                    case 'q' : //代码略, 退出程序操作
                    default  : //代码略, 输入不匹配, 重新输入
                }
        }
    }
```

### 3.1.2 链栈

#### 一、链栈结构特点

1）采用不连续的存储单元来存储数据；
2）链栈的存储空间灵活；
3）适用于特定的后进先出类应用环境。

#### 二、实训项目要求

开发一个链栈的操作程序，要求程序至少具备以下顺序栈的操作接口。
- InitStack（链栈初始化函数）；
- DestroyStack（链栈销毁函数）；
- ClearStack（链栈清空函数）；
- Push（链栈入栈函数）；
- Pop（链栈出栈函数）；
- StackLength（查询链栈长度函数）；
- GetTop（查询链栈栈顶元素函数）；
- StackEmpty（判断是否为空栈的函数）；
- StackTraverse（遍历链栈函数）。

链栈存储结构如图 3.3 所示。

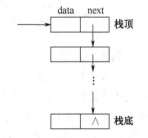

图 3.3 链栈存储结构示意图

要求程序具有任用户选择操作的菜单，并支持以下菜单项。
- 元素入栈操作；
- 元素出栈操作；
- 查询栈长度操作；
- 查询栈顶元素操作；
- 判断栈是否为空操作；
- 遍历栈操作；
- 清空栈操作；
- 退出程序。

### 三、重要代码提示

在构造结构之前应该确定链栈的元素数据类型，另外，一个完整的链栈结构会定义好每个结构体的数据类型，在链栈结构定义中包含了 SElemType 型成员变量 data 和 LNode 型指针域 next，指针用来指向下一个结构。

```
typedef int SElemType;
struct LNode
{
    SElemType data;
    LNode *next;
}
```

链栈中构造空链栈的参考函数是 InitStack，此处采用 LinkStack 变量的引用作为函数参数传递到函数中进行处理，因此必须要有明确定义的 LinkStack 变量才能调用该函数。需要注意的是，链栈在初始化时仅仅申请了头结点的内存空间，并且指针域设置为 NULL。元素存放空间在其入栈的时候申请。

```
Status InitStack(LinkStack &L)
{
    L = (LinkStack)malloc(sizeof(LNode));
    // 产生头结点,并使L指向此头结点
    if (!L) // 存储分配失败
    {
        exit(OVERFLOW);
    }
    L->next = NULL; // 指针域为空
    return OK;
}
```

链栈中元素入栈参考函数 Push，对于链栈而言，插入、删除操作和顺序栈一样，都限制在栈顶，因此元素需要通过压栈操作进入栈内，函数中利用 SElemType 型变量 e 将元素值传递到函数中进行压栈操作，需要注意的是，由于链栈中没有预先定义的内存空间，因此每个元素都需要调用 malloc(sizeof(LNode)) 申请空间，然后插入到栈中。

```
Status Push(LinkStack L, SElemType e)
{
    LinkStack s;
    s = (LinkStack)malloc(sizeof(LNode)); // 生成新结点
    s->data = e; // 给结点赋值
    s->next = L->next; // 插入到栈顶
```

```
        L->next = s;
        return OK;
    }
```

链栈中元素出栈参考函数 Pop，由于链栈的操作仅在栈顶，因此元素要出栈也必须从栈顶弹出，称为出栈操作，函数中采用 LinkStack 变量的引用作为函数参数传递到函数中进行处理，弹出的元素作为函数返回值返回。由于链栈的每个元素都申请了内存空间，因此对于该操作需要考虑：

1）释放该结点的内存空间；
2）栈顶指针下移；
3）返回栈顶元素。

```
SElemType Pop(LinkStack L)
{
    LinkStack p = L->next;
    SElemType e;
    if (p)
    {
        e = p->data;
        L->next = p->next;
        free(p);
        return e;
    }
    else
    {
        return ERROR;
    }
}
```

链栈中销毁栈参考函数 DestroyStack，删除过程中除了删除栈中元素之外，还要销毁栈的结构。由于链栈中每个元素创建时都自己申请了内存空间，因此，销毁过程中需要循环销毁每个元素并释放其空间，直至链表为空。

```
Status DestroyStack(LinkStack &L)
{
    LinkStack q;
    while (L)
    {
        q = L->next;
        free(L);
        L = q;
    }
    return OK;
}
```

链栈中清空栈参考函数 ClearStack，与销毁栈 DestroyStack 不同，销毁栈过程中，销毁了整个链栈，而清空链栈是将栈中所有元素删除，而不改变栈 L。清空栈过程中删除元素操作与销毁栈中的操作相同，在此不再复述。

```
Status ClearStack(LinkStack L)            // 不改变L
{
    LinkStack p,q;
    p = L->next;                          // p指向第一个结点
```

```
    while (p)                          // 未到表尾
    {
        q = p->next;
        free(p);
        p = q;
    }
    L->next = NULL;                    // 头结点指针域为空
    return OK;
}
```

链栈中遍历栈参考函数 StackTraverse，操作中先申请一个新栈，将原栈 S 中的元素从栈顶开始依次压入到新栈 temp 中，然后利用 StackTraverse 函数将栈 temp 中的元素从栈顶到栈底依次遍历，最终栈 S 中的元素输出顺序为从栈底到栈顶。

```
Status StackTraverse(LinkStack S)
{
    SElemType e;
    LinkStack temp, p = S;
    InitStack(temp);   // 初始化temp栈
    while (p->next)
    {
        e = GetTop(p);
        Push(temp , e);
        p = p->next;
    }
    STraverse(temp);
    return OK;
}

Status STraverse(LinkStack L)
{
    LinkStack p = L->next;
    while (p)
    {
        printf("%d", p->data);
        p = p->next;
    }
    printf("\n");
    return OK;
}
```

链栈中还包括了判断是否空栈 StackEmpty、求栈长度 StackLength 和查找栈顶元素 GetTop 等操作，下面列出了这几个算法的参考函数，由于函数较为简单，本书在此对其不再详细讲述。

```
Status StackEmpty(LinkStack L)
{
    if (L->next) // 非空
    {
        return FALSE;
    }
    else
    {
```

```c
        return TRUE;
    }
}

int StackLength(LinkStack L)
{
    int i = 0;
    LinkStack p = L->next;      // p指向第一个结点
    while (p)                   // 未到表尾
    {
        i++;
        p = p->next;
    }
    return i;
}

SElemType GetTop(LinkStack L)
{
    LinkStack p = L->next;
    SElemType e;
    if (!p) // 空表
    {
        return ERROR;
    }
    else // 非空表
    {
        e = p->data;
    }
    return e;
}
```

## 3.2 队列

### 一、队列的基本操作

- 创建队列；
- 入队操作；
- 出队操作；
- 查询队列的长度；
- 判断是否空队列；
- 遍历队列；
- 清空队列；
- 销毁队列。

### 二、本章实训目的

1）用 C 或 C++语言实现本章所学的各种队列结构及操作；

2）编写队列的基本操作函数（入队、出队、求长度、清空、遍历等）；
3）实现一个对队列进行各种操作的用户界面（图 3.4）；
4）运行程序并对其进行测试。

### 三、队列的实现形式

- 顺序存储形式（顺序队列）；
- 链式存储形式（链队列）；
- 循环存储形式（循环队列）。

## 3.2.1 顺序队列

### 一、顺序队列结构特点

和栈相反，队列（Queue）是一种先进先出（First In First Out，FIFO）的线性表。它仅允许在表的一端进行删除，在另一端进行插入，如图 3.5 所示，允许插入的一端称为队尾（Rear），允许删除的一端称为队头（Front），队头元素为 $a_1$，队尾元素为 $a_n$。按照队列的属性，只有当 $a_1$、$a_2$、…$a_{n-1}$ 出队后，$a_n$ 才能离开队列。

- 采用一组地址连续的存储单元来存储数据；
- 顺序栈的存储容量不易改变；
- 适用于特定的先进先出类应用环境。

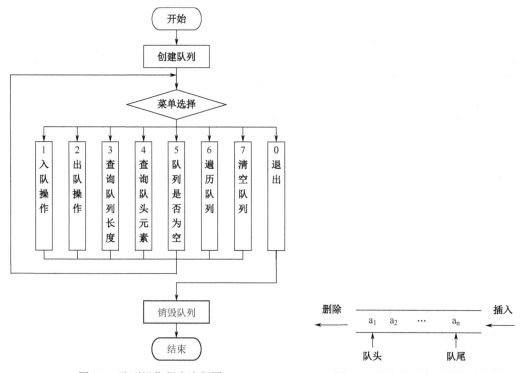

图 3.4　队列操作程序流程图　　　　图 3.5　顺序队列存储结构示意图

### 二、实训项目要求

开发一个顺序队列的操作程序，要求程序至少具备以下顺序栈的操作接口。

- InitQueue（顺序队列初始化函数）；
- DestoryQueue（顺序队列销毁函数）；
- ClearQueue（顺序队列清空函数）；
- EnQueue（顺序队列入队函数）；
- DeQueue（顺序队列出队函数）；
- QueueLength（查询顺序队列长度函数）；
- GetHead（查询顺序队列队头元素函数）；
- QueueEmpty（判断是否为空队列的函数）；
- QueueTraverse（遍历顺序队列函数）。

要求程序具有任用户选择操作的菜单，并支持以下菜单项。

- 元素入队操作；
- 元素出队操作；
- 查询队列长度操作；
- 查询队头元素操作；
- 判断队列是否为空操作；
- 遍历队列操作；
- 清空队列操作；
- 退出程序。

### 三、重要代码提示

在构造结构之前应该确定顺序队列的元素数据类型、队列初始存储容量以及每次扩大顺序队列的容量时所分配的增量，参考以下代码：

```
typedef char QElemType;
#define QUEUE_INIT_SIZE 10    /* 队列存储空间的初始分配量 */
#define QUEUE_INCREMENT 2     /* 队列存储空间的分配增量 */
```

一个完整的顺序队列结构必须拥有的属性包括顺序队列的元素、队头指针、队尾指针以及存储容量；因此，在顺序栈结构定义中包含了 4 个成员变量以对应 4 个必要的顺序队列属性。参考如下代码，定义一个顺序表结构 SqQueue2，其中包括 QElemType 型结点数据存储空间 base(数组)、指向队头的 int 型指针 front、指向队尾的 int 型指针 rear 和表示顺序队列分配空间大小的 int 型变量 queuesize。详细参考代码如下所示。

```
typedef struct
{
    //顺序队列结构中包含存储空间、头指针、尾指针和容量大小
    QElemType *base;  /* 初始化的动态分配存储空间 */
    int front;  /* 头指针,若队列不空,则指向队列头元素 */
    int rear;   /* 尾指针,若队列不空,则指向队列尾元素的下一个位置 */
    int queuesize;
    /* 当前分配的存储容量(以sizeof(QElemType)为单位) */
} SqQueue1;
```

顺序队列中初始化参考函数 InitQueue，先为队列申请新的存储空间，再初始化队尾指针 rear 和队列大小 queuesize。详细的参考代码如下所示。

```
void InitQueue(SqQueue1 *Q)
{
    //初始化过程中需要注意队头
```

```
    (*Q).base = (QElemType*)malloc(QUEUE_INIT_SIZE *
              sizeof(QElemType));
    if (!(*Q).base)
    {
        exit(ERROR);  /* 存储分配失败 */
    }
    (*Q).rear = 0;  /* 空队列,尾指针为0 */
    (*Q).queuesize = QUEUE_INIT_SIZE;  /* 初始存储容量 */
}
```

顺序队列中元素从队尾入队列参考函数 EnQueue,首先判断队列是否已满,若队列满,则增加存储容量;若队列不满,则将元素 e 插入到队尾,并修改队尾指针的值。详细参考代码如下所示。

```
void EnQueue(SqQueue1 *Q, QElemType e)
{
    /* 当前存储空间已满,增加分配 */
    if ((*Q).rear == (*Q).queuesize)
    {
        (*Q).base = (QElemType*)realloc((*Q).base,
                 ((*Q).queuesize + QUEUE_INCREMENT) *
                 sizeof(QElemType));
        if (!(*Q).base)  /* 分配失败 */
        {
            exit(ERROR);
        }
        (*Q).queuesize += QUEUE_INCREMENT;  /* 增加存储容量 */
    }
    (*Q).base[(*Q).rear++] = e;  /* 入队新元素,队尾指针+1 */
}
```

顺序队列中元素从队头出队列参考函数 DeQueue,先判断队列是否为空,若空则退出,若队列非空,则将队头元素从队列中删除;再依次前移队列元素;最后将尾指针前移。

```
Status DeQueue(SqQueue1 *Q, QElemType *e)
{
    int i;
    if ((*Q).rear)  /* 队列不空 */
    {
        *e = *(*Q).base;
        for (i = 1; i < (*Q).rear; i++)
        {
            (*Q).base[i - 1] = (*Q).base[i];  /* 依次前移队列元素 */
        }
        (*Q).rear--;  /* 尾指针前移 */
        return OK;
    }
    else
    {
        return ERROR;
    }
}
```

顺序队列中查询队头元素参考函数 GetHead，本操作与出队操作的区别在于，本操作不删除队头元素，而仅仅查询队头元素并将其返回。

```
Status GetHead(SqQueue1 Q, QElemType *e)
{
    if (Q.rear)
    {
        *e = *Q.base;
        return OK;
    }
    else
    {
        return ERROR;
    }
}
```

顺序队列中遍历队列的参考函数为 QueueTraverse，从队头元素开始直至队尾元素进行遍历访问，遍历过程可以直接使用 Q.base 数组循环进行。详细参考代码如下所示。

```
void QueueTraverse(SqQueue1 Q,void(*vi)(QElemType))
{
    int i;
    for (i = 0; i < Q.rear; i++)
    {
        vi(Q.base[i]);
    }
    printf("\n");
}
```

顺序队列还包括了清空队列操作 ClearQueue、销毁队列操作 DestroyQueue、求队列长度操作 QueueLength 和判断队列是否为空操作 QueueEmpty 等参考函数。由于这些函数较为简单，这里不再讲述，读者可以参阅以下代码或者参阅课后完整代码。

```
void ClearQueue(SqQueue1 *Q)
{
    (*Q).rear = 0;
}

void DestroyQueue(SqQueue1 *Q)
{
    free((*Q).base); /* 释放存储空间 */
    (*Q).base = NULL;
    (*Q).rear = (*Q).queuesize = 0;
}

int QueueLength(SqQueue1 Q)
{
    return Q.rear;
}

Status QueueEmpty(SqQueue1 Q)
{
    if (Q.rear == 0)
    {
```

```
            return TRUE;
        }
        else
        {
            return FALSE;
        }
}
```

### 3.2.2 链队列

#### 一、链队列结构特点

1）采用不连续的存储单元来存储数据；
2）链队列的存储容量较为灵活；
3）适用于特定的先进先出类应用环境。
链队列存储结构如图 3.6 所示。

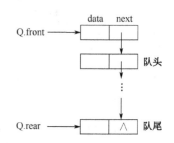

图 3.6 链队列存储结构示意图

#### 二、实训项目要求

开发一个链队列的操作程序，要求程序至少具备以下链队列的操作接口。
- InitQueue（链队列初始化函数）；
- DestroyQueue（链队列销毁函数）；
- ClearQueue（链队列清空函数）；
- EnQueue（链队列入队函数）；
- DeQueue（链队列出队函数）；
- QueueLength（查询链队列长度函数）；
- GetHead（查询链队列队头元素函数）；
- QueueEmpty（判断是否为空链队列的函数）；
- QueueTraverse（遍历链队列函数）。

要求程序具有任用户选择操作的菜单，并支持以下菜单项。
- 队列初始化操作；
- 队列销毁操作；
- 元素入队操作；
- 元素出队操作；
- 查询队列长度操作；
- 查询队列队头元素操作；
- 判断队列是否为空操作；
- 遍历队列操作；
- 清空队列操作；
- 退出程序。

#### 三、重要代码提示

一个完整的链队列结构包括结点结构和链表结构。结点结构中包含一个 SElemType 型数据域 data 和一个 QNode 型指针域 next，分别用于存放结点数据和指向下一个结点的指针；链表结构包含了两个分别指向队头 front 和队尾 rear 的 QueuePtr 型指针。

```
typedef int SElemType;
typedef struct QNode
{
    SElemType data;
    QNode *next;
} *QueuePtr;

struct LinkQueue
{
    QueuePtr front, rear; // 队头、队尾指针
}
```

链队列中构造空链队列时参考函数 InitQueue，鉴于链表的性质，需要对队头和队尾指针进行初始化，并且设置队头的 next 指针为空。

```
Status InitQueue(LinkQueue &Q)
{
    if (!(Q.front = Q.rear = (QueuePtr)malloc(sizeof(QNode))))
    {
        exit(OVERFLOW);
    }
    Q.front->next = NULL;
    return OK;
}
```

链队列中元素入队参考函数 EnQueue，由链表性质可知，对于新插入的元素需要预先申请结点空间；对于队列而言，插入只能在队尾操作，因此需要改变队尾元素的指针 rear。

```
Status EnQueue(LinkQueue &Q, SElemType e)
{
    QueuePtr p;
    if (!(p = (QueuePtr)malloc(sizeof(QNode))))
    {
        exit(OVERFLOW);
    }
    p->data = e;
    p->next = NULL;
    Q.rear->next = p;
    Q.rear = p;
    return OK;
}
```

链队列中元素出队参考函数 DeQueue，操作过程中先遵循链表的操作原则，出队的元素必须进行结点删除；再遵循队列原则，删除的元素必须为队头元素，更改队头指针的位置，并将删除的结点值进行返回。

```
SElemType DeQueue(LinkQueue &Q)
{
    QueuePtr p;
    SElemType e;
    if (Q.front == Q.rear)
    {
        return ERROR;
    }
```

```
        p = Q.front->next;
        e = p->data;
        Q.front->next = p->next;
        if (Q.rear == p)
        {
            Q.rear = Q.front;
        }
        free(p);
        return e;
    }
```

链队列中查询队头元素参考函数 GetHead，本操作与出队操作的区别在于，本操作不删除队头元素，而仅仅查询队头元素并将其返回。

```
    SElemType GetHead(LinkQueue Q)
    {
        QueuePtr p;
        SElemType e;
        if (Q.front == Q.rear)
        {
            return ERROR;
        }
        p = Q.front->next;
        e = p->data;
        return e;
    }
```

链队列中销毁队列操作参考函数 DestroyQueue，销毁队列是指除了删除队列中的数据元素之外，还要销毁存储数据元素的结构，最终销毁整个栈。销毁过程中利用循环对队列中的元素进行逐个删除，必须对队头指针和队尾指针进行相应的设置。详细的参考代码如下所示。

```
    Status DestroyQueue(LinkQueue &Q)
    {
        //需要注意的是，队列为空时，Q.front=Q.rear
        while (Q.front)
        {
            Q.rear = Q.front->next;
            free(Q.front);
            Q.front = Q.rear;
        }
        return OK;
    }
```

链队列中遍历队列参考函数 QueueTraverse，遍历顺序为从队头到队尾，并且考虑到头结点的特殊性，需要从头结点的下一个结点开始依次访问，直至访问到队列的最后一个元素。

```
    Status QueueTraverse(LinkQueue Q)
    {
        QueuePtr p;
        p = Q.front->next;
        while (p)
        {
            visit(p->data);
            p = p->next;
```

```
        }
        printf("\n");
        return OK;
}
```

链队列中还包括清空队列参考函数 ClearQueue、判断是否空队列参考函数 QueueEmpty 和求队列长度参考函数 QueueLength 等操作，下面列出了这几个算法的参考函数，由于函数较为简单，因此本书在此不再详细讲述。

```
Status ClearQueue(LinkQueue &Q)
{
    QueuePtr p, q;
    Q.rear = Q.front;
    p = Q.front->next;
    Q.front->next = NULL;
    while (p)
    {
        q = p;
        p = p->next;
        free(q);
    }
    return OK;
}

Status QueueEmpty(LinkQueue Q)
{
    if (Q.front == Q.rear)
    {
        return TRUE;
    }
    else
    {
        return FALSE;
    }
}

int QueueLength(LinkQueue Q)
{
    int i = 0;
    QueuePtr p;
    p = Q.front;
    while (Q.rear != p)
    {
        i++;
        p = p->next;
    }
    return i;
}
```

### 3.2.3 循环队列

#### 一、循环队列结构特点

和循环栈类似，在队列的顺序存储结构中，循环队列除了用一组地址连续的存储单元依次存放从队头到队尾的元素之外，还需要设置两个指针域 front 和 rear 分别指向队列的队头和队尾元素位置。从 3.2.1 的顺序队列了解到，每当插入新队尾元素时，"尾指针加 1"；每当删除队头元素时，"头指针减 1"。因此，在非空队列中，头指针始终指向队头元素，而队尾始终指向队尾元素的下一个位置。

假设顺序队列长度为 N，当队尾插入 N 个元素后，队头依次删除这 N 个元素后，队列中元素个数为 0，队列为空，但是由于顺序队列的性质，此队列将无法继续使用（除非扩大数组空间，但这样操作不合理），那么若循环队列试图将这些空间利用起来，只能将顺序队列臆造为一个环状的空间，如图 3.7 所示，称之为循环队列。循环队列中队列为"空"和"满"的状态都存在关系式 Q.front=Q.rear；那么如何判断队列是"空"还是"满"呢？下面给出两种处理办法：其一是设置另一个标志位以区别队列是"空"还是"满"；其二是少用一个存储空间，以约定"队列头指针在队尾指针的下一位置（环状的下一个位置）上"作为队列"满"状态的标志。

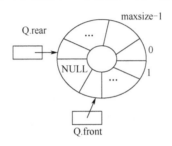

图 3.7 循环队列存储结构示意图

#### 二、实训项目要求

开发一个循环队列的操作程序，要求程序至少具备以下循环队列的操作接口。
- InitQueue（循环队列初始化函数）；
- DestroyQueue（循环队列销毁函数）；
- ClearQueue（循环队列清空函数）；
- EnQueue（循环队列入队函数）；
- DeQueue（循环队列出队函数）；
- QueueLength（循环队列长度函数）；
- GetHead（查询循环队列队头元素函数）；
- QueueEmpty（判断是否为空循环队列的函数）；
- QueueTraverse（遍历循环队列函数）。

要求程序具有任用户选择操作的菜单，并支持以下菜单项。
- 元素入队操作；
- 元素出队操作；
- 查询队列长度操作；
- 查询队列队头元素操作；
- 判断队列是否为空操作；

- 遍历队列操作；
- 清空队列操作；
- 退出程序。

### 三、重要代码提示

一个完整的循环队列结构包括初始化动态分配的存储空间、队头指针和队尾指针 3 个要素。动态分配的存储空间即为初始存放元素的空间，队列空间可以循环使用，但是若队列满了，则本项目不增加额外的存储空间。

```c
#define MAXQSIZE 10 /* 最大队列长度+1 */
typedef int QElemType;
typedef struct
{
    QElemType *base; /* 初始化的动态分配存储空间 */
    int front; /* 头指针,若队列不空,则指向队列头元素 */
    int rear;  /* 尾指针,若队列不空,则指向队列尾元素的下一个位置 */
}SqQueue;
```

循环队列中初始化空循环队列的参考函数为 InitQueue，初始化过程中要申请新内存空间存放元素，并对队头指针和队尾指针进行设置。

```c
void InitQueue(SqQueue *Q)
{
    (*Q).base = (QElemType *)malloc(MAXQSIZE *
                    sizeof(QElemType));
    if (!(*Q).base) /* 存储分配失败 */
    {
        exit(OVERFLOW);
    }
    (*Q).front=(*Q).rear = 0;
}
```

循环队列中元素入队参考函数 EnQueue，先判断队列是否已满，若满则退出；若不满，则插入元素，并修改队尾指针。需要注意的是，本项目不包括另增新空间，因此初始化过程中的空间大小即为循环队列的最终大小。详细参考代码如下所示。

```c
Status EnQueue(SqQueue *Q, QElemType e)
{
    if (((*Q).rear + 1) % MAXQSIZE == (*Q).front) /* 队列满 */
    {
        return ERROR;
    }
    (*Q).base[(*Q).rear] = e;
    (*Q).rear = ((*Q).rear + 1) % MAXQSIZE;
    return OK;
}
```

循环队列中元素出队参考函数 DeQueue，首先判断队列是否为空，若为空则无元素可出队；若不为空，则删除队头元素、返回队头元素并修改队尾指针。由于本队列为循环队列，因此队列头指针移动过程中不能简单地向后移动，而需要考虑到队头指针和队列的相对位置：(*Q).front=((*Q).front+1)%MAXQSIZE。

```c
Status DeQueue(SqQueue *Q, QElemType *e)
```

```
        // 若队列不空，则删除Q的队头元素，用e返回其值，并返回OK；
        // 否则返回ERROR
        if ((*Q).front == (*Q).rear)  /* 队列空 */
        {
            return ERROR;
        }
        *e = (*Q).base[(*Q).front];
        (*Q).front = ((*Q).front + 1) % MAXQSIZE;
        return OK;
    }
```

循环队列中查询队头元素参考函数 GetHead，首先判断队列是否为空，若为空则无队头元素；若不为空，则直接利用队头指针获取队头元素并返回。

```
    Status GetHead(SqQueue Q, QElemType *e)
    {
        if (Q.front == Q.rear)  /* 队列空 */
        {
            return ERROR;
        }
        *e = Q.base[Q.front];
        return OK;
    }
```

循环队列中销毁循环队列参考函数 DestroyQueue，循环队列的销毁需要释放存储空间并设置队头和队尾指针。

```
    void DestroyQueue(SqQueue *Q)
    {
        if ((*Q).base)
        {
            free((*Q).base);
        }
        (*Q).base = NULL;
        (*Q).front = (*Q).rear = 0;
    }
```

循环队列中遍历队列参考函数 QueueTraverse，遍历过程其实就是从队头到队尾元素的访问过程，考虑到循环队列的特性，需要利用 i%MAXQSIZE 语句来确定队列中的相对位置，并进行遍历。

```
    void QueueTraverse(SqQueue *Q, void(*vi)(QElemType))
    {
        int i;
        i = (*Q).front;
        while (i != (*Q).rear)
        {
            vi((*Q).base[i]);
            i = (i + 1) % MAXQSIZE;
        }
        printf("\n");
    }
```

循环队列中还包括了清空队列 ClearQueue、判断是否空队列 QueueEmpty 和求队列长度

QueueLength 等操作，下面列出了这几个算法的参考函数，由于这些函数较为简单，本书在此不再详细讲述。读者可以参考前一节的相关函数或者课后的本章完整代码。

```
void ClearQueue(SqQueue *Q)
{
    (*Q).front = (*Q).rear = 0;
}

Status QueueEmpty(SqQueue Q)
{
    if(Q.front == Q.rear) /* 队列空的标志 */
    {
        return TRUE;
    }
    else
    {
        return FALSE;
    }
}

int QueueLength(SqQueue Q)
{
    return(Q.rear - Q.front + MAXQSIZE) % MAXQSIZE;
}
```

本循环队列项目的存放空间大小固定，读者可以将本项目作为参考，自行设计可增加空间的循环队列项目。

## 3.3 栈和队列应用项目

### 一、数制转换

**问题描述**

进制转换问题是计算机实现计算的基本问题，其解决办法很多，其中一个简单的方法就是利用栈的基本原理。

了解以下进制转换问题的思想：

N = (N div d) ×d + N mod d（其中，div 为整除运算，mod 为求余运算）

将数值 N 对于进制 d 进行整除和求余运算。其预算过程如下：

| N | N div 16 | N mod 16 |
|---|---|---|
| 2012 | 125 | C (12) |
| 125 | 7 | D (13) |
| 7 | 0 | 7 |

$(2012)_{10} = (7DC)_{16}$

现要编制一个满足以上要求的程序：对于输入的任意一个非负十进制整数，将其对应的 d 进制数进行转换和输出。由于 d 进制数的各位是按照从低位到高位生成的，而打印需要从高位到低位进行，两者顺序相反，因此，需要借助栈来完成，即将产生的数按顺序进行入栈，然后利用出栈函数依次从栈顶到栈底输出，以得到正确的结果。

**算法详解**

算法中首先获取需要转换的进制 N，然后获取输入的十进制数，对于获取的十进制数，可利用上面讲述的算法进行计算。原则上 N 的值可为 2、8、16。读者也可在此原理基础上设计实现二进制、八进制、十进制和十六进制之间的任意转换。感兴趣的读者可以自行完成这些操作。十进制转 N 进制的核心算法如下。

```c
void conversion(int N)
{
    SqStack s;
    unsigned n; /* 非负整数 */
    SElemType e;
    InitStack(s); /* 初始化栈 */
    printf("将十进制整数n转换为%d进制数，请输入：n(>=0)=",N);
    scanf("%u", &n); /* 输入非负十进制整数n */
    while (n) /* 当n不等于0时 */
    {
        Push(s, n % N); /* 入栈n除以N的余数(N进制的低位) */
        n = n / N;
    }
    printf("转换为 %d 进制的结果为 : ",N);
    while (!StackEmpty(s)) /* 当栈不空时 */
    {
        e = Pop(s); /* 弹出栈顶元素且赋值给e */
        if (e == 10)
        {
            printf("A");
        }
        else if (e == 11)
        {
            printf("B");
        }
        else if (e == 12)
        {
            printf("C");
        }
        else if (e == 13)
        {
            printf("D");
        }
        else if (e == 14)
        {
            printf("E");
        }
        else if (e == 15)
        {
            printf("F");
        }
        else
        {
```

```
                printf("%d",e);  /* 输出e */
            }
        }
        printf("\n");
        DestroyStack(s);
    }
```

主函数通过用户的输入获得需要转换的进制，然后调用 conversion 函数进行转换；输出转换后的值，参考代码如下。

```
    void main()
    {
        char cache;
        int N;
        do
        {
            printf("输入您要转换的进制(2,8,16)进制均可!");
            scanf("%d", &N);
            conversion(N);
            printf("请按任意键运行程序！退出输入q ! \n");
            getchar();
            cache = getchar();
            printf("\n");
        } while (cache != 'q');
    }
```

其中，涉及的 InitStack(SqStack &S)、Push(SqStack &S,SElemType e)、StackEmpty(SqStack S)、Pop(SqStack &S)、DestroyStack(SqStack &S)等函数这里不再复述。详细代码可参阅第 3 章栈项目或本项目课后的完整代码。

### 二、括号匹配检验

**问题描述**

假设字符串表达式中包含 3 种括号——圆括号、方括号和大括号。其嵌套顺序随意，如[({})]或{[()()][]}等为正确的格式，[()或{[()}]或(([){]}均为不正确的格式。检验括号是否匹配的方法的思想如下：

$$\{_1 [_2 (_3)_4 ]_5 [_6 (_7)_8 ]_9 \}_{10}$$

当计算机接收符号$\{_1$后，它期待着与其匹配的$\}_{10}$出现，但此时出现的却是符号$[_2$，因此符号$\{_1$只能暂时等待，而迫切等待与符号$[_2$匹配的符号$]_5$出现，类似的，出现的却是符号$(_3$，所以符号$[_2$也只能等待，并让位于第三个符号$(_3$，此时，在出现第四个符号$)_4$时，第三个符号得到满足，彼此消解，消解之后，第二个符号$[_2$的匹配成为最为急迫的任务，……，以此类推。由此可见，整个处理过程与栈的特点非常吻合。

在整个算法中，开始和结束栈都必须为空。在算法中设置一个栈，每次检测到读入的为这 3 种符号中的左括号，则进行压栈处理；如果检测到读入的为右括号，则使置于栈顶的最急迫的左符号得以消解，若出现无法使最急迫的左括号得以消解的右括号，则为不合法情况。

**算法详解**

算法中先申请空栈，再对输入的字符串进行检测，对于非此 3 种符号的其他字符应直接忽略。实验中使用顺序栈存放符号，涉及的顺序栈中的算法在此不再复述，详细程序见课后代码。核心算法如下。

```c
void check()
{
    SqStack s;
    SElemType ch[80] , *p , e;
    InitStack(s); /* 初始化栈成功 */
    printf("请输入带括号（()、[]和{}）的表达式\n");
    gets(ch);
    p = ch; /* p指向字符串的首字符 */
    while (*p) /* 未到串尾 */
    {
        switch (*p)
        {
            case '(' :
            case '[' :
            case '{' :
                Push(s, *p++); /* 左括号入栈，且p++ */
                break;
            case ')' :
            case ']' :
            case '}' :
                if (!StackEmpty(s)) /* 栈不空 */
                {
                    e = Pop(s); /* 弹出栈顶元素 */
                    if (!(e == '('&&*p==')'||e == '['&&*p == ']'
                        || e == '{'&&*p == '}'))
                    {
                        /* 出现3种匹配情况之外的情况 */
                        printf("左右括号不配对\n");
                        exit(ERROR);
                    }
                }
                else /* 栈空 */
                {
                    printf("缺乏左括号\n");
                    exit(ERROR);
                }
            default : p++; /* 其他字符不处理，指针向后移 */
        }
    }
    if (StackEmpty(s)) /* 字符串结束时栈空 */
    {
        printf("括号匹配\n");
    }
    else
    {
        printf("缺乏右括号\n");
    }
}
```

```
void main()
{
    check();
}
```

### 三、行编辑程序

**问题描述**

本实验首先设想一个简单的行编辑工具——由于用户在编辑过程中，不能保证输入的内容不出差错，因此，在编辑程序中为用户申请一个临时存放空间，即栈，对临时存放空间里的数据，允许用户输入出错，并在发现有错误时及时更改。例如，当发现刚刚输入的一个字符错误时，可以允许用户输入一个退格符"#"，以表示当前字符无效，即将该字符弹出栈顶；如果发现刚刚输入的行内错误较多或难以补救，则可以键入退行符"@"，以清除整行，即清除栈内所有元素。符号用法如下：

```
Linn#eEdite#()
fin@fn#close(fp)
```

实际输入的内容如下：

```
LineEdit()
fclose(fp)
```

因此，本项目利用栈作为临时存放空间，输入过程中对退格符号"#"和清除行符号"@"进行识别；识别后分别执行对应的出栈操作和清空栈操作；若非这两种符号，则进行压栈操作。当行输入完毕后，将其写入到外部文件中。

**算法详解**

算法中先申请空栈，再对输入的字符逐个进行检测，若为"#"或者"@"符号，则执行相应操作，否则入栈。对于输入完成的行，将栈内字符写入到外部文件中。核心算法如下。

```
void LineEdit()
{
    /* 利用字符栈s,从终端接收一行并送至调用过程的数据区*/
    SqStack s;
    char ch;
    InitStack(s);
    printf("请输入一个文本文件,^Z(或F6)结束输入:\n");
    ch=getchar();
    while (ch != EOF)
    {
        /* 当全文未结束(EOF为^Z键,全文结束符)时 */
        while (ch != EOF && ch != '\n')
        {
            /* 当全文未结束且未到行末(不是换行符)时 */
            switch (ch)
            {
                case '#' :
                    if (!StackEmpty(s))
                    {
                        Pop(s);         /* 仅当栈非空时退栈,c可由ch替代 */
                    }
                    break;
```

```
                    case '@' :
                        ClearStack(s);          /* 重置s为空栈 */
                        break;
                    default :
                        Push(s,ch);             /* 其他字符进栈 */
                }
                ch=getchar();                   /* 从终端接收下一个字符 */
            }
            StackTraverse(s);                   /* 将从栈底到栈顶的栈内字符传送至文件中 */
            fputc('\n',fp);                     /* 向文件输入一个换行符 */
            ClearStack(s);                      /* 重置s为空栈 */
            if (ch != EOF)
            {
                ch = getchar();
            }
        }
        DestroyStack(s);
    }
```

主函数在当前目录下建立一个 ed.txt 文件，然后将数据写入文件，参考代码如下。

```
    void main()
    {
        /* 在当前目录下建立ed.txt文件,用于写数据*/
        fp = fopen("in.txt", "w");
        if (fp)                                 /* 如已有同名文件,则先删除原文件 */
        {
            LineEdit();
            fclose(fp);                         /* 关闭fp指向的文件 */
        }
        else
        {
            printf("建立文件失败!\n");
        }
    }
```

### 四、迷宫求解

#### 问题描述

求迷宫中从入口到出口的所有路径是一个经典的问题。其解法通常是从入口开始，顺某一方向前进，若能走通，则继续前进；否则沿原路返回换一个方向继续前进，直至所有可能的通路都探索到为止。为保证无论访问到何点都能按原路返回，显然需要用一个后进先出的结构来保存从入口到当前位置的路径。因此，在迷宫求解问题中很容易想到利用栈的原理。

#### 算法详解

在迷宫问题中，存在两种解决方法——递归和非递归。

递归方法中首先应该确定迷宫问题的迷宫行列数、迷宫二维数组以及迷宫的坐标数据结构。

```
    #define MAXLENGTH 25 /* 设定迷宫的最大行列为25 */
    typedef int MazeType[MAXLENGTH][MAXLENGTH];
    /* 迷宫数组类型[行][列] */
```

```
typedef struct
{
    int xx;      /* 行值 */
    int yy;      /* 列值 */
} PosType;       /* 迷宫坐标位置类型 */
```

迷宫问题中递归方法的输出参考函数 Print，为了使输出更加直观，本项目将迷宫的路径、墙等都用特殊的符号来表示。详细设置如以下代码所示。

```
void Print()
{
    int i, j;
    for (i = 0; i < x; i++)
    {
        for (j = 0; j < y; j++)
        {
            if (i == 1 && j == 0 || i == 1 && j == 1)
            {
                printf("○");
            }
            else if (mg[i][j] == 1)
            {
                printf("■");          //迷宫的"墙"
            }
            else if (mg[i][j] == 0)
            {
                printf("◇");          //不通的路
            }
            else if (mg[i][j] == -1)
            {
                printf("◇");
            }
            else
            {
                printf("○");          //通过的路径
            }
        }
        printf("\n");
    }
    Mark = 1;
}
```

迷宫问题中随机参考函数 Random 的主要功能是随机生成迷宫，随机生成过程中出口和入口要另外指定，同时，迷宫的其他外围设置为"不可走"，这样保证了迷宫只可能有一个出口和一个入口；为了使随机生成的迷宫尽量有解，迷宫内部的墙壁和通道之比为 1∶2。具体设计代码如下所示。

```
void Random()
{
    //随时生成迷宫，墙壁和通道比例为1∶2
    int i , j , k;
    srand(time(NULL));
```

```
//将入口、出口设置为"0"即可通过
mg[1][0] = mg[1][1] = mg[18][19] = 0;
for (j = 0; j < 20; j++)
{
    //设置迷宫外围"不可走"，保证只有一个出口和入口
    mg[0][j] = mg[19][j] = 1;
}
for (i = 2; i < 19; i++)
{
    //设置迷宫外围"不可走"，保证只有一个出口和入口
    mg[i][0] = mg[i - 1][19] = 1;
}
    for (i = 1; i < 19; i++)
    {
        for (j = 1; j < 19; j++)
        {
            // 随机生成0、1、2三个数(1和2随机出现的概率
            // 比0出现的概率多一倍)
            k = rand() % 3;
            if (k)
            {
                mg[i][j] = 0;
            }
            else
            {
                if ((i == 1 && j == 1) || (i == 18 && j == 18))
                {
                    /* 因为距入口或出口一步的路是必经之路，故设
                       该通道块为"0"，以加大迷宫通行的概率 */
                    mg[i][j] = 0;
                }
                else
                {
                    mg[i][j] = 1;
                }
            }
        }
    }
}
```

迷宫问题中路径试探性行走参考函数 Try，通过试探性行走，当前位置为 cur，方向数组为 direc[]，详细代码如下所示。

```
void Try(PosType cur,int curstep)
{
    //由当前位置cur、当前步骤curstep试探下一点
    int i;
    PosType next;// 下一个位置
    /* {行增量,列增量},移动方向,依次为东、南、西、北 */
    PosType direc[4] = {{0,1},{1,0},{0,-1},{-1,0}};
    for (i = 0; i <= 3; i++) // 依次试探东、南、西、北四个方向
```

```
        {
            next.xx = cur.xx + direc[i].xx;  //移动方向,给下一个位置赋值
            next.yy = cur.yy + direc[i].yy;
            if (mg[next.xx][next.yy] == 0) // 下一个位置是通路
            {
                // 将下一个位置设为足迹
                mg[next.xx][next.yy] = ++curstep;
                if (next.xx != end.xx || next.yy != end.yy)
                {
                    /* 未到终点 */
                    //由下一个位置继续试探(降阶递归调用,离终点更近)
                    Try(next,curstep);
                }
                else /* 到终点 */
                {
                    Print(); // 输出结果(出口,不再递归调用)
                    printf("\n");
                }
                // 恢复为通路,以便在另一个方向试探另一条路
                mg[next.xx][next.yy] = -1;
                curstep--; /* 足迹减1 */
            }
        }
    }
}
```

### 五、表达式求值

**问题描述**

表达式求值是程序设计语言编译中一个最基本的问题。它的实现是栈的又一典型应用。

任何一个表达式都是由操作数(Operand)、运算符(Operator)和界限符(Delimiter)组成的,其中,操作数可以是常数,也可以是被说明为变量或常量的标识符;运算符可以分为算术运算符、关系运算符和逻辑运算符等三类;基本界限符有左右括弧和表达式结束符等。为了叙述简洁,在此仅讨论只含二元运算符的算术表达式。可将这种表达式定义如下:

表达式::= 操作数 运算符 操作数

操作数::= 简单变量 | 表达式

简单变量::= 标识符 | 无符号整数

由于算术运算的规则是先乘除后加减、先左后右和先括弧内后括弧外,因此,对表达式进行运算不能按其中运算符出现的先后次序进行,而应该根据运算符的优先顺序进行计算,通常称为"算符优先法"。

"算符优先法"将运算符和限界符统称为算符,任意两个相继出现的算符 $\theta_1$ 和 $\theta_2$ 的优先关系规定为如下三种之一。

$$\theta_1 < \theta_2 \quad \theta_1 \text{ 的优先级低于 } \theta_2$$
$$\theta_1 = \theta_2 \quad \theta_1 \text{ 的优先级等于 } \theta_2$$
$$\theta_1 > \theta_2 \quad \theta_1 \text{ 的优先级高于 } \theta_2$$

例如 $\theta_1$='+'和 $\theta_2$='*' 时,$\theta_1 < \theta_2$。算符间的优先关系如表 3.1 所示。

表 3.1 算符间的优先关系

| $\theta_2$ \ $\theta_1$ | + | - | * | / | ( | ) | # |
|---|---|---|---|---|---|---|---|
| + | > | > | < | < | < | > | > |
| - | > | > | < | < | < | > | > |
| * | > | > | > | > | < | > | > |
| / | > | > | > | > | < | > | > |
| ( | < | < | < | < | < | = |   |
| ) | > | > | > | > |   | > | > |
| # | < | < | < | < | < |   | = |

**算法详解**

为实现算符优先算法，申请两个工作栈——一个用来存放运算符(OPTR)，一个用来存放操作数或者运算结果(OPND)，基本算法如下。

1) 置操作数栈为空栈，表达式起始符——利用回车符"\n"作为运算符栈的栈底元素。

2) 依次读入表达式中的每个字符，若为操作数，则进操作数栈(OPND)；若为运算符，则和运算符栈(OPTR)的栈顶运算符比较优先级后做相应操作，直至整个表达式求值完毕(结束条件：当前读入的元素和 OPTR 栈顶元素都为回车符'\n')。核心算法如下。

运算符优先关系判断函数 char Precede(SElemType t1,SElemType t2)。

```c
char Precede(SElemType t1,SElemType t2)
{
    /*判断t1、t2两个符号的优先关系('#'用'\n'代替) */
    char f;
    switch (t2)
    {
        case '+' :
        case '-' :
            if (t1 == '(' || t1 == '\n')
            {
                f = '<'; /* t1<t2 */
            }
            else
            {
                f = '>'; /* t1>t2 */
            }
            break;
        case '*' :
        case '/' :
            if (t1 == '*' || t1 == '/' || t1 ==')')
            {
                f = '>'; /* t1>t2 */
            }
            else
            {
                f = '<'; /* t1<t2 */
            }
```

```
            break;
        case '(' :
        if (t1 == ')')
            {
                printf("括号不匹配\n");
                exit(ERROR);
            }
            else
            {
                f = '<'; /* t1<t2 */
            }
            break;
        case ')' :
        switch (t1)
            {
                case '(' :
                f = '='; /* t1=t2 */
                    break;
          case '\n' :
                printf("缺乏左括号\n");
                    exit(ERROR);
                default :
                f = '>'; /* t1>t2 */
            }
            break;
        case '\n' :
            switch (t1)
            {
                case '\n' :
                    f = '='; /* t1=t2 */
                    break;
                case '(' :
                    printf("缺乏右括号\n");
                    exit(ERROR);
                default :
                    f = '>'; /* t1>t2 */
            }
    }
    return f;
}
```

运算符判断函数 Status In（SElemType c），判断 c 是否为 7 种运算符之一。若是 7 种运算符之一，则返回 TRUE，否则返回 FALSE。

```
Status In(SElemType c)
{
    switch (c)
    {
        case '+' :
        case '-' :
        case '*' :
```

```
            case '/' :
            case '(' :
            case ')' :
            case '#' : return TRUE;
            default  : return FALSE;
        }
    }
```

四则运算函数 SElemType Operate（SElemType a,SElemType theta, SElemType b）。对传递进来的运算数和运算符进行运算，并返回运算结果，运算分为加、减、乘、除四种。

```
    SElemType Operate(SElemType a,SElemType theta,SElemType b)
    {
        switch (theta)
        {
            case '+' : return a + b;
            case '-' : return a - b;
            case '*' : return a * b;
        }
        return a/b;
    }
```

算术表达式求值的算符优先算法参考函数 EvaluateExpression。为实现算符优先算法，应先申请两个栈工作空间——一个为 OPTR，用以寄存运算符；另一个为 OPND，用以寄存操作数或运算结果。基本思想如下。

1）置操作数栈为空栈，表达式起始符"#"为运算栈的栈底元素。

2）依次读入表达式中的每个字符，若为操作数，则进入操作数栈 OPND；若为运算符，则与 OPTR 栈顶的运算符进行比较后做相应操作，直至表达式求值完毕（即 OPTR 栈顶元素和当前读入的字符均为"#"）。

```
    SElemType EvaluateExpression()
    {
        /* 算术表达式求值的算符优先算法。设OPTR和OPND分别为运算符栈
           和运算数栈*/
        SqStack OPTR, OPND;
        SElemType a, b, d, x;
        char c;                    /* 存放由键盘接收的字符*/
        char z[11];                /* 存放字符串*/
        int i;
        InitStack(OPTR);           /* 初始化运算符栈OPTR和运算数栈OPND */
        InitStack(OPND);
        Push(&OPTR, '\n');         /* 将换行符压入运算符栈OPTR的栈底 */
        c = getchar();  /* 由键盘读入1个字符到c */
        GetTop(OPTR, &x);          /* 将运算符栈OPTR的栈顶元素赋给x */
        while (c != '\n' || x != '\n')  /* c和x不都是换行符 */
        {
            if (In(c) || c == '\n')        /* c是7种运算符之一 */
            {
                switch (Precede(x,c))       /* 判断x和c的优先级 */
                {
                    case '<' :
                        Push(&OPTR, c);      /* 栈顶元素x的优先级低，入栈c */
```

```c
                        c = getchar();  /*键盘读入下一个字符到c */
                        break;
                case '=' :
                        /* 出现x='('且c=')'情况,弹出'('给x(后又丢掉) */
                        Pop(&OPTR, &x);
                        /* 由键盘读入下一个字符到c(丢掉')') */
                        c = getchar();
                        break;
                case '>' :
                        /* 栈顶元素x的优先级高,弹出运算符栈OPTR
                           的栈顶元素给x */
                        Pop(&OPTR, &x);
                        // 依次弹出运算数栈OPND的栈顶元素给b、a
                        Pop(&OPND, &b);
                        Pop(&OPND, &a);
                        // 做运算axb,并使运算结果入运算数栈
                            Push(&OPND, Operate(a, x, b));
            }
        }
        else if (c >= '0' && c <= '9')  /* c是操作数*/
        {
            i = 0;
            while (c >= '0' && c <= '9')  /* 连续数字 */
            {
                z[i++] = c;
                c = getchar();
            }
                z[i] = 0;  /* 字符串结束符 */
                /* 将z中保存的数值型字符串转为整型并存于d */
                d = atoi(z);
                Push(&OPND, d);  /* 将d压入运算数栈OPND */
        }
        else
        {
            printf("出现非法字符 \n");
            exit(ERROR);
        }
        GetTop(OPTR, &x);  /* 将运算符栈OPTR的栈顶元素赋给x */
    }//while
    Pop(&OPND, &x); // 弹出运算数栈OPND的栈顶元素(运算结果)给x
    /* 运算数栈OPND不空(运算符栈OPTR仅剩'\n') */
    if (!StackEmpty(OPND))
    {
        printf("表达式不正确\n");
        exit(ERROR);
    }
    return x;
}
```

### 六、汉诺塔问题

**问题描述**

汉诺塔（又称河内塔）问题源于印度一个古老传说。大梵天创造世界的时候做了三根金刚石柱子，在一根柱子上从下向上按大小顺序摆着 64 片黄金圆盘。大梵天命令婆罗门把圆盘从下面开始按大小顺序重新摆放在另一根柱子上，并且规定，在小圆盘上不能放大圆盘，在三根柱子之间一次只能移动一个圆盘。也就是说：

1）每次只能移动一个圆盘；
2）圆盘可以插在三个塔座的任一个上；
3）任何时刻都不能将一个较大的圆盘压在一个较小的圆盘上。

**算法详解**

汉诺塔递归核心算法如下。

首先，考虑极限，当只有一个盘的时候只要盘直接从 a->b 即可；那么，当有 2 个盘的时候，只要先把 1 号盘从 a->c，然后把 2 号盘 a->b，再把 2 号盘 c->b 即可；如果有 n 个盘，只要先把 n-1 号盘借助 b 移动到 c，然后将 n 号盘从 a->b 即可；同理，要将 n-1 号盘想办法从 c 移动到 b，借助 a 可以先把 n-2 号盘借助 b 移动到 a，再把 n-1 号盘从 c->b；如此递归。

```c
int c = 0; /* 全局变量，搬动次数 */

void move(char x, int n, char z)
{
    /* 第n号圆盘从塔座x搬到塔座z */
    printf("第%i步：将%i号盘从%c移到%c\n", ++c, n, x, z);
}

void hanoi(int n, char x, char y, char z)
{
    /* 将塔座x上按直径由小到大且自上而下编号为1至n的n个圆盘，
       按规则搬到塔座z上。y可用做辅助塔座 */
    if (n == 1) /* (出口) */
    {
        move(x, 1, z); /* 将编号为1的圆盘从x移到z */
    }
    else
    {
        // 将x上编号为1至n-1的圆盘移到y，z做辅助塔(降阶递归调用)
        hanoi(n - 1, x, z, y);
        move(x, n, z); /* 将编号为n的圆盘从x移到z */
        // 将y上编号为1至n-1的圆盘移到z，x做辅助塔(降阶递归调用)
        hanoi(n - 1, y, x, z);
    }
}
```

下面给出汉诺塔问题的非递归的实现。

其实算法非常简单，当盘子的个数为 n 时，移动的次数应等于 $2^{n-1}$（有兴趣的读者可以自己证明）。后来，一位美国学者发现一种出人意料的简单方法，只要轮流进行两步操作即可。先把三根柱子按顺序排成"品"字形，把所有的圆盘按从大到小的顺序放在柱子 A 上，再根据圆盘的数量确定柱子的排放顺序：若 n 为偶数，则按顺时针方向依次摆放 A→B→C；若 n 为奇数，则按逆时针方向依次摆放 A→C→B。

1）按顺时针方向把圆盘 1 从现在的柱子移动到下一根柱子，即当 n 为偶数时，若圆盘 1 在柱子 A，则把它移动到 B 上；若圆盘 1 在柱子 B，则把它移动到 C 上；若圆盘 1 在柱子 C，则把它移动到 A。

2）把另外两根柱子上可以移动的圆盘移动到新的柱子上，即把非空柱子上的圆盘移动到空柱子上，当两根柱子都非空时，移动较小的圆盘。这一步没有明确规定移动哪个圆盘，大家以为会有多种可能性，其实不然，可实施的行动是唯一的。

3）反复进行 1）、2）的操作，就能按规定完成汉诺塔的移动。

所以，结果非常简单，就是按照移动规则向一个方向移动金片。

如 3 阶汉诺塔的移动：A→C，A→B，C→B，A→C，B→A，B→C，A→C。

```c
int count = 1;
int N;

int ldx(int a, int x)
{
    int sum = 1;
    for (;x > 0; x--)
    {
        sum *= a;
    }
    return sum;
}

void MoveHanoi(int j,char ch1,char ch2)
{
    printf("%d(%c,%c)%d\n", j, ch1, ch2, count++);
}

void Hanoi(char a, char b, char c)
{
    int n = 1, j = 1;
    char temp;
    if (!(N % 2))
    {
        temp = b;
        b = c;
        c = temp;
    }
    while (n < ldx(2, N))
    {
        j = 1;
        while (j <= N)
        {
            if (n % ldx(2, j) == ldx(2, j - 1))
            {
                if (j % 2 == 1)
                {
```

```
            if (n % (3 * ldx(2, j)) == ldx(2, j - 1))
            {
                MoveHanoi(j, a, c);
                break;
            }
            if (n % (3 * ldx(2, j)) == 3 * ldx(2, j - 1))
            {
                MoveHanoi(j, c, b);
                break;
            }
            if (n % (3 * ldx(2, j)) == 5 * ldx(2, j - 1))
            {
                MoveHanoi(j, b, a);
                break;
            }
            j++;
        }
        else
        {
            if (n % (3 * ldx(2, j)) == ldx(2, j - 1))
            {
                MoveHanoi(j, a, b);
                break;
            }
            if (n % (3 * ldx(2,j)) == 3 * ldx(2, j - 1))
            {
                MoveHanoi(j, b, c);
                break;
            }
            if(n % (3 * ldx(2, j)) == 5 * ldx(2, j - 1))
            {
                MoveHanoi(j, c, a);
                break;
            }
            j++;
        }
    }
    else
    {
        j++;
    }
    }
    n++;
    }
}
```

## 七、银行业务模拟

### 问题描述

在日常生活中经常会遇到许多排队的情景。这一类活动的模拟程序通常需要用到队列和线性表之类的数据结构,因此本书在此讲述银行业务模拟程序。

假设某银行有 4 个窗口对外接待客户,从早晨银行开门起不断有客户进入银行,由于每个窗口在某个时刻只能接待一个客户,因此,在客户人数众多时,需要在每个窗口前顺次排队。对于刚进入银行的客户,如果某个窗口的业务员正空闲,则可上前办理业务;反之,若 4 个窗口均被客户占用,则其只能排在数量最少的队伍后面。编制一个程序模拟银行的这种业务活动,并计算一天中客户在银行的平均逗留时间。

为了计算这个平均时间,自然需要掌握每个客户到达银行和离开银行的两个时刻,后者减去前者即是每个客户在银行的业务办理的时间。所有客户逗留时间的总和被一天内进入银行的客户数除便是所求的平均时间。称客户到达银行和离开银行这两个时刻发生的事情为"事件",则整个模拟过程将按事件发生的先后顺序进行处理,这种模拟程序称为事件驱动模拟。

```
void Bank_Simulation()
{
    /* 银行业务模拟函数 */
    Link p;
    OpenForDay(); // 初始化事件表ev且插入第1个到达事件,初始化队列
    while (!ListEmpty(ev))  /* 事件表ev不空 */
    {
        /* 删除事件表ev的第1个结点,并由p返回其指针 */
        DelFirst(&ev, ev.head, &p);
        /* GetCurElem(),返回p->data(ElemType类型) */
        en.OccurTime = GetCurElem(p).OccurTime;
        en.NType = GetCurElem(p).NType;
        if (en.NType == Qu)  /* 到达事件 */
        {
            CustomerArrived();  /* 处理客户到达事件 */
        }
        else  /* 由某窗口离开的事件 */
        {
            CustomerDeparture();  /* 处理客户离开事件 */
        }
    }  /* 计算并输出平均逗留时间 */
    printf("窗口数=%d,两个相邻到达的客户的时间间隔=0~%d分钟\n",
            Qu, Khjg);
    printf("每个客户办理业务的时间=1~%d分钟\n, Blsj);
    printf("客户总数:%d,所有客户共耗时:%ld分钟,",
            CustomerNum, TotalTime);
    printf("平均每人耗时:%d分钟,", TotalTime / CustomerNum);
    printf("最后一个客户离开的时间:%d分\n",en.OccurTime);
}
```

初始化队列参考函数 OpenForDay。调用 OrderInsert 函数初始化事件链表 ev 且插入第 1 个到达事件,调用 InitQueue 初始化排队队列 q。

```
void OpenForDay()
{
    /* 初始化事件链表ev且插入第1个到达事件,初始化排队队列q,
       初始化Qu个窗口为1(空闲) */
    int i;
    InitList(&ev);  /* 初始化事件链表ev为空 */
```

```
    /* 设定第1位客户到达时间为0(银行一开门，就有客户到达) */
    en.OccurTime = 0;
    en.NType = Qu; /* 到达 */
    /* 将第1个到达事件en有序插入到事件表ev中 */
    OrderInsert(&ev, en, cmp);
    InitQueue(&q); /* 初始化排队队列q */
    for (i = 0; i < Qu; i++)
    {
        chk[i] = 1; /* 初始化Qu个窗口为1(空闲) */
    }
}
```

客户到达事件处理参考函数 CustomerArrived。生成客户办理业务时间和下一位客户到达的时间间隔两个随机数；下一位客户到达时刻等于当前客户的到达时间与下一位客户到达的时间间隔之和；若下一位客户到达的时刻银行未关门，则按升序将下一位客户到达事件插入事件表，然后将客户插入排队队列；若有空闲窗口，则从排队队列中删除该客户并进行业务办理。详细代码如下所示。

```
void CustomerArrived()
{
    /* 处理客户到达事件en(en.NType=Qu) */
    QElemType f;
    int durtime, intertime, i;
    ++CustomerNum; /* 客户数加1 */
    // 生成当前客户办理业务的时间和下一位客户到达的时间间隔两个随机数
    Random(&durtime, &intertime);
    /* 下一客户et到达时刻=当前客户en的到达时间+时间间隔 */
    et.OccurTime = en.OccurTime + intertime;
    et.NType = Qu; /* 下一客户到达事件 */
    if (et.OccurTime < CloseTime) // 下一客户到达时银行尚未关门
    {
        /* 按升序将下一客户到达事件et插入事件表ev */
        OrderInsert(&ev, et, cmp);
    }
    /* 将当前客户到达事件en赋给队列元素f */
    f.ArrivalTime = en.OccurTime;
    f.Duration = durtime;
    EnQueue(&q, f); /* 将当前客户f入队到排队队列 */
    i = ChuangKou(); /* 求空闲窗口的序号 */
    if (i < Qu) /* 有空闲窗口 */
    {
        // 删除排队队列的排头客户(也就是刚入队的f由排队机到i号窗口)
        DeQueue(&q, &customer[i]);
        /* 设定一个i号窗口的离开事件et */
        et.OccurTime = en.OccurTime+customer[i].Duration;
        et.NType = i; /* 第i号窗口的离开事件 */
        /* 将此离开事件et按升序插入事件表ev */
        OrderInsert(&ev, et, cmp);
        chk[i] = 0; /* i号窗口状态变为忙 */
    }
```

}
```

客户离开事件参考函数 CustomerDeparture。详细说明都已经在代码中备注,此处不再累述。

```c
void CustomerDeparture()
{
    /* 处理客户离开事件en(en.NType<Qu) */
    int i;
    i = en.NType; /* 确定离开事件en发生的窗口序号i */
    chk[i] = 1; /* i号窗口状态变闲 */
    // 客户逗留时间=离开事件en的发生时刻-该客户的到达时间
    TotalTime += en.OccurTime - customer[i].ArrivalTime;
    if (!QueueEmpty(q))
    { /* 第i号窗口的客户离开后,排队队列仍不空 */
        // 删除排队队列的排头客户并将其赋给customer[i]
        DeQueue(&q, &customer[i]);
        chk[i] = 0; /* i号窗口状态变忙 */
        /* 设定customer[i]的离开事件et,客户的离开时间=原客户的
           离开时间+当前客户办理业务的时间 */
        et.OccurTime = en.OccurTime + customer[i].Duration;
        et.NType = i; /* 第i号窗口的离开事件 */
        /* 将此离开事件et按升序插入事件表ev */
        OrderInsert(&ev, et, cmp);
    }
}
```

其中使用到了本章的其他数据结构,此处不再累述,详见附属光盘中的完整代码。

## 3.4 栈和队列项目实训拓展

1)设停车场是一个可停放 $n$ 辆汽车的狭长通道,且只有一个大门可供汽车进出。汽车在停车场内按车辆到达时间的先后顺序,依次由北向南排列(大门在最南端,最先到达的车停放在车场的最北端),若车场内已停满 $n$ 辆汽车,则后来的汽车只能在门外的便道上等候,一旦有车开走,则排在便道上的第一辆车即可开入;当停车场内某辆车要离开时,在它之后进入的车辆必须先退出车场为它让路,待该车开出大门后,其他车辆再按原次序进入车场,每辆停放在车场的车在它离开停车场时必须按它停留的时间长短交纳费用。试为停车场编制按上述要求进行管理的模拟程序。

提示:以栈模拟停车场,以队列模拟车场外的便道,按照从终端读入的输入数据序列进行模拟管理。每一组输入数据包括三个数据项:汽车"到达"或"离去"信息、汽车牌照号码、到达或离去的时刻。对每一组输入数据进行操作后的输出信息如下:若是车辆到达,则输出汽车在停车场内或便道上的停车位置;若是车辆离去,则输出汽车在停车场内停留的时间和应交纳的费用(在便道上停留的时间不收费)。栈以顺序结构实现,队列以链表结构实现。

2)给定一个算术表达式,通过程序求出最后的结果。要求:
① 从键盘输入要求解的算术表达式;
② 采用栈结构进行算术表达式的求解过程;
③ 能够判断算术表达式正确与否;
④ 对于错误表达式给出提示;
⑤ 对于正确的表达式给出最后的结果。
```

3）假设有一个能装入总体积为 T 的背包和 $n$ 件体积分别为 w1、w2、…、w$n$ 的物品，能否从 n 件物品中挑选若干件恰好装满背包，即使 w1 +w2 + … + w$n$=T，要求找出所有满足上述条件的解。例如，当 T=10，各件物品的体积为{1，8，4，3，5，2}时，可找到下列 4 组解：

（1，4，3，2）
（1，4，5）
（8，2）
（3，5，2）

提示：可利用回溯法的设计思想来解决背包问题。首先，将物品排成一列；其次，顺序选取物品装入背包，假设已选取了前 i 件物品之后背包还没有装满，则继续选取第 i+1 件物品，若该件物品"太大"不能装入，则弃之而继续选取下一件，直至背包装满为止；但如果在剩余的物品中找不到合适的物品以填满背包，则说明"刚刚"装入背包的那件物品"不合适"，应将它取出"弃之一边"，继续从"它之后"的物品中选取，如此重复，直至求得满足条件的解，或者无解。由于回溯求解的规则是"后进先出"，因此要用到栈。

# 第4章 串项目实训

串（或字符串）是零个或多个字符组成的有限序列。一般记做：
$$S="a_0a_1\cdots a_{n-1}"$$
其中，S 是串名，双引号括起的字符序列是串值；$a_i(0\leq i\leq n-1)$可以是字母、数字或其他字符；串中所包含的字符个数称为该串的长度。长度为零的串称为空串，它不包含任何字符。

串中任意个连续的字符组成的子序列称为该串的子串。包含子串的串相应地被称为主串。通常，字符在序列中的序号称为该字符在串中的位置。子串在主串中的位置则以子串的第一个字符在主串中的位置来表示。

## 一、串的基本操作

- 串的创建及存储；
- 串的复制；
- 求串的长度；
- 串的比较；
- 求子串；
- 串的连接。

## 二、本章实训目的

1）用 C 或 C++语言实现本章所学的各种串的存储结构；
2）编写串的基本操作函数（求长度、子串、串的比较、串的连接等）；
3）实现一个对串进行各种操作的用户界面（图 4.1）；

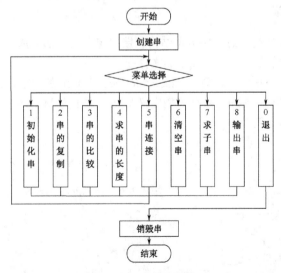

图 4.1 串操作程序流程图

4）运行程序并对其进行测试。

### 三、串的存储表示

- 定长顺序存储（字符型数组存储）；
- 堆分配存储（动态内存分配存储）；
- 串的块链存储（链表存储）。

## 4.1 串的定长存储

### 一、定长顺序存储结构特点

1）采用一组地址连续的存储单元来存储数据；
2）串的存储容量长度不易改变；
3）适用于串的长度固定，或串的长度较小，或串的长度变化较小的场合；
4）不适用于串的最大长度变化较大的应用。

串的定长顺序存储结构如图 4.2 所示。

图 4.2  串的定长顺序存储结构示意图

### 二、实训项目要求

采用串的定长顺序存储结构，开发一个串操作程序，基于该存储结构，实现串的各基本操作接口，主程序采用文本菜单提供基本操作接口调用的界面，实现人机交互。具体要求如下。

- 给出形式规范的头文件，提供基本操作接口及相关数据类型定义；
- 编写基本操作接口实现代码，要求有严格的参数检查、功能实现及逻辑正确的返回。
- 编写主程序，利用已实现的接口，完成菜单功能，并要求所给提示信息简明易懂。

### 三、重要代码提示

根据 C/C++的代码风格，总是将数据结构和接口定义两大部分放在头文件中，将接口的功能实现代码放在对应的扩展名为.c 或.cpp 的文件中。

串定义代码结构如下所示，注意#ifndef、#define、#endif 的用法，注意枚举型返回值的用法，注意接口定义的注释。SString 数据类型定义为一个大小为 MAXSTRLEN+1 的字符型数组，第一个字节中保存串的长度。

```
#ifndef STRING_H
#define STRING_H

#define  MAXSTRLEN    255    /* 用户可在255以内定义最大串长（1个字节） */
typedef enum
{
    OK    = 1,
    ERROR = 0
} Status;
```

```
typedef char SString[MAXSTRLEN+1];   /* 0号单元存放串的长度 */

/*
 * Function:串的导入，串的创建
 * Param:
       T:导入后的字符串
       chars:字符串指针
   Return :成功返回OK,失败返回ERROR
 */
Status StrAssign(SString T, char *chars);

......//部分接口定义省略

/*
 * Function:打印输出串
 * Param:
       T:待打印的串
 */
void StrPrint(SString T);

#endif
```

由一个给定的字符串，生成一个 SString 类型的串 T，先进行参数检验，如果所给字符串的长度大于 SString 串所允许的最大长度,则返回失败；否则，求取给定串 chars 的长度,存入 SString 串的 T[0]中，并将 chars 中的字符逐一存入 T[1]起始的元素中，返回成功。

```
Status StrAssign(SString T,char *chars)   //生成一个其值等于chars的串T
{
int i;
if (strlen(chars) > MAXSTRLEN)
    {
      return ERROR;
    }
    else
    {
        T[0] = strlen(chars);
        for (i = 1; i <= T[0]; i++)
        {
            T[i] = *(chars + I - 1);
        }
        return OK;
    }
}
```

下面给出了 SString 串的复制过程，先复制源串 S 的长度字节 S[0]至目的串的 T[0]元素中，再依次将源串中的 S[0]个元素复制到目的串 T 的 T[1]元素之后,共需复制的字节数为 1+S[0]个。

```
Status StrCopy(SString T,SString S)
{
    /* 由串S复制得到串T */
    int i;
    for (i = 0; i <= S[0]; i++)
```

```
        {
            T[i] = S[i];
        }
        return OK;
    }
```

要判断一个 SString 串是否为空,只需要判断该串的长度是否为 0 即可。若长度为 0,则说明该串为空串,返回"真",用枚举值 OK 表示;否则返回"假",用枚举值 ERROR 表示。

```
    Status StrEmpty(SString S)    //若S为空串,则返回OK,否则返回ERROR
    {
        if (0 == S[0])
        {
            return OK;
        }
        else
        {
            return ERROR;
        }
    }
```

要比较两个串的大小,需要从两个串的第 1 个元素起依次进行对应比较,当在两串均未结束时,碰到对应元素不相等,则以两个不等元素之差作为返回值。若在其中一个串所有元素遍历结束后,还未发现不同元素,则返回两串的长度之差。由此可见,若串 S 大于串 T,则返回大于 0 的值;若串 S 等于串 T,则返回值为 0;若串 S 小于串 T,则返回小于 0 的值。

```
    int StrCompare(SString S, SString T)  //比较两个串的大小
    {
        int i;
        for (i = 1; i <= S[0] && i <= T[0]; ++i)
        {
            if (S[i] != T[i])
            {
                return S[i] - T[i];
            }
        }
        return S[0] - T[0];
    }
```

在串的定长存储方式下,求串的长度和清空串的操作十分便利,如下面给出的代码所示。

```
    int StrLength(SString S)           //求给定串长度
    {
        return S[0];
    }

    Status ClearString(SString S)      //清空给定串
    {
        S[0] = 0;/* 令串长为零 */
        S[1] = 0;/* 令第一个字符为零*/
        return OK;
    }
```

要连接两个串,将结果存放在指定串中时,由于定长存储指定了串的最大长度,当两串连接后的总长度小于串的最大长度时,可将两串中的字符内容依次复制到目的串的第 1 个元素之

后，并将目的串的长度 T[0]置为两串的长度之和，并返回成功。

当两串长度之和大于串的最大长度时，将两串中的内容依次复制到目的串中，直到目的串填满为止，此时共复制 MAXSTRLEN 个字节至目的串中，并置目的串的长度 T[0]为 MAXSTRLEN。通过返回 ERROR 警示调用者两串连接出现溢出。

```
Status Concat(SString T,SString S1,SString S2)    //连接串S1和S2至T中
{
    int i;
    if (S1[0] + S2[0] <= MAXSTRLEN)                //未截断
    {
        for (i = 1; i <= S1[0]; i++)
        {
            T[i] = S1[i];
        }
        for (i = 1; i <= S2[0]; i++)
        {
            T[S1[0] + i] = S2[i];
        }
        T[0] = S1[0] + S2[0];
        return OK;
    }
    else  //截断S2
    {
        for (i = 1; i <= S1[0]; i++)
        {
            T[i] = S1[i];
        }
        for (i = 1; i <= MAXSTRLEN - S1[0]; i++)
        {
            T[S1[0] + i] = S2[i];
        }
        T[0] = MAXSTRLEN;
        return ERROR;
    }
}
```

求给定串的子串时，首先要进行较严密的参数合法性检查，其中，当 len > S[0] - pos + 1 时，说明从 pos 位置开始到串结束，其间所包含的字符数不足 len 个字节，在此情况下，需做参数异常处理。

如果参数合法，则可从源串 S 中指定的 pos 字节开始复制 len 个字节到目的子串 Sub 的第 1 个元素之后，并置目的子串的长度 Sub[0]为 len。

```
Status SubString(SString Sub, SString S, int pos, int len)    //求子串
{
    int i;
    if((strlen(S) == 0) || pos < 1 || pos > S[0] ||
    len < 0 || len > S[0] - pos + 1)
    {
        return ERROR;
    }
    for (i = 1; i <= len; i++)
```

```
        {
            Sub[i] = S[pos + i - 1];
        }
        Sub[0] = len;
        return OK;
    }
```

下面的代码用于求子串 T 在主串 S 中第 pos 个字符之后的位置。注意，在 while 循环中，当发现子串匹配出错时，源串和子串的指针会重置。此外，弄清楚当 while 循环退出后，只有当 j 大于子串长度时，才说明从源串指定位置后完全匹配到子串，并返回子串出现的位置 i - T[0]，其他情况下返回 0，表示匹配失败。

```
int Index(SString S, SString T, int pos)
{
    int i, j;
    if (1 <= pos && pos <= S[0])
    {
        i = pos;
        j = 1;
        while (i <= S[0] && j <= T[0])
        {
            if (S[i] == T[j])    // 继续比较后继字符
            {
                ++i;
                ++j;
            }
            else //指针后退重新开始匹配
            {
                i = i - j + 2;
                j = 1;
            }
        }
        if (j > T[0])
        {
            return i - T[0];
        }
        else
        {
            return 0;
        }
    }
    else
    {
        return 0;
    }
}
```

下面给出的函数 StrInsert 实现的功能如下：在串 S 的第 pos 个字符之前插入串 T。完全插入后返回 OK，当两串长度之和大于最大串长时，只能实现部分插入，函数返回 ERROR。

```
Status StrInsert(SString S, int pos, SString T)
{
```

```
    int i;
    //参数检查代码略
    if (S[0] + T[0] <= MAXSTRLEN)    //完全插入
    {
        for (i = S[0]; i >= pos; i--)
        {
            S[i + T[0]] = S[i];
        }
        for (i = pos; i < pos + T[0]; i++)
        {
            S[i] = T[i - pos + 1];
        }
        S[0] = S[0] + T[0];
        return OK;
    }
    else     //部分插入
    {
    for (i = MAXSTRLEN; i <= pos; i--)
        {
            S[i] = S[i-T[0]];
        }
        for (i = pos; i < pos + T[0]; i++)
        {
            S[i] = T[i - pos + 1];
        }
        S[0] = MAXSTRLEN;
        return ERROR;
    }
}
```

函数 StrDelete 实现的功能如下：从串 S 中删除第 pos 个字符起长度为 len 的子串。只需要将 pos+len 之后的字符向前复制到 pos 位置之后，并将串长 S[0]修改为 S[0]-len 即可。

```
Status StrDelete(SString S,int pos,int len)
{
    int i;
    if (pos < 1 || pos > S[0] || pos > S[0] - len + 1 || len < 0)
    {
        return ERROR;
    }
    for (i = pos + len; i <= S[0]; i++)
    {
        S[i - len] = S[i];
    }
    S[0] -= len;
    return OK;
}
```

函数 Replace 实现的功能如下：用 V 替换主串 S 中出现的所有与 T 相等的不重叠的子串。此接口通过调用前面所介绍的接口实现。请注意每次替换后 i 的变化，避免出现重复的替换。

```
Status Replace(SString S, SString T, SString V)
{
```

```
    int i=1;           //从串S的第一个字符起查找串T
    if ( StrEmpty(T) )   //T是空串
    {
        return ERROR;
    }
    do
    {
        i = Index(S, T, i);   //结果i为从上一个i之后找到的子串T的位置
        if (i) //串S中存在串T
        {
            StrDelete(S, i, StrLength(T));   //删除串T
            StrInsert(S, i, V);     //在原串T的位置插入串V
            i += StrLength(V);      //在插入的串V后面继续查找串T
        }
    } while (i);
    return OK;
}
```

DestroyString 和 StrPrint 函数实现起来比较简单，主函数的实现与之前的结构类似，这里不再过多说明。

## 4.2 串的堆分配存储

### 一、堆分配存储的特点

1）采用堆分配存储结构动态地存储数据；
2）串的存储长度可以通过动态分配函数 malloc()和 free()来改变；不会浪费内存，也不会出现串溢出的情况。
3）堆分配顺序存储结构对串的处理方便，操作中对串长没有任何限制。

### 二、实训项目要求

采用串的堆分配存储结构，开发一个串操作程序，基于该存储结构，实现串的各基本操作接口，主程序采用文本菜单提供基本操作接口调用的界面，实现人机交互。具体要求如下。
- 给出形式规范的头文件，提供基本操作接口及相关数据类型定义；
- 编写基本操作接口实现代码，要求有严格的参数检查、功能实现及逻辑正确的返回。
- 编写主程序，利用已实现的接口，完成菜单功能，并要求所给提示信息简明易懂。

### 三、重要代码提示

堆分配存储结构的定义代码如下所示。

```
typedef enum
{
    OK   = 1,
    ERROR = -1
} Status;

typedef struct
```

```
    char    *ch;
    int     length;
} HString, *PHString;
```

字符串的导入函数 **StrAssign** 用一个字符串的地址指针作为形参,首先求出字符串的长度 i,如果长度 i 为 0,则该字符串为空;如果长度 i 不为 0,则为其分配 i 个结构体 **HString** 长度的内存。再用一个 for 循环将其保存在结构体中,同时将字符串的长度保存在其中,在 **StrLength** 函数中得到长度。

```
Status StrAssign(PHString T, char *chars)
{
    int i, j;
    if (T->ch)
    {
        free(T->ch);
    }
    i = strlen(chars);
    if (!i)
    {
        T->ch = NULL;
        T->length = 0;
    }
    else
    {
        if (!(T->ch = (char *)malloc(i * sizeof(char))))
        {
            return ERROR;
        }

        for (j = 0; j < i; j++)
        {
            T->ch[j] = chars[j];        //将串导入T
        }
        T->length = i;          //将串的长度存放在length变量中
    }

    return OK;
}

int StrLength(HString S)
{
    return S.length;
}
```

字符串的比较:当且仅当两个串的长度相等,并且各个对应位置的字符也都相等时,两个字符串才相等;因此,在比较串时是对两个串中对应位置进行逐一比较的。

```
int StrCompare(HString S, HString T)
{
    int i;
```

```
        for (i = 0; i < S.length && i < T.length; i++)
        {
            if (S.ch[i] != T.ch[i])
            {
                return S.ch[i] - T.ch[i];
            }
        }

        return S.length - T.length;
    }
```

字符串清空：先释放内存，再清空字符。

```
    Status ClearString(PHString S)
    {
        if (S->ch)
        {
            free(S->ch);
            S->ch = NULL;
        }
        S->length = 0;

        return OK;
    }
```

串的连接：将一个字符串连接在另外一个字符串的后面。首先，分配一个存储空间等于串 S1、S2 空间之和的串 T；其次，运用 for 循环，先将 S1 的内容赋值给 T，再通过 for 循环，将 S2 的内容赋值给 T，且 S2 的内容紧跟在 S1 的后面。

```
    Status Concat(PHString T, HString S1, HString S2)
    {
        int i;

        if (T->ch)
        {
            free(T->ch);
        }
        if (!(T->ch = (char *)malloc((S1.length + S2.length) * sizeof(char))))
        {
            return ERROR;
        }

        for (i = 0; i < S1.length; i++)
        {
            T->ch[i] = S1.ch[i];
        }

        for (i = 0; i < S2.length; i++)
        {
            T->ch[i + S1.length] = S2.ch[i];
        }
        T->length = S1.length + S2.length;
```

```
        return OK;
}
```

求截取之后的子串：先判断输入的截取的子串的位置是否为合法的位置。如果要截取的子串的长度为 0，则置空字符串，否则，分配需要的内存来存储截取后的字符串。运用 for 循环，用 Sub->ch[i] = S.ch[pos - 1 + i]代码将截取后的子串保存在结构体中。得到子串的长度，并返回值为枚举类型的 Status。

```
Status SubString(HString &Sub, HString S, int pos, int len)
{
    // 用Sub返回从串S的第pos个字符起长度为len的子串
    // 其中，1≤pos≤StrLength(S)且0≤len≤StrLength(S)-pos+1
    int i;
    if (pos < 1 || pos > S.length || len < 0 || len > S.length - pos + 1)
    {
        return ERROR;
    }
    if(Sub.ch)
    {
        free(Sub.ch);  // 释放旧空间
    }
    if(!len)  // 空子串
    {
        Sub.ch = NULL;
        Sub.length = 0;
    }
    else
    { // 完整子串
        Sub.ch = (char*)malloc(len*sizeof(char));
        if(!Sub.ch)
        {
            exit(OVERFLOW);
        }
        for(i = 0; I <= len - 1; i++)
        {
            Sub.ch[i] = S.ch[pos - 1 + i];
        }
        Sub.length = len;
    }
    return OK;
}
```

# 4.3　串的块链存储

### 一、分块链表存储的特点

1）采用若干个大小相等的链表块来存取数据；
2）结点的数目根据串的大小来决定；
3）串长不一定是结点的整数倍，链表的最后一个结点不一定全被串值填满；

4）适用于串长较大的场合；

5）串值的链式存储结构占用存储量大且操作复杂。

串的块链存储结构如图4.3所示。

图4.3　串的块链存储结构示意图

## 二、实训项目要求

采用串的块链存储结构，开发一个串操作程序，基于该存储结构，实现串的各基本操作接口，主程序采用文本菜单提供基本操作接口调用的界面，实现人机交互。具体要求如下。

- 给出形式规范的头文件，提供基本操作接口及相关数据类型定义；
- 编写基本操作接口实现代码，要求有严格的参数检查、功能实现及逻辑正确的返回。
- 编写主程序，利用已实现的接口，完成菜单功能，并要求所给提示信息简明易懂。

## 三、重要代码提示

链表块结构定义代码如下所示，定义了一个大小为4的块。

```
#define CHUNKSIZE 4        /* 可由用户自定义的块大小 */

typedef enum
{
    OK    = 1,
    ERROR = 0
} Status;

typedef struct Chunk
{
    char ch[CHUNKSIZE];
    struct Chunk *next;
} Chunk;

typedef struct
{
    Chunk *head, *tail;           /* 串的头和尾指针 */
    int   curlen;                 /* 串的当前长度 */
} LString, *PLString;
```

由一个给定的字符串，生成一个 LString 类型的串 T，首先检查串是否为空和是否包含填补空余的字符，若是，则返回失败，否则，将串按定义的结点大小分成若干个块，再依次将字符存储在各个块中，返回成功。若串长不是结点的整数倍，则用空余的字符填满最后一个块。

```
Status StrAssign(LString *T, char *chars)
{
    /* 生成一个其值等于chars的串T(要求chars中不包含填补空余的字符) */
    /* 成功则返回OK，否则返回ERROR */
    int i, j, k, l;
    Chunk *p, *q;
    i = strlen(chars);                    //i为串的长度
```

```c
        if (!i || strchr(chars, blank))  //串长为0或chars中包含填补空余的字符
        {
            return ERROR;
        }
        (*T).curlen = i;
        j = i / CHUNKSIZE;      //j为块链的结点数
        if (i % CHUNKSIZE)
        {
            j++;
        }
        for (k = 0; k < j; k++)
        {
            p = (Chunk*)malloc(sizeof(Chunk));
            if (!p)
            {
                return ERROR;
            }
            if ( 0 == k)     //第一个链块
            {
                (*T).head = q = p;
            }
            else
            {
                q->next = p;
                q = p;
            }
            for (l = 0; l < CHUNKSIZE && *chars; l++)
            {
                *(q->ch+l) = *chars++;
            }
            if (!*chars) //最后一个链块
            {
                (*T).tail = q;
                q->next = NULL;
                for (; l < CHUNKSIZE; l++)      //用填补空余的字符填满链表
                {
                    *(q->ch+l) = blank;
                }
            }
        }
        return OK;
    }
```

下面给出了 LString 串的赋值过程，先创建一个和源串 S 大小相同的串 T，再按串 S 的第一个结点到最后一个结点的字符依次复制到串 T 中，由于最后一个结点中的空余填充字符也属于串 S，因此将填补空余的字符也一起复制到串 T 中。

```c
    Status StrCopy(LString *T, LString S)
    {
        // 初始条件:串S存在。操作结果:由串S复制得到串T(填补空余的字符也被复制)
        Chunk *h = S.head, *p, *q;
```

```
        (*T).curlen = S.curlen;
        if (h)
        {
            p = (*T).head = (Chunk*)malloc(sizeof(Chunk));
            *p = *h;       /* 复制1个结点 */
            h = h->next;
            while (h)
            {
                q = p;
                p = (Chunk*)malloc(sizeof(Chunk));
                q->next = p;
                *p = *h;
                h = h->next;
            }
            p->next = NULL;
            (*T).tail = p;
            return OK;
        }
        else
        {
            return ERROR;
        }
    }
```

要判断一个 LString 串是否为空,只需要判断该串的长度是否为 0 即可。若长度为 0,则说明该串为空串,返回"真",用枚举值 OK 表示;否则返回"假",用枚举值 ERROR 表示。

```
Status StrEmpty(LString S)
{
    /* 初始条件:串S存在。操作结果:若S为空串,则返回OK,否则返回ERROR */
    if(S.curlen)   /* 非空 */
    {
        return ERROR;
    }
    else
    {
        return OK;
    }
}
```

要比较两个串的大小,需要从两个串的第一个元素起依次进行对应比较,若在两串均未结束时,碰到对应元素不相等,则以两个不等元素之差作为返回值。若串中有填补空余的字符,则跳过填补空余的字符,进行下一个字符的比较。若在其中一个串所有元素遍历结束后,还未发现不同元素,则返回两串的长度之差。由此可见,若串 S 大于串 T,则返回大于 0 的值;若串 S 等于串 T,则返回值为 0;若串 S 小于串 T,则返回小于 0 的值。

```
int StrCompare(LString S, LString T)
{
    /* 若S>T,则返回值>0;若S=T,则返回值=0;若S<T,则返回值<0 */
    int i = 0;               //i为当前待比较字符在S,T串中的位置
    int js = 0, jt = 0;      //js,jt分别指示S和T的待比较字符在块中的位序
    Chunk *ps = S.head, *pt = T.head;  //ps,pt分别指向S和T的待比较块
```

```
        while (i < S.curlen && i < T.curlen)
        {
            i++;        //分别找到S和T的第i个字符
            while (*(ps->ch + js) == blank)          //跳过填补空余的字符
            {
                js++;
                if (js == CHUNKSIZE)
                {
                    ps = ps->next;
                    js = 0;
                }
            } // *(ps->ch + js)为S的第i个有效字符
            while (*(pt->ch + jt) == blank)          //跳过填补空余的字符
            {
                jt++;
                if (jt == CHUNKSIZE)
                {
                    pt = pt->next;
                    jt = 0;
                }
            } //*(pt->ch+jt)为T的第i个有效字符
            if (*(ps->ch + js) != *(pt->ch + jt))
            {
                return *(ps->ch + js)-*(pt->ch + jt);
            }
            else    //继续比较下一个字符
            {
                js++;
                if (CHUNKSIZE == js)
                {
                    ps = ps->next;
                    js = 0;
                }
                jt++;
                if (CHUNKSIZE == jt)
                {
                    pt = pt->next;
                    jt = 0;
                }
            }
        }
        return S.curlen - T.curlen;
    }
```

在串的块链存储方式下,清空串的操作十分便利,可参考下面给出的代码。

```
    Status ClearString(LString *S)
    {
        Chunk *p, *q;
        p = (*S).head;
        while (p)
```

```
        {
            q = p->next;
            free(p);
            p = q;
        }
        (*S).head = NULL;
        (*S).tail = NULL;
        (*S).curlen = 0;
        return OK;
    }
```

把两个串连接成一个串，新串的长度是两个子串的长度之和，并且把第一个子串的首部作为新串的首部，第一个子串的尾部的下一位为第二个子串的首部，第二个子串的尾部作为新串的尾部。

```
    Status Concat(LString *T, LString S1, LString S2)
    {
        LString a1, a2;
        InitString(&a1);
        InitString(&a2);
        StrCopy(&a1,S1);
        StrCopy(&a2,S2);
        (*T).curlen = S1.curlen+S2.curlen;
        (*T).head = a1.head;
        a1.tail->next = a2.head;
        (*T).tail = a2.tail;
        return OK;
    }
```

求给定串的子串时，先进行参数合法性检查，当子串的长度超出给定串的最大长度时，需做参数异常处理。

如果参数合法，则先确定子串占用块的个数 n，然后分配给子串 n 个块大小的空间，从给定串的第 pos 个字符开始复制数据到子串中，当子串的最后一个块未填满时，用填补空余的字符填满。

```
    Status SubString(LString *Sub, LString S, int pos, int len)
    {
        /* 用Sub返回串S的第pos个字符起长度为len的子串 */
        /* 其中,1≤pos≤StrLength(S)且0≤len≤StrLength(S)-pos+1 */
        int i, k, n;
        int flag = 1;
        Chunk *p, *q;

        if (pos < 1|| pos > S.curlen || len < 0 || len > S.curlen-pos+1)
        {
            return ERROR;
        }
        n = len / CHUNKSIZE;    /* 生成空的Sub串 */
        if (len % CHUNKSIZE)
        {
            n++;     /* n为块的个数 */
        }
```

```
            p = (Chunk*)malloc(sizeof(Chunk));
            (*Sub).head = p;
            For (i = 1; i < n; i++)
            {
                q = (Chunk*)malloc(sizeof(Chunk));
                p->next = q;
                p = q;
            }
            p->next = NULL;
            (*Sub).tail = p;
            (*Sub).curlen = len;
            for (i = len % CHUNKSIZE; i < CHUNKSIZE; i++)
            {
                *(p->ch + i) = blank;
            }   //填充Sub尾部的多余空间
            q = (*Sub).head;              //q指向Sub串即将复制的块
            i = 0;                        // i指示即将复制的字符在块中的位置
            p = S.head;                   //p指向S串的当前块
            n = 0;                        //n指示当前字符在串中的序号
            while (flag)
            {
                for (k = 0; k < CHUNKSIZE; k++)   //k指示当前字符在块中的位置
                if (*(p->ch + k) != blank)
                {
                    n++;
                    if (n >= pos && n <= pos + len - 1)   //复制
                    {
                        if (CHUNKSIZE == i)
                        {                                  //到下一块
                            q = q->next;
                            i = 0;
                        }
                        *(q->ch + i) = *(p->ch + k);
                        i++;
                        if (n == pos + len - 1)           //复制结束
                        {
                            flag = 0;
                            break;
                        }
                    }
                }
                p = p->next;
            }
            return OK;
        }
```

求子串 T 在主串 S 中的位置：从主串 S 的第一个字符开始取出和子串 T 长度相等的串，然后与子串 T 依次做比较，直至找到和子串 T 相同的串，从而确定子串在 S 中的位置。

```
        int Index(LString S, LString T, int pos)
        {
```

```c
/* T为非空串。若主串S中第pos个字符之后存在与T相等的子串, */
/* 则返回第一个这样的子串在S中的位置,否则返回0 */
int i, n, m;
LString sub;
if (pos >= 1 && pos <= StrLength(S))   /* pos满足条件 */
{
    n = StrLength(S);      /* 主串长度 */
    m = StrLength(T);      /* T串长度 */
    i = pos;
    while (i <= n - m + 1)
    {
        SubString(&sub, S, i, m);
        /* sub为从S的第i个字符起,长度为m的子串 */
        if(StrCompare(sub, T) != 0)   /* sub不等于T */
        {
            ++i;
        }
        else
        {
            return i;
        }
    }
}
return 0;
}
```

压缩串即将块中不必要的填补空余的字符去掉,代码如下。

```c
void Zip(LString *S)
{
    /* 压缩串(清除块中不必要的填补空余的字符) */
    int j, n = 0;
    char *q;
    Chunk *h = (*S).head;
    q = (char*)malloc(((*S).curlen+1)*sizeof(char));
    while (h)   /* 将LString类型的字符串转换为char[]类型的字符串 */
    {
        for (j = 0; j < CHUNKSIZE; j++)
        {
            if (*(h->ch + j) != blank)
            {
                *(q + n) = *(h->ch + j);
                n++;
            }
        }
        h = h->next;
    }
    *(q + n) = 0;            /* 串结束符 */
    ClearString(S);          /* 清空S */
    StrAssign(S, q);         /* 重新生成S */
}
```

在串 S 的第 pos 个字符前插入串 T，先检查所插串的位置是否超出串 S 的范围。如果没有超出，则有两种插入情况：当串 T 插入到串 S 首部的前面或者尾部的后面时，只需将串 S 和串 T 连接起来即可；当串 T 插入到串 S 的中间时，若串 T 插入到两个块之间，则只需将第 pos 个字符后面的块向后移动串 T 长度的块，若串 T 插入到一个块的中间，则只需找出第 pos 个字符所在的块，在 pos 前插入一个块大小的填充字符，插好两个块后，再在两个块中间插入串 T 生成新串，最后压缩新串即可。

```c
Status StrInsert(LString *S, int pos, LString T)
{
    /* 1≤pos≤StrLength(S)+1。在串S的第pos个字符之前插入串T */
    int i, j, k;
    Chunk *p, *q;
    LString t;
    if (pos < 1 || pos > StrLength(*S) + 1)   /* pos超出范围 */
    {
        return ERROR;
    }
    StrCopy(&t, T);   /* 复制T为t */
    Zip(S);   /* 去掉S中多余的填补空余的字符 */
    i = (pos - 1) / CHUNKSIZE;     /* 到达插入点要移动的块数 */
    j = (pos - 1) % CHUNKSIZE;     /* 到达插入点在最后一块上要移动的字符数 */
    p = (*S).head;
    if (1 == pos)   /* 插在S串前 */
    {
        t.tail->next = (*S).head;
        (*S).head = t.head;
    }
    else if (0 == j)   /* 插在块之间 */
    {
        for (k = 1; k < i; k++)
        {
            p = p->next;   /* p指向插入点的左块 */
        }
        q = p->next;       /* q指向插入点的右块 */
        p->next = t.head;  /* 插入t */
        t.tail->next = q;
        if (NULL == q)     /* 插在S串后 */
        {
            (*S).tail = t.tail;   /* 改变尾指针 */
        }
    }
    else   /* 插在一块内的两个字符之间 */
    {
        for (k = 1; k <= i; k++)
        {
            p = p->next;   /* p指向插入点所在块 */
        }
        q = (Chunk*)malloc(sizeof(Chunk));   /* 生成新块 */
        for (i = 0; i < j; i++)
```

```
            {
                *(q->ch + i) = blank;    /* 块q的前j个字符为填补空余的字符 */
            }
            for (i = j; i < CHUNKSIZE; i++)
            {
                *(q->ch + i) = *(p->ch + i);  /* 复制插入点后的字符到q中 */
                *(p->ch + i) = blank;         /* p的该字符为填补空余的字符 */
            }
            q->next = p->next;
            p->next = t.head;
            t.tail->next = q;
        }
        (*S).curlen += t.curlen;
        Zip(S);
        return OK;
    }
```

删除串 S 中第 pos 个字符起长度为 len 的子串，只需将这个子串全部替换成填补空余的字符即可。

```
Status StrDelete(LString *S, int pos, int len)
{
    /* 从串S中删除第pos个字符起长度为len的子串 */
    int i = 1;     /* 当前字符是S串的第i个字符(1～S.curlen) */
    int j = 0;     /* 当前字符在当前块中的位序(0～CHUNKSIZE-1) */
    Chunk *p = (*S).head;   /* p指向S的当前块 */
    if (pos < 1 || pos > (*S).curlen - len + 1 || len < 0)
    {
        /* pos,len的值超出范围 */
        return ERROR;
    }
    while (i < pos)    /* 查找第pos个字符 */
    {
        while (*(p->ch + j) == blank)  /* 跳过填补空余的字符 */
        {
            j++;
            if (CHUNKSIZE == j)   /* 转向下一块 */
            {
                p = p->next;
                j = 0;
            }
        }
        i++;    /* 当前字符是S的第i个字符 */
        j++;
        if (CHUNKSIZE == j)    /* 转向下一块 */
        {
            p = p->next;
            j = 0;
        }
    }      /* I = pos,*(p->ch + j)为S的第pos个有效字符 */
    while (i < pos + len)    /* 删除从第pos个字符起到第pos+len-1个字符间的所有
```

字符 */
```
        {
            while (*(p->ch + j) == blank)      /* 跳过填补空余的字符 */
            {
                j++;
                if (CHUNKSIZE == j)            /* 转向下一块 */
                {
                    p = p->next;
                    j = 0;
                }
            }
            /* 把字符改成填补空余的字符，以 " 删除 " 第i个字符 */
            *(p->ch + j) = blank;
            i++;    /* 到下一个字符 */
            j++;
            if (CHUNKSIZE == j)                /* 转向下一块 */
            {
                p = p->next;
                j = 0;
            }
        }
        (*S).curlen -= len;                    /* 串的当前长度 */
        return OK;
    }
```

用串 V 替换串 S 中的串 T，即先找出串 S 中的串 T，然后将串 T 删除，再在原串 T 的位置插入串 V。

```
Status Replace(LString *S, LString T, LString V)
{
    /* 初始条件：串S、T和V存在,T是非空串（此函数与串的存储结构无关） */
    /* 操作结果：用V替换主串S中出现的所有与T相等的不重叠的子串 */
    int i = 1;     /* 从串S的第一个字符起查找串T */
    if (StrEmpty(T))   /* T是空串 */
    {
        return ERROR;
    }
    do
    {
        i = Index(*S, T, i);     //结果i为从上一个i之后找到的子串T的位置
        if (i)   //串S中存在串T
        {
            StrDelete(S, i, StrLength(T));     //删除串T
            StrInsert(S, i, V);                //在原串T的位置插入串V
            i += StrLength(V);                 //在插入的串V后面继续查找串T
        }
    } while (i);
    return OK;
}
```

StrPrint 函数代码比较简单，此处略过，块链类型的字符串无法销毁，所以函数 DestroyString 无需实现。

## 4.4 串项目实训拓展

1）编写程序，不使用标准库函数，实现字符串的复制、拼接、字串查找、长度计算等函数。要求：

① 在不使用相关标准库函数的情况下，完成本任务；
② 实现两个字符串拼接的函数 strcat(str1, str2)；
③ 实现字符串复制的函数 strcpy(str1,str2)；
④ 实现字符串查找的函数 strcstr(str1,str2)；
⑤ 实现字符串长度计算的函数 strlen(str1)；
⑥ 实现字符串查找字符的函数 strcchar(str1,c)；
⑦ 实现字符串替换的函数 strcreplacestr(str1,str2,str3)；
⑧ 实现字符串替换字符的函数 strcreplacechar(str1,str2,c)。

2）设计一个期刊论文管理程序，实现如下功能：

① 通过键盘输入某期刊论文的信息，也可把大量期刊论文信息放在文件中；
② 给定期刊论文的论文名称，显示该论文的作者信息、作者单位、发表期刊的名称；
③ 给定作者姓名，显示所有该作者发表的期刊论文情况；
④ 给定期刊名称，显示该期刊的所有论文信息。

要求：提供一些统计各类信息的功能。例如，某人发表论文的数量、某期刊出版论文的数量等。

3）编写一个通讯录管理系统，本系统应完成以下几方面的功能：

① 输入信息——enter()；
② 显示信息——display( )；
③ 查找信息，以姓名作为关键字 search( )；
④ 删除信息——delete( )；
⑤ 存盘——save ( )；
⑥ 装入——load( ) 。

要求每条信息应包含姓名（NAME）、街道（STREET）、城市（CITY）、邮编（EIP）、国家（STATE）等信息。

4）输入一页文字，程序可以统计出文字、数字、空格的个数。静态存储一页文章，每行最多不超过 80 个字符。

要求：
① 分别统计出其中英文字母数、空格数及整篇文章的总字数；
② 统计某一字符串在文章中出现的次数，并输出该次数；
③ 删除某一子串，并将后面的字符前移。

输入数据的形式和范围：可以输入大写、小写的英文字母、任何数字及标点符号。

输出形式：
① 分行输出用户输入的各行字符；
② 分 4 行输出"全部字母数"、"数字个数"、"空格个数"、"文章总字数"；
③ 输出删除某一字符串后的文章。

5）利用串的链式存储结构，对学生的各项记录进行动态存储，并且将结果保存在文件中，可以调用以前的数据。

设计要求：可以完成学生数据的输入和输出，并进行简单的管理，实现以下的基本功能：

① 输入学生成绩；
② 删除学生成绩；
③ 显示所有学生的信息；
④ 保存为文本文件；
⑤ 从文件中读取。

实现以上功能后，有兴趣的读者可以考虑以下功能模块的实现：

① 对文件进行复制；
② 进行排序；
③ 将学生成绩追加到文本文件中；
④ 进行分类汇总。

# 第5章 数组和广义表项目实训

在程序设计中，为了处理方便，把具有相同类型的若干变量按有序的形式组织起来，这些按序排列的同类数据元素的集合称为**数组**。

**广义表**简称表，它是线性表的推广。一个广义表是 $n(n \geq 0)$ 个元素的一个序列：GL=(a1,a2,…,ai,…,an)，广义表的一般表示与线性表相同。

ai 为广义表的第 i 个元素，n 表示广义表的长度，即广义表中所含元素的个数，$n \geq 0$。若 n=0，则称其为空表。

广义表是一种递归定义的线性结构，广义表的元素既可以是普通的数据元素，又可以是广义表。对于 GL=(a1,a2,…,ai,…,an)来说，如果 ai 是单个数据元素，则 ai 是广义表 GL 的原子；如果 ai 是一个广义表，则 ai 是广义表 GL 的子表。

## 5.1 数组的顺序存储

### 一、数组的顺序存储结构特点

1）采用静态分配的连续内存空间进行存储；
2）结构中的数据元素个数和元素之间的关系不发生变动。

数组的顺序存储结构如图 5.1 所示。

|   | 0 | 1 | 2 | … | j | … | m-1 |
|---|---|---|---|---|---|---|---|
| 0 | $a_{00}$ | $a_{01}$ | $a_{02}$ | … | $a_{0j}$ | … | $a_{0,m-1}$ |
| 1 | $a_{10}$ | $a_{11}$ | $a_{12}$ | … | $a_{1j}$ | … | $a_{1,m-1}$ |
| 2 | $a_{20}$ | $a_{21}$ | $a_{22}$ | … | $a_{2j}$ | … | $a_{2,m-1}$ |
| i | $a_{i0}$ | $a_{i1}$ | $a_{i2}$ | … | $a_{ij}$ | … | $a_{i,m-1}$ |
| n-1 | $a_{n-1,0}$ | $a_{n-1,1}$ | $a_{n-1,2}$ | … | $a_{n-1,j}$ | … | $a_{n-1,m-1}$ |

图 5.1 数组的顺序存储结构示意图

### 二、实训项目要求

开发一个数组的操作程序，要求程序具备以下操作接口，同时具有任用户选择操作的菜单对应的下列接口项。

- InitArray（数组初始化函数）;
- DestroyArray（数组销毁函数）;
- Locate（查询数组值的函数）;
- Value（通过下标取值函数）;
- Assign（数组赋值函数）。

### 三、重要代码提示

数组结构定义代码如下所示。

```c
#define MAX_ARRAY_DIM 8   /*假设数组维数的最大值为8*/
typedef int ElemType;
typedef struct Array
{
    ElemType *base;       /*数组元素基址,由InitArray分配*/
    int dim;              /*数组维数*/
    int *bounds;          /*数组维界基址,由InitArray分配*/
    int *constants;       /*数组映像函数常量基址,由InitArray分配*/
} Array, *PArray;
```

若维数 dim 不合法或大于给定的 MAX_ARRAY_DIM（在此例中定义为8），则返回失败，否则，分别为(*A).bounds、(*A).base、(*A).constants 分配存储空间，并求出 A 的元素总数 elemtotal。

```c
Status InitArray(Array *A, int dim, ...)              //构造数组A
{
    /*若维数dim和各维长度合法,则构造相应的数组A,并返回OK */
    int elemtotal = 1;
    int i;      /*elemtotal是元素总值*/
    va_list ap;
    if (dim < 1 || dim > MAX_ARRAY_DIM)
    {
        return ERROR;
    }
    (*A).dim = dim;
    (*A).bounds = (int *)malloc(dim * sizeof(int));
    if (!(*A).bounds)
    {
        exit(OVERFLOW);
    }
    va_start(ap, dim);
    for (i = 0; i < dim; ++i)
    {
        (*A).bounds[i] = va_arg( ap, int);
        if ((*A).bounds[i] < 0)
        {
            return ERROR;
        }
        elemtotal *= (*A).bounds[i];
    }
    va_end(a );
    (*A).base = (ElemType *)malloc(elemtotal * sizeof(ElemType));
    if (!(*A).base)
    {
        exit(OVERFLOW);
    }
    (*A).constants = (int *)malloc(dim * sizeof(int));
    if (!(*A).constants
```

```
        {
            exit( OVERFLOW );
        }
        (*A).constants[dim - 1] = 1;
        for (i = dim - 2; i >= 0; --i)
        {
            (*A).constants[i] = (*A).bounds[i + 1] * (*A).constants[i + 1];
        }
        return OK;
}
```

若基地址(*A).base 不为空，则释放(*A).base 指向的空间并设为空指针，否则返回失败。(*A).bounds、(*A).constants 同上操作，最后返回 OK。

```
Status DestroyArray(Array *A)      //销毁数组A
{
    if ((*A).base)
    {
        free((*A).base);
        (*A).base = NULL;
    }
    else
    {
        return ERROR;
    }
    if ((*A).bounds)
    {
        free((*A).bounds);
        (*A).bounds = NULL;
    }
    else
    {
        return ERROR;
    }
    if ((*A).constants)
    {
        free((*A).constants);
        (*A).constants = NULL;
    }
    else
    {
        return ERROR;
    }
    return OK;
}
```

若 ap 指示的各下标值合法，则求出该元素在 A 中的相对地址 off 并返回 OK。此接口在下面的 Value()、Assign()函数中被调用。

```
Status Locate(Array A, va_list ap, int *off)    //求出A中的元素地址off
{
    int i, ind;  //若ap指示的各下标值合法，求出该元素在A中的相对地址off
    (*off) = 0;
```

```
        for (i = 0; i < A.dim; i++)
        {
            ind = va_arg(ap, int);
            if ( ind < 0 || ind >= A.bounds[i])
            {
                return ERROR;
            }
            (*off) += A.constants[i] * ind;
        }
        return OK;
    }
```

A 是 n 维数组，e 为元素变量，随后是 n 的各下标值，若各下标不越界，则将 e 赋值为所指定的 A 的元素值，并返回 OK。

```
    Status Value(ElemType *e, Array A, ...)    //将所指定A的元素值赋给元素e
    {
        va_list ap;
        Status result;
        int off;
        va_start(ap, A);
        if (ERROR == (result = Locate(A, ap, &off)))   //调用Locate()
        {
            return result;
        }
        *e = *(A.base + off);
        return OK;
    }
```

A 是 n 维数组，e 为元素变量，随后是 n 的各下标值，若各下标不越界，则将 e 的值赋给所指定的 A 的元素值，并返回 OK。

```
    Status Assign(Array *A, ElemType e, ...)    //将e元素的值赋给所指定A的元素值
    {
        va_list ap;
        Status result;
        int off;

        va_start(ap, e);
        if (ERROR == (result = Locate((*A), ap, &off)))          /*调用Locate()*/
        {
            return result;
        }
        *((*A).base + off) = e;
        return OK;
    }
```

## 5.2 三元组稀疏矩阵

### 一、三元组表示稀疏矩阵的结构特点

矩阵中的每一个元素均可用它的行标和列标来唯一确定它的位置。按照压缩存储的概念，

只需存储稀疏矩阵的非零元即可。因此，除了存储非零元的值外，还必须存储它所在的行标和列标的位置（i，j）。这样一个三元组（i，j，$a_{ij}$）唯一确定了矩阵 A 的一个非零元。因此，稀疏矩阵可由表示非零元的三元组及其行列数唯一确定。三元组的存放是从第一个元素的下一个非零元素开始的。三元组的稀疏矩阵的压缩存储如图 5.2 所示。

| (m,n,ele_number) | (R,C,V) | (R,C,V) | (R,C,V) | …… | (R,C,V) | (R,C,V) |

图 5.2　三元组稀疏矩阵压缩存储结构示意图

### 二、实训项目要求

开发一个三元组稀疏矩阵的操作程序，要求程序具备以下操作接口，同时具有任用户选择操作的菜单对应的下列接口项。
- CreateSMatrix（稀疏矩阵创建函数）；
- DestroySMatrix（稀疏矩阵销毁函数）；
- PrintSMatrix（稀疏矩阵输出函数）；
- CopySMatrix（稀疏矩阵复制函数）；
- AddSMatrix（稀疏矩阵求和函数）；
- SubtSMatrix（稀疏矩阵求差函数）；
- MultSMatrix（稀疏矩阵求积函数）；
- TransposeSMatrix（稀疏矩阵转置函数）。

### 三、重要代码提示

创建一个新的三元组矩阵，把矩阵中的非零元素以行序为主序顺序排列，输入中若含有非法字符，则要求重新输入。

```
Status CreateSMatrix(TSMatrix &M)
{
    // 创建稀疏矩阵M
    int i,m,n;
    ElemType e;
    Status k;
    printf("请输入矩阵的行数,列数,非零元素数：");
    scanf("%d, %d, %d", &M.mu, &M.nu, &M.tu);
    if (M.tu > MAX_SIZE)
    {
        return ERROR;
    }
    M.data[0].i = 0; // 为以下比较顺序做准备
    for (i = 1; i <= M.tu; i++)
    {
        do
        {
            printf("请按行序顺序输入第%d个非零元素所在的行(1～%d), \
                   列(1～%d),元素值:",i,M.mu,M.nu);
            scanf("%d,%d,%d", &m, &n, &e);
            k = 0;
            if (m < 1 || m > M.mu || n < 1 || n > M.nu) // 行或列超出范围
```

```
            {
                K = 1;
            }
            if (m < M.data[i - 1].i || m == M.data[i - 1].i &&
            n <= M.data[i - 1].j)  // 行或列的顺序有错
            {
                k=1;
            }
        } while(k);
        M.data[i].i = m;
        M.data[i].j = n;
        M.data[i].e = e;
    }
    return OK;
}
```

稀疏矩阵销毁函数 DestroySMatrix、稀疏矩阵输出函数 PrintSMatrix、稀疏矩阵复制函数 CopySMatrix 实现起来比较简单，具体代码此处略过。

AddSMatrix 调用 cmop 函数在矩阵求和的时候对两个矩阵的行列进行比较，行元素相等就继续比较列元素，把不等于 0 的元素存入压缩矩阵。把 M、N 矩阵依次处理完后求出和矩阵 Q 的非零元素个数。

```
Status AddSMatrix(TSMatrix M, TSMatrix N, TSMatrix &Q)
{
    // 求稀疏矩阵的和，Q=M+N
    int m = 1, n = 1, q = 0;
    if (M.mu != N.mu || M.nu != N.nu)  // M、N两个稀疏矩阵行或列数不同
    {
        return ERROR;
    }
    Q.mu = M.mu;
    Q.nu = M.nu;
    while (m <= M.tu && n <= N.tu)  // 矩阵M和N的元素都未处理完
    {
        switch (comp(M.data[m].i, N.data[n].i))

        {
            case -1:
                Q.data[++q] = M.data[m++];  // 将矩阵M的当前元素值赋给矩阵Q
                break;
            case 0:
                switch(comp(M.data[m].j, N.data[n].j))
                {
                    // M、N矩阵当前元素的行相等,继续比较列
                    case -1:
                        Q.data[++q] = M.data[m++];
                        break;
                    case 0:
                        Q.data[++q] = M.data[m++];
                        // M、N矩阵当前非零元素的行列均相等
```

```
                    Q.data[q].e += N.data[n++].e;
                    // 矩阵M、N的当前元素值求和并赋给矩阵Q
                    if (Q.data[q].e == 0) // 元素值为0,不存入压缩矩阵
                    {
                        q--;
                    }
                    break;
                case 1:
                    Q.data[++q] = N.data[n++];
                }
                break;
            case 1:
                Q.data[++q] = N.data[n++]; // 将矩阵N的当前元素值赋给矩阵Q
            }
        }
        while (m <= M.tu)      // 矩阵N的元素全部处理完毕
        {
            Q.data[++q] = M.data[m++];
        }
        while (n <= N.tu)      // 矩阵M的元素全部处理完毕
        {
            Q.data[++q] = N.data[n++];
        }
        Q.tu = q;              // 矩阵Q的非零元素个数
        if (q > MAX_SIZE)      // 非零元素数量太多
        {
            return ERROR;
        }
        return OK;
    }
```

矩阵的差只需把上面求和函数中的 M、N 中的任一矩阵求反即可。下面是对 N 矩阵的求反操作,把 N 矩阵的各非零元素乘以负 1 替换求和矩阵中的 N 便可得到矩阵的差。

```
    Status SubtSMatrix (TSMatrix M, TSMatrix N, TSMatrix &Q)
    {
        /*求稀疏矩阵的差,Q=M-N*/
        int i;
        for (i = 1; i <= N.tu; i++)
        {
            N.data[i].e *= -1;
        }
        return AddSMatrix(M, N, Q);
    }
```

设置两个指针,分别指向 M、N 的第一个非零元位置,移动指针进行比较,得出相加后新矩阵的非零元。定义 Qe 为矩阵 Q 的零时数组,矩阵 Q 的第 i 行第 j 列的元素值存于 *(Qe+(i-1)*l+j-1)中,初值为 0,结果累加到 Qe、*Qe 矩阵中。

```
    Status MultSMatrix (TSMatrix M, TSMatrix N, TSMatrix *Q)
    {
        /*求稀疏矩阵的乘积,Q=M*N*/
```

```c
    int i,j;
    int h = M.mu, l = N.nu, Qn = 0;
    /*h、l分别为矩阵Q的行、列值,Qn为矩阵Q的非零元素个数,初值为0*/
    int *Qe;
    if (M.nu != N.mu)
    {
        return ERROR;
    }
    (*Q).mu = M.mu;
    (*Q).nu = N.nu;
    Qe = (int *)malloc( h * l * sizeof(int) );   /*Qe为矩阵Q的临时数组*/
    /*矩阵Q的第i行第j列的元素值存于*(Qe+(i-1)*l+j-1),初值为0*/
    for (i = 0; i < h * l; i++)
    {
        *(Qe + i) = 0;      /*赋初值0*/
    }
    for (i = 1; i <= M.tu; i++)   /*矩阵元素相乘,结果累加到Qe中 */
    {
        for (j = 1; j <= N.tu; j++)
        {
            if (M.data[i].j == N.data[j].i)
            {
                *(Qe + (M.data[i].i - 1) * l + N.data[j].j - 1) +=
                    M.data[i].e * N.data[j].e;
            }
        }
    }
    for (i = 1; i <= M.mu; i++)
    {
        for (j = 1; j <= N.nu; j++)
        {
            if (*(Qe + (i - 1) * l + j - 1) != 0)
            {
                Qn++;
                (*Q).data[Qn].e = *(Qe + (i - 1) * l + j - 1);
                (*Q).data[Qn].i = i;
                (*Q).data[Qn].j = j;
            }
        }
    }
    free(Qe);
    (*Q).tu = Qn;
    return OK;
}
```

按照 M 的行序进行转置,即按照 M.data 中三元组的次序进行转置,并将转置后的三元组放入 T 中恰当的位置。

```c
Status TransposeSMatrix (TSMatrix M, TSMatrix *T)
{
    /*求稀疏矩阵M的转置矩阵T */
```

```
          int p, q, col;
          (*T).mu = M.nu;
          (*T).nu = M.mu;
          (*T).tu = M.tu;
          if ((*T).tu)
          {
             q = 1;
             for (col = 1; col <= M.nu; ++col)
             {
                for (p = 1; p <= M.tu; ++p)
                {
                   if (M.data[p].j == col)
                   {
                      (*T).data[q].i = M.data[p].j;
                      (*T).data[q].j = M.data[p].i;
                      (*T).data[q].e = M.data[p].e;
                      ++q;
                   }//endif
                }
             }
          }
          return OK;
       }
```

## 5.3 行逻辑链接稀疏矩阵

### 一、行逻辑链接稀疏矩阵结构特点

1）链表中只存储非 0 元素；
2）矩阵的转置操作效率比较高。

### 二、实训项目要求

开发一个行逻辑链接稀疏矩阵结构的操作程序，要求程序具备以下操作接口，同时具有任用户选择操作的菜单对应的下列接口项。
- CreateSMatrix（稀疏矩阵创建函数）；
- DestroySMatrix（稀疏矩阵销毁函数）；
- PrintSMatrix（稀疏矩阵输出函数）；
- CopySMatrix（稀疏矩阵复制函数）；
- AddSMatrix（稀疏矩阵求和函数）；
- SubtSMatrix（稀疏矩阵求差函数）；
- MultSMatrix（稀疏矩阵求积函数）；
- TransposeSMatrix（稀疏矩阵转置函数）。

### 三、重要代码提示

行逻辑链接稀疏矩阵结构定义参考如下代码。

```
struct Triple
```

```c
{
    int i, j;              // 行下标,列下标
    int e;                 // 非零元素值
}

struct RLSMatrix
{
    struct Triple data[MAXSIZE + 1];   // 非零元三元组表,data[0]未用
    int rpos[MAXRC + 1];    // 各行第一个非零元素的位置表,比c5-2.h增加的项
    int mu, nu, tu;         // 矩阵的行数、列数和非零元个数
}

typedef struct Triple Triple;
typedef struct RLSMatrix RLSMatrix;
```

创建稀疏矩阵,先输入矩阵的行数、列数和非零元素并进行参数检查,该参数检查要求输入的参数刚好为3个整数,否则要求重新输入;再按行序依次输入指定位置的元素的值,并进行参数检查和异常处理,参数检查时要求参数也刚好为3个整数且行数、列数都不能超出刚开始设定的范围,否则要求重新输入。

```c
Status CreateSMatrix(RLSMatrix *M)     // 创建稀疏矩阵M
{
    int i, k;
    Triple T;
    printf("请输入矩阵的行数,列数,非零元素数：");
    while ((scanf("%d %d %d", &(*M).mu, &(*M).nu, &(*M).tu)) != 3)
    {
        printf("输入中含有非法字符,请重新输入！\n");
        fflush(stdin);
    }
    (*M).data[0].i = 0;                // 为以下比较做准备
    for (i = 1; i <= (*M).tu; i++)
    {
        do
        {
            printf("请按行序顺序输入第%d个非零元素所在的行(1~%d), \
                列(1~%d),元素值：",i, (*M).mu, (*M).nu);
            while ((scanf("%d %d %d",&T.i, &T.j, &T.e)) != 3)
            {
                printf("输入中含有非法字符,请重新输入！\n");
                fflush(stdin);
            }
            k = 0;
            if (T.i < 1 || T.i > (*M).mu || T.j < 1 || T.j > (*M).nu)
            {
                // 行、列超出范围
                k = 1;
            }
            if (T.i < (*M).data[i - 1].i || T.i == (*M).data[i - 1].i
                && T.j <= (*M).data[i - 1].j)
            {
```

```
                    k = 1;
                }
            } while (k);       // 当输入有误时,要求重新输入
            (*M).data[i] = T;
        }
        for (i = 1; i <= (*M).tu; i++)    // 计算rpos[]
        {
            if ( (*M).data[i].i > (*M).data[i - 1].i)
            {
                for (T.i = 0; T.i < (*M).data[i].i - (*M).data[i - 1].i;
                T.i++)
                {
                    (*M).rpos[(*M).data[i].i - T.i] = i;
                }
            }
        }
        for (i = (*M).data[(*M).tu].i + 1; i <= (*M).mu; i++)
        {
            //为最后没有非零元素的几行赋值
            (*M).rpos[i] = (*M).tu + 1;
        }

        return OK;
    }
```

两个矩阵相加,先进行参数检查,要求两个矩阵结构(即行数和列数)相同,如果不同则返回错误。

M.data[p]、N.data[q]分别表示 M 矩阵和 N 矩阵的当前元素,(*Q).data[(*Q).tu]表示(*Q)最后一个非零元素(即(*Q)当前元素),k 表示行号;逐行进行计算,从第一行到最后一行,即 k 从 1 到 M.mu;比较 M 矩阵和 N 矩阵当前元素的列号,如果相等,则先对当前非零元素值求和,再将结果赋值给(*Q)的当前非零元素的后一个非零元素,如果不为 0,则(*Q)的非零元素个数+1,并且 p、q 分别加 1(即 M、N 矩阵当前元素都向后移一位);如果列号不相等,则将列号小的那个非零元素值赋给(*Q)的当前元素,并将(*Q)的非零元素个数+1,然后将列号小的向后移一位。

注意:不要忘了最后要处理 M 矩阵和 N 矩阵各剩余的 k 行元素,并且每次操作完成后都要为(*Q).data[(*Q).tu]的行号和列号赋值。

```
    Status AddSMatrix(RLSMatrix M, RLSMatrix N, RLSMatrix *Q)
    {
        //求稀疏矩阵的和,Q=M+N
        int k, p, q;
        if (M.mu != N.mu || M.nu != N.nu)
        {
            //先判断要相加的两个矩阵结构(行列数)是否相同
            return ERROR;
        }
        (*Q).mu = M.mu;
        (*Q).nu = M.nu;
        (*Q).tu = 0;
```

```
M.rpos[M.mu + 1] = M.tu + 1;            // 为方便后面的while循环临时设置
N.rpos[N.mu + 1] = N.tu + 1;
for (k = 1; k <= M.mu; ++k)             //对于每一行，k指示行号
{
    (*Q).rpos[k] = (*Q).tu + 1;
    p = M.rpos[k];                      //p指示M矩阵第k行当前元素的序号
    q = N.rpos[k];                      //q指示N矩阵第k行当前元素的序号
    while (p < M.rpos[k + 1] && q < N.rpos[k + 1])
    {
        // M,N矩阵均有第k行元素未处理
        if (M.data[p].j == N.data[q].j)
        {
            // M矩阵当前元素和N矩阵当前元素的列相同
            (*Q).data[(*Q).tu + 1].e = M.data[p].e + N.data[q].e;
            if ((*Q).data[(*Q).tu + 1].e != 0)
            {
                ++(*Q).tu;
                (*Q).data[(*Q).tu].i = k;
                (*Q).data[(*Q).tu].j = M.data[p].j;
            }
            ++p;
            ++q;
        }
        else if (M.data[p].j < N.data[q].j)
        {
            // M矩阵当前元素的列<N矩阵当前元素的列
            ++(*Q).tu;
            (*Q).data[(*Q).tu].e = M.data[p].e;
            (*Q).data[(*Q).tu].i = k;
            (*Q).data[(*Q).tu].j = M.data[p].j;
            ++p;
        }
        else     // M矩阵当前元素的列>N矩阵当前元素的列
        {
            ++(*Q).tu;
            (*Q).data[(*Q).tu].e = N.data[q].e;
            (*Q).data[(*Q).tu].i = k;
            (*Q).data[(*Q).tu].j = N.data[q].j;
            ++q;
        }
    }
    while (p < M.rpos[k + 1])          // M矩阵还有k行的元素未处理
    {
        ++(*Q).tu;
        (*Q).data[(*Q).tu].e = M.data[p].e;
        (*Q).data[(*Q).tu].i = k;
        (*Q).data[(*Q).tu].j = M.data[p].j;
        ++p;
    }
```

```c
            while (q < N.rpos[k + 1])      // N矩阵还有k行元素未处理
            {
                ++(*Q).tu;
                (*Q).data[(*Q).tu].e = N.data[q].e;
                (*Q).data[(*Q).tu].i = k;
                (*Q).data[(*Q).tu].j = N.data[q].j;
                ++q;
            }
        }
        return OK;
    }
```

矩阵相乘是以前一个矩阵的一行中的一个元素依次乘以后一个矩阵的每一列的元素的积，求和后作为新矩阵的对应的一行元素。这里利用了一个临时数组 ctemp 来存储累加的结果，需要注意的是，每次进行一轮新的累加时需要将当前行的各列元素累加器 ctemp[col]清零。

```c
Status MultSMatrix(RLSMatrix M, RLSMatrix N, RLSMatrix *Q)
{
    //求稀疏矩阵乘积,Q=M*N
    int arow, brow, p, q, ccol, ctemp[MAXCOL + 1];
    if (M.nu != N.mu)    //矩阵M的列数应和矩阵N的行数相等
    {
        return ERROR;
    }
    (*Q).mu = M.mu;       //Q初始化
    (*Q).nu = N.nu;
    (*Q).tu = 0;
    M.rpos[M.mu + 1] = M.tu + 1;    //为方便后面的while循环临时设置
    N.rpos[N.mu + 1] = N.tu + 1;
    if (M.tu * N.tu != 0)    //M和N都是非零矩阵
    {
        for (arow = 1; arow <= M.mu; ++arow)
        {
            // 从M的第一行开始,到最后一行,arow是M的当前行
            for (ccol = 1; ccol <= (*Q).nu; ++ccol)
            {
                ctemp[ccol] = 0;    // Q的当前行的各列元素累加器清零
            }
            // Q当前行的第1个元素位于上1行最后1个元素之后
            (*Q).rpos[arow] = (*Q).tu + 1;
            for (p = M.rpos[arow]; p < M.rpos[arow + 1]; ++p)
            {
                // 对M当前行中每一个非零元
                brow = M.data[p].j;  //找到对应元在N中的行号(M当前元的列号)
                for (q = N.rpos[brow]; q < N.rpos[brow + 1]; ++q)
                {
                    ccol = N.data[q].j;  // 乘积元素在Q中的列号
                    ctemp[ccol] += M.data[p].e * N.data[q].e;
                }
            }    // 求得Q中第arow行的非零元
            for (ccol = 1; ccol <= (*Q).nu; ++ccol)    //压缩存储该行非零元
```

```
                {
                    if (ctemp[ccol])
                    {
                        if (++(*Q).tu > MAXSIZE)
                        {
                            return ERROR;
                        }
                        (*Q).data[(*Q).tu].i = arow;
                        (*Q).data[(*Q).tu].j = ccol;
                        (*Q).data[(*Q).tu].e = ctemp[ccol];
                    }
                }
            }
        }
        return OK;
    }
```

相对于加法和乘法，转置比较简单，转置就是将一个矩阵的每行分别作为另一个矩阵的对应的列。所以，转置后的矩阵的行数等于待转置的矩阵的列数，转置后的矩阵的列数等于待转置矩阵的行数，而非零元素的个数没有改变。

```
Status TransposeSMatrix(RLSMatrix M, RLSMatrix *T)
{
    //求稀疏矩阵M的转置矩阵T
    int p, q, t, col, *num;
    num = (int *)malloc((M.nu + 1) * sizeof(int));
    (*T).mu = M.nu;
    (*T).nu = M.mu;
    (*T).tu = M.tu;
    if ((*T).tu)
    {
        for (col = 1; col <= M.nu; ++col)
        {
            num[col] = 0;           //设初值
        }
        for (t = 1; t <= M.tu; ++t)     //求M中每一列非零元的个数
        {
            ++num[M.data[t].j];
        }
        (*T).rpos[1] = 1;
        for (col = 2; col <= M.nu; ++col)
        {
            //求M中第col中第一个非零元在T.data中的序号
            (*T).rpos[col] = (*T).rpos[col - 1] + num[col - 1];
        }
        for (col = 1; col <= M.nu; ++col)
        {
            num[col] = (*T).rpos[col];
        }
        for (p = 1; p <= M.tu; ++p)
        {
```

```
                col = M.data[p].j;
                q = num[col];
                (*T).data[q].i = M.data[p].j;
                (*T).data[q].j = M.data[p].i;
                (*T).data[q].e = M.data[p].e;
                ++num[col];
            }
        }
        free(num);
        return OK;
    }
```

行逻辑链接稀疏矩阵结构的销毁函数、输出函数、复制函数、减法函数与之前的结构类似，具体代码这里略过。

## 5.4 广义表头尾链式存储

### 一、头尾链式存储的特点

1）采用链式存储结构来存储表中的原子及子表；
2）广义表的存储容量易改变；
3）可以方便广义表进行插入与删除操作。

### 二、实训项目要求

开发一个头尾链式存储广义表的操作程序，要求程序具备以下操作接口，同时具有任用户选择操作的菜单对应的下列接口项。

- CreateGList（广义表创建函数）；
- DestroyGList（广义表销毁函数）；
- CopyGList（广义表复制函数）；
- GListLength（广义表求长函数）；
- GListEmpty（判断广义表是否为空的函数）；
- GListDepth（获取广义表深度的函数）；
- GetHead（广义表取头函数）；
- GetTail（广义表取尾函数）；
- InsertFirst_GL（头部插入函数）；
- DeleteFirst_GL（头部删除函数）；
- Traverse_GL（广义表遍历函数）。

### 三、重要代码提示

头尾链式存储广义表结构的定义代码如下所示。

```
    #define MAXSTRLEN  255    //用户可在255以内定义最大串长（1个字节）
    typedef char AtomType ;
    typedef AtomType SString[MAXSTRLEN+1];   //0号单元存放串的长度
    struct GLNode
    {
        enum  ElemTag tag;       //公共部分,用于区分原子结点和表结点
```

```
    union                  // 原子结点和表结点的联合部分
    {
        AtomType atom;  //atom是原子结点的值域,AtomType由用户定义
        struct ptr
        {
            struct GLNode *hp,*tp;
        } ptr;          // ptr是表结点的指针域,prt.hp和ptr.tp分别指向表头和表尾
    }
}                       //广义表类型

typedef struct GLNode GLNode;
```

下面的接口函数用一个给定的"广义表形式"的字符数组来构建一个广义表,首先进行参数检测,若所给的字符数组为"空串",则初始化广义表为空,函数返回,否则采用递归的方法构建广义表。在构建的过程中关键的一步是分离表的表头和表尾,因此接口内部调用了一个串接口 sever()来实现。广义表采用头尾链表存储方式,在构建过程中动态分配结点空间,若内存分配失败,则会导致调用此接口的程序发生异常而退出。

```
Status CreateGList(GList *L, SString S)
{
    // 采用头尾链表存储结构,由广义表的书写形式串S创建广义表L。设emp="()"
    SString  sub, hsub, emp;
    GList p, q;
    StrAssign(emp, "()");
    if (!StrCompare(S, emp))
    {
        (*L) = NULL;   // 创建空表
    }
    else
    {
        if (!((*L) = (GList)malloc(sizeof(GLNode))))    //创建表结点
        {
            exit(OVERFLOW);
        }
        if (1 == StrLength(S))    //S为单原子
        {
            (*L)->tag = ATOM;
            (*L)->atom = S[1];     //创建单原子广义表
        }
        else
        {
            (*L)->tag = LIST;
            p = (*L);
            SubString(sub, S, 2, StrLength(S) - 2);   //脱外层括号
            do
            {   //重复创建n个子表
                sever(sub, hsub);  //从sub中分离出表头结点hsub
                CreateGList(&p->ptr.hp, hsub);
                q = p;
                if (!StrEmpty(sub))   //表尾不空
```

```
                {
                    if (!(p = (GLNode *)malloc(sizeof(GLNode))))
                    {
                        exit(OVERFLOW);
                    }
                    p->tag = LIST;
                    q->ptr.tp = p;
                }
            } while (!StrEmpty(sub));
            q->ptr.tp = NULL;
        }
    }
    return OK;
}
```

当不再需要使用广义表时,要调用下面的接口销毁广义表,否则会造成内存泄露。在销毁时,若结点是原子结点,则直接删除;若结点是子表结点,则采用递归的方式分别销毁表头和表尾。销毁后广义表指针为空。

```
void DestroyGList(GList *L)
{
    GList q1, q2;
    if ((*L))
    {
        if (ATOM == (*L)->tag)
        {
            free((*L));      //删除原子结点
            (*L) = NULL;
        }
        else                 //删除表结点
        {
            q1 = (*L)->ptr.hp;
            q2 = (*L)->ptr.tp;
            free((*L));
            (*L) = NULL;
            DestroyGList(&q1);
            DestroyGList(&q2);
        }
    }
}
```

下面的接口由给定的广义表 L 复制构建一个广义表。首先进行参数检测,若给定的广义表为少,则创建一个空的广义表,否则递归地进行复制构建操作。该接口也有可能因为存在的内存分配失败,而导致调用此接口的程序异常退出。注意接口进行递归调用时的参数传递问题,参数类型一定要与接口声明时所指定的参数类型一致。

```
Status CopyGList(GList *T, GList L)
{
    if (!L)
    {
        (*T) = NULL;
    }
```

```
        else
        {
            (*T) = (GList)malloc(sizeof(GLNode));        //创建表结点
            if (!(*T))
            {
                exit(OVERFLOW);
            }
            (*T)->tag = L->tag;
            if (ATOM == L->tag)
            {
                (*T)->atom = L->atom;                    //复制单原子
            }
            else
            {
                CopyGList(&(*T)->ptr.hp, L->ptr.hp);      //复制广义表得到其副本
                CopyGList(&(*T)->ptr.tp, L->ptr.tp);      //复制广义表得到其副本
            }
        }
        return OK;
    }
```

在构建一个广义表后，可以调用接口获取表的长度。广义表的长度定义为表中原子和子表的个数。接口中先进行判断，若表为空，则表的长度为 0；若表为一个原子结点，则表长度为 1；若两者都不是，则进入循环。需要注意，根据广义表表头和表尾的定义方式，在广义表的头尾链表存储方式中，只需跟踪表尾并进行计数累加即可得知表的长度。

```
int GListLength(GList L)
{
    //返回广义表的长度,即元素个数
    int len = 0;

    if (!L)
    {
        return 0;
    }
    if (ATOM == L->tag)
    {
        return 1;
    }
    while (L)
    {
        L = L->ptr.tp;
        len++;
    }
    return len;
}
```

下面的代码用于获取一个广义表的深度。广义表中元素的最大层次为表的深度，元素的层次就是包含该元素的括弧对的数目。显然，"深度"是一个递归定义，由此可得到求广义表深度的递归算法：广义表的深度为表中各子表的深度的最大值加上 1（这个 "1" 代表的是广义表的最外层括弧对）。该算法实现如下：若表为空表，则 "深度" 为 1；若为原子，则 "深度" 为 0。

这是这个递归算法的两个终结状态，通过层层递归，即可得到广义表深度。

```
int GListDepth(GList L)
{
    int max, dep;
    GList pp;
    if (!L)
    {
        return 1;
    }                                          // 空表深度为1
    if (ATOM == L->tag)
    {
        return 0;
    }                                          // 原子深度为0
    for (max = 0, pp = L; pp; pp = pp->ptr.tp)
    {
        // 求以pp->a.ptr.hp为头指针的子表深度
        dep = GListDepth(pp->ptr.hp);
        if (dep > max)
        {
            max = dep;
        }
    }
    return max + 1;     // 非空表的深度是各元素的深度的最大值加1
}
```

下面的接口用于对一个广义表进行取表头操作，首先进行参数检测，若表为空，则会导致调用此接口的程序退出；否则调用函数 CopyGList 进行复制操作，在进行复制之前，为了保证只进行表头复制，应先将待复制的广义表头结点中的表尾指针保存起来，再设置为空，复制操作完成后，再重新设置为原来的值。

```
GList GetHead(GList L)
{
    // 取广义表L的头
    GList h, p;
    if (!L)
    {
        printf("空表无表头!\n");
        exit(0);
    }
    p = L->ptr.tp;
    L->ptr.tp = NULL;
    CopyGList(&h, L);
    L->ptr.tp = p;
    return h;
}
```

相对于取表头操作，取表尾操作更加简单，接口在内部直接调用 CopyGList 即可进行复制操作。

```
GList GetTail(GList L)
{
    // 取广义表L的尾//
```

```
    GList t;
    if (!L)
    {
        printf("空表无表尾!\n");
        exit(0);
    }
    CopyGList(&t, L->ptr.tp);
    return t;
}
```

在用头尾链表存储方式对广义表进行存储时,对广义表进行表头插入的操作接口如下。"插入"的逻辑就是调整表结点中的指针值。

```
Status InsertFirst_GL(GList *L, GList e)
{
    GList p = (GList)malloc(sizeof(GLNode));
    if (!p)
    {
        exit(OVERFLOW);
    }
    p->tag = LIST;
    p->ptr.hp = e;
    p->ptr.tp = (*L);
    (*L) = p;
    return OK;
}
```

删除表头元素的操作如下。在更改表结点中指针的值后,用 free() 对原头结点进行释放内存操作。

```
Status DeleteFirst_GL(GList *L, GList *e)
{
    GList p;
    *e = (*L)->ptr.hp;
    p = *L;
    *L = (*L)->ptr.tp;
    free(p);
    return OK;
}
```

下面的代码用于对广义表进行遍历操作,在遍历过程中对表中的每个单原子调用指定的函数。由于广义表定义的递归性,因此很容易实现遍历的递归算法。以下代码先递归遍历表头,再递归遍历表尾,递归的终止条件为表为空。请注意函数指针的调用形式。

```
void Traverse_GL(GList L, void(*v)(AtomType))
{
    if (L)      // L不空
    {
        if (ATOM == L->tag)    // L为单原子
        {
            v(L->atom);
        }
        else    //L为广义表
        {
```

```
            Traverse_GL(L->ptr.hp,v);
            Traverse_GL(L->ptr.tp,v);
        }
    }
}
```

## 5.5 数组与广义表项目实训拓展

1) 设计菜单处理程序,对一维数组进行高级操作。要求:

① 操作项目包括求数组最大值、最小值、求和、求平均值、排序、 二分查找、有序插入;

② 设计并利用字符菜单进行操作项目的选择,程序运行一次,可根据选择完成一项或多项操作;通过菜单项"退出"来结束程序的运行;

③ 数组的输入、输出支持命令行输入文件名、界面输入文件名、从数据文件中输入和输出,也支持界面录入。

2) 设有一个数组 A: array[0..N-1],存放的元素为 0~N-1(1<N≤10)之间的整数,且 $A[i] \neq A[j], i \neq j$。例如,当 N=6 时,有 A=(4,3,0,5,1,2)。此时,数组 A 的编码定义如下:

A[0]编码:0。

A[i]编码为:在 A[0],A[1],…,A[i-1]中比 A[i]的值小的个数(i=1,2,…,N-1)。

则数组 A 的编码为 B=(0,0,0,3,1,2)。

要求如下:

给出数组 A,利用 C 求解 A 的编码。

给出数组 A 的编码后,求出 A 中的原数据。

3) 在高校的教学改革中,有很多学校实行了本科生导师负责制。一个班级的学生被分给几个老师,每个老师带领 n 个学生,如果老师还带领研究生,则其所带领的研究生也可以直接负责本科生指导工作。

导师负责制问题中的数据元素具有如下形式。

① 导师带研究生:(导师,(研究生 1,(本科生 1,…)),…)。

② 导师不带研究生:(导师,(本科生 1,…,本科生 m))。

导师的属性包括姓名、职称;研究生的属性包括姓名、班级;本科生的属性包括姓名、班级。

功能要求:

① 插入:将某位本科生或研究生插入到广义表的相应位置。

② 删除:将某位本科生或研究生从广义表中删除。

③ 查询:查询导师、本科生或研究生的情况。

④ 统计:某导师带了多少研究生和本科生。

⑤ 输出:将导师所带的学生情况输出。

# 第6章 树和二叉树项目实训

树形结构是一类非常重要的非线性数据结构,主要讨论的是层次和分支关系。树的用途甚为广泛,如社会组织机构、程序语法结构等。本章主要讨论树和二叉树的存储结构的各种操作,并介绍树的应用例子。

## 6.1 树

树(Tree)是 n(n≥0)个结点的有限集。对于任何一棵树定义为
1)有且仅有一个特定为根(Root)的结点;
2)当 n>1 时,其余结点可分为 m(m>0)个互不相交的有限集 T1,T2,T3,…,Tn,其中每个集合本身又是一棵树,并且称为根的子树(SubTree),如图 6.1 所示。

(a)只有根结点的树　　　　(b)一般的树T　　　　(c)树T的子树

图 6.1 树的示例

### 一、树的基本操作

- 创建新树;
- 取根结点值;
- 取双亲结点值;
- 求树的深度;
- 插入子树;
- 删除子树;
- 求某结点长子;
- 求某结点下一个兄弟;
- 判断树是否为空;
- 按层序遍历;
- 替换结点中的值;

- 销毁树。

## 二、本章实训目的

1）用 C 或 C++ 语言实现本节所学的各种树结构及操作；
2）编写树的基本操作函数；
3）实现一个对树进行各种操作的用户界面；
4）运行程序并对其进行测试。

## 三、树的实现形式

- 树的双亲表示法；
- 树的孩子兄弟表示法。

### 6.1.1 树的双亲表示法

#### 一、树的双亲表示法结构特点

在大量的应用中，人们曾使用多种形式的存储结构来表示树，如树的双亲表存储、树的孩子-兄弟存储和树的孩子链表存储等。本节介绍树的双亲表存储——将树在顺序存储的基础上加上双亲域，详细存储结构如图 6.2 所示。

1）采用一组地址连续的存储单元来存储数据；
2）求结点的孩子需要遍历整个结构。

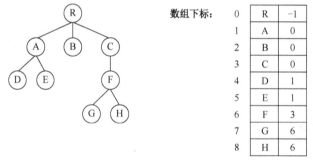

图 6.2 树的双亲表示存储结构

#### 二、实训项目要求

开发一个树的双亲表示的操作程序，要求程序至少具备以下树的操作接口。

- InitTree（树的初始化函数）；
- CreateTree（树的创建函数）；
- TreeDepth（求树深度函数）；
- Root（求树的根结点函数）；
- InsertChild（子树插入函数）；
- LeftChild（求某结点长子函数）；
- RightSibling（求某结点下个兄弟函数）；
- DeleteChild（子树删除函数）；
- TraverseTree（树的遍历函数）；

- Parent（求结点的父结点函数）；
- Assign（树的结点值替换函数）。

要求程序具有任用户选择操作的菜单，并支持以下菜单项。
- 树的创建操作；
- 树的销毁&删除操作；
- 树的取根结点操作；
- 树的求父结点操作；
- 树的求深度操作；
- 树的求某结点长子操作；
- 树的求某结点下个兄弟操作；
- 树的子树插入函数；
- 树的结点值替换操作；
- 树的遍历操作；
- 树的判断是否为空操作。

实现树的各种操作的用户界面如图 6.3 所示。

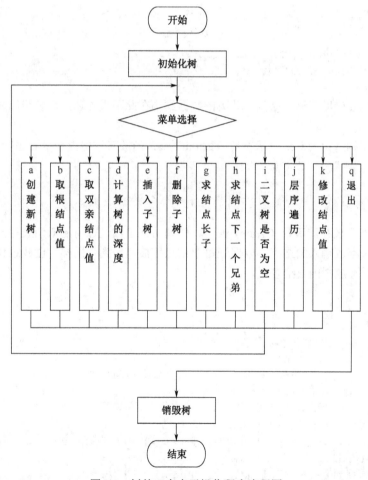

图 6.3　树的双亲表示操作程序流程图

### 三、重要代码提示

在构造结构之前应该确定树的双亲表示法的元素数据类型和树的容量大小,参考以下代码:

```
typedef int Status;
typedef int Boolean;
#define TElemType char
#define MAX_TREE_SIZE 100
```

在树的双亲表示法中,必须为每个结点设定好其数据结构类型,以下代码中 PTNode 为结点的数据类型,PTNode 中包含一个存放 TElemType 类型数据的空间和一个指向双亲的位置域 parent;树 PTree 结构中包含了一个 PTNode 型数组和 int 型树大小变量,申明数据存储时便为数组设置了大小,因此初始化时只需要设置树的大小即可,详细的参考代码如下所示。

```
typedef struct
{
    TElemType data;
    int parent; /* 双亲位置域 */
} PTNode;

typedef struct
{
    PTNode nodes[MAX_TREE_SIZE];
    int n; /* 结点数 */
} PTree;
```

本项目中需要借助于链式队列,队列的数据结构在此不再复述,可参照第 3 章或本项目课后完整代码。

下面给出了构造树的双亲表示参考函数 InitTree,函数对结构内变量 n 进行了初始化。

```
void InitTree(PTree *T)
{
    (*T).n = 0;
}
```

创建树的双亲表存储函数 CreateTree,程序调用该函数进行树的双亲表存储。创建过程中需要借助队列来存放输入的结点,以保证每个结点都被遍历到。同样,创建过程中还需要考虑结点数不能超过存放树的数组容量。

```
void CreateTree(PTree *T)
{
    LinkQueue q;
    QElemType p, qq;
    int i = 1, j, l;
    char c[MAX_TREE_SIZE]; /* 临时存放孩子结点数组 */
    InitQueue(&q); /* 初始化队列 */
    printf("请输入根结点(字符型,若为空回车即可): ");
    getchar();      //getchar()接收回车符
    scanf("%c", &((*T).nodes[0].data)); /* 根结点序号为0 */
    getchar();
    if ((*T).nodes[0].data != NULL) /* 非空树 */
    {
        (*T).nodes[0].parent = -1; /* 根结点无双亲 */
```

```
            qq.name = (*T).nodes[0].data;
            qq.num = 0;
            EnQueue(&q, qq); /* 入队此结点 */
            while (i < MAX_TREE_SIZE && !QueueEmpty(q))
            {
                /* 数组未满且队不空 */
                DeQueue(&q, &qq); /* 出队一个结点 */
                printf("请按长幼顺序输入结点%c的所有孩子: ", qq.name);
                gets(c);
                l = strlen(c);
                for (j = 0; j < l; j++)
                {
                    (*T).nodes[i].data = c[j];
                    (*T).nodes[i].parent = qq.num;
                    p.name = c[j];
                    p.num = i;
                    EnQueue(&q, p); /* 入队此结点 */
                    i++;
                }
            }
            if (i > MAX_TREE_SIZE)
            {
                printf("结点数超过数组容量\n");
                exit(OVERFLOW);
            }
            (*T).n = i;
        }
        else
        {
            (*T).n = 0;
        }
    }
```

树的双亲表示法中获取输入结点的长子可参考函数 LeftChild，因为树存储于数组中，因此首先利用循环语句找出结点 cur_e 的序号（设序号为 i），再利用循环从序号 i 开始查找首个 parent 域指向 cur_e 的那个结点即为其长子（其他孩子的存储在数组中的序号小于长子序号）；若循环整个数组未发现结点的 parent 域指向 cur_e，则 cur_e 结点无长子。

```
    TElemType LeftChild(PTree T, TElemType cur_e)
    {
        //若cur_e是T的非叶子结点，则返回它的最左孩子，否则返回"空"
        int i, j;
        for (i = 0; i < T.n; i++)
        {
            if (T.nodes[i].data == cur_e) // 找到cur_e, 其序号为i
            {
                break;
            }
        }
        /* 根据树的构造函数, 孩子的序号>其双亲的序号 */
        for (j = i + 1; j < T.n; j++)
```

```
        {
            // 根据树的构造函数,最左孩子(长子)的序号＜其他孩子的序号
            if (T.nodes[j].parent == i)
            {
                return T.nodes[j].data;
            }
        }
        return NULL;
    }
```

树的双亲表示法中获取输入结点的下一个兄弟可参考函数 RightSibling,其与获取长子类似,首先利用循环语句找出结点 cur_e 的序号(设序号为i),然后根据树的构造函数,若 cur_e 有右兄弟,则右兄弟紧接其后,即可获取结点 cur_e 的右兄弟。

```
    TElemType RightSibling(PTree T, TElemType cur_e)
    {
        //若cur_e有右(下一个)兄弟,则返回它的右兄弟,否则返回"空"
        int i;
        for (i = 0; i < T.n; i++)
        {
            if (T.nodes[i].data == cur_e) // 找到cur_e,其序号为i
            {
                break;
            }
        }
        if (T.nodes[i + 1].parent == T.nodes[i].parent)
        {
            return T.nodes[i + 1].data;
        }
        return NULL;
    }
```

树的双亲表示法插入子树可参考函数 InsertChild,由于双亲表存储是以连续空间存储的,因此在插入新树的过程中,若插入点后有结点,则需要将插入点后的原结点进行后移,以保证树的结构正确性。

```
    Status InsertChild(PTree *T,TElemType p,int i,PTree c)
    {
        // 树T存在,p是T中某个结点,1≤i≤p所指结点的度+1,
        // 非空树c与T不相交,插入c为T中p结点的第i棵子树
        int j, k, l;
        int f = 1, n = 0; // 交换标志f初值为1,p的孩子数n初值为0
        PTNode t;
        if (!TreeEmpty(*T)) /* T不空 */
        {
            for (j = 0; j < (*T).n; j++) /* 在T中查找p的序号 */
            {
                if ((*T).nodes[j].data == p) /* p的序号为j */
                {
                    break;
                }
```

```c
      l = j + 1; /* 如果c是p的第1棵子树,则插在j+1处 */
      if (i > 1) /* 若c不是p的第1棵子树 */
      {
          /* 则从j+1开始找p的前i-1个孩子 */
          for (k = j + 1; k < (*T).n; k++)
          {
              if ((*T).nodes[k].parent == j)
              {
                  /* 当前结点是p的孩子 */
                  n++; /* 孩子数加1 */
                  if (n == i-1)
                  {
                      /* 找到p的第i-1个孩子,其序号为k1 */
                      break;
                  }
              }
          }
          l = k + 1; /* c插在k+1处 */
      } /* p的序号为j,c插在1处 */
      if (l < (*T).n) /* 插入点1不在最后 */
      {
          for (k = (*T).n-1; k >= l; k--)
          {
              // 依次将序号1以后的结点向后移动c.n个位置
              (*T).nodes[k + c.n] = (*T).nodes[k];
              if ((*T).nodes[k].parent >= l)
              {
                  (*T).nodes[k + c.n].parent += c.n;
              }
          }
      }
      for (k = 0; k < c.n; k++)
      {
          //依次将树c的所有结点插于此处
          (*T).nodes[l + k].data = c.nodes[k].data;
          (*T).nodes[l + k].parent = c.nodes[k].parent + l;
      }
      (*T).nodes[l].parent = j; /* 树c的根结点的双亲为p */
      (*T).n += c.n; /* 树T的结点数加c.n个 */
      while (f)
      {
          /* 从插入点之后,将结点仍按层序排列 */
          f = 0; /* 交换标志置0 */
          for (j = l; j < (*T).n-1; j++)
          {
              if ((*T).nodes[j].parent >
                  (*T).nodes[j + 1].parent)
              {
                  // 如果结点j的双亲排在结点j+1的双亲之后
```

```
            // (树没有按层序排列), 交换两个结点
            t = (*T).nodes[j];
            (*T).nodes[j] = (*T).nodes[j + 1];
            (*T).nodes[j + 1] = t;
            f = 1; /* 交换标志置1 */
            for (k = j; k < (*T).n; k++) // 改变双亲序号
            {
                if ((*T).nodes[k].parent == j)
                {
                    /* 双亲序号改为j+1 */
                    (*T).nodes[k].parent++;
                }
                else if ((*T).nodes[k].parent == j + 1)
                {
                    /* 双亲序号改为j */
                    (*T).nodes[k].parent--;
                }
            }
        }
    }
    return OK;
}
else /* 树T不存在 */
{
    return ERROR;
}
```

树的双亲表示法删除子树可参考函数 DeleteChild,与插入子树类似,删除子树过程中需要在子树删除的同时,将删除子树后的所有结点前移,以保证存储空间的连续性。

```
void DeleteChild(PTree *T, TElemType p, int i)
{
    //删除T中结点p的第i棵子树
    int j, k, n = 0;
    LinkQueue q;
    QElemType pq, qq;
    for (j = 0; j <= (*T).n; j++)
    {
        deleted[j] = 0; /* 置初值为0(不删除标记) */
    }
    pq.name = 'a'; /* 此成员不用 */
    InitQueue(&q); /* 初始化队列 */
    for (j = 0; j < (*T).n; j++)
    {
        if ((*T).nodes[j].data == p)
        {
            break; /* j为结点p的序号 */
        }
    }
```

```c
      for (k = j + 1; k < (*T).n; k++)
      {
         if ((*T).nodes[k].parent == j)
         {
            n++;
         }
         if (n == i)
         {
            break; /* k为p的第i棵子树结点的序号 */
         }
      }
      if (k < (*T).n) /* p的第i棵子树结点存在 */
      {
         n = 0;
         pq.num = k;
         deleted[k] = 1; /* 置删除标记 */
         n++;
         EnQueue(&q, pq);
         while (!QueueEmpty(q))
         {
            DeQueue(&q, &qq);
            for (j = qq.num + 1; j < (*T).n; j++)
            {
               if ((*T).nodes[j].parent == qq.num)
               {
                  pq.num = j;
                  deleted[j] = 1; /* 置删除标记 */
                  n++;
                  EnQueue(&q, pq);
               }
            }
         }
         for (j = 0;j < (*T).n; j++)
         {
            if (deleted[j] == 1)
            {
               for (k = j + 1; k <= (*T).n; k++)
               {
                  deleted[k - 1] = deleted[k];
                  (*T).nodes[k - 1] = (*T).nodes[k];
                  if ((*T).nodes[k].parent > j)
                  {
                     (*T).nodes[k - 1].parent--;
                  }
               }
               j--;
            }
         }
         (*T).n -= n; /* n为待删除结点数 */
```

```
    }
}
```

树的双亲表示法替换结点值可参考函数 Assign，首先利用循环语句查找原结点，若有与此关键字值相同的结点，则以新值替换原值。详细代码如下所示：

```
Status Assign(PTree *T,TElemType cur_e,TElemType value)
{
    // 初始条件：树T存在，cur_e是树T中结点的值
    // 操作结果：改cur_e为value
    int j;
    for (j = 0; j < (*T).n; j++)
    {
        if ((*T).nodes[j].data == cur_e)
        {
            (*T).nodes[j].data = value;
            return OK;
        }
    }
    return ERROR;
}
```

树的双亲表示法中还有判断是否空树操作、求树深度操作、取根结点操作、更改结点值操作、求双亲结点操作和层序遍历操作等。这些操作的函数较为简单，并且与前一节内容相似，不再详细讲解，同学们可自行参考。

```
Status TreeEmpty(PTree T)
{
    if (T.n)
    {
        return FALSE;
    }
    else
    {
        return TRUE;
    }
}

int TreeDepth(PTree T)
{
    int k, m, def, max = 0;
    for (k = 0; k < T.n; ++k)
    {
        def = 1; /* 初始化本结点的深度 */
        m = T.nodes[k].parent;
        while (m != -1)
        {
            m = T.nodes[m].parent;
            def++;
        }
        if (max < def)
        {
```

```
            max = def;
        }
    }
    return max;  /* 最大深度 */
}

TElemType Root(PTree T)
{
    int i;
    for (i = 0; i < T.n; i++)
        if (T.nodes[i].parent < 0)
        {
            return T.nodes[i].data;
        }
    return NULL;
}

TElemType Parent(PTree T,TElemType cur_e)
{
    /*若cur_e是T的非根结点,则返回它的双亲,否则函数值为"空"*/
    int j;
    for (j = 1; j < T.n; j++)  /* 根结点序号为0 */
    {
        if (T.nodes[j].data == cur_e)
        {
            return T.nodes[T.nodes[j].parent].data;
        }
    }
    return NULL;
}

void TraverseTree(PTree T)
{
    int i;
    for (i = 0; i < T.n; i++)
    {
        visit(T.nodes[i].data);
    }
    printf("\n");
}
```

## 6.1.2 树的孩子兄弟表示法

### 一、树的孩子兄弟表示法结构特点

树的孩子兄弟表示法:又称为树的二叉链表存储或二叉树表示法,是指将树按照左孩子右兄弟的方式进行存储,结点的左指针指向其孩子结点,右指针指向其下一个兄弟结点。结点存储数据结构如图 6.4 所示。

| firstchild | data | nextsibling |

图 6.4 结点存储数据结构

其中，firstchild 指向该结点的第一个孩子，nextsibling 指向该结点的下一个兄弟。

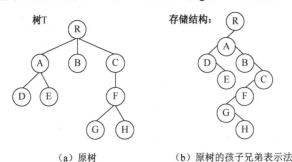

（a）原树　　　　　　（b）原树的孩子兄弟表示法

图 6.5　树及其二叉链表存储

图 6.5 中，图（a）为原树，图（b）为原树的孩子兄弟表示法。例如，根结点 R 的左指针指向其第一个孩子结点 A；结点 A 的左指针指向其第一个孩子结点 D，右指针指向其下一个兄弟 B；以此类推。

## 二、实训项目要求

开发一个树的孩子兄弟表示法的操作程序，要求程序至少具备以下树的操作接口。
- InitTree（树的初始化函数）；
- CreateTree（树的创建函数）；
- TreeDepth（求树的深度函数）；
- Root（求树的根结点函数）；
- InsertChild（子树插入函数）；
- LeftChild（求某结点的长子函数）；
- RightSibling（求某结点的下一个兄弟函数）；
- DeleteChild（子树删除函数）；
- TraverseTree（树的遍历函数）；
- LevelOrderTraverse（层序遍历函数）；
- PreOrderTraverse（先序遍历函数）；
- PostOrderTraverse（后序遍历函数）；
- Parent（求结点的父结点函数）；
- Assign（树的结点值替换函数）。

要求程序具有任用户选择操作的菜单，并支持以下菜单项。
- 树的创建操作；
- 树的销毁&删除操作；
- 树的取根结点操作；
- 树的求父结点操作；
- 树的求深度操作；
- 树的求某结点长子操作；
- 树的求某结点下一个兄弟操作；

- 树的子树插入函数；
- 树的结点值替换操作；
- 树的层序遍历操作；
- 树的先序遍历操作；
- 树的后序遍历操作；
- 树的判断是否为空操作。

实现树的各种操作的用户界面如图 6.6 所示。

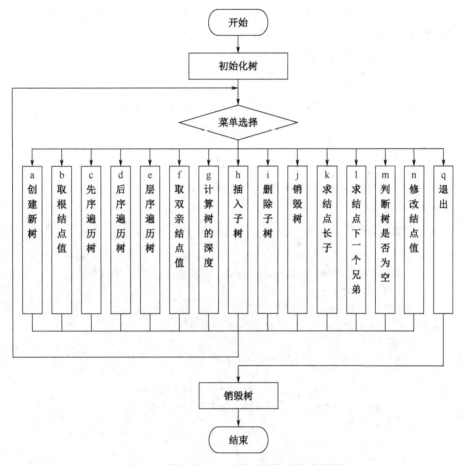

图 6.6　树的孩子兄弟表示操作程序流程图

### 三、重要代码提示

在构造结构之前应该确定树的孩子兄弟表示法的元素数据类型以及数据结构，从图 6.4 可以看出，数据结构中需要设置一个存放数据的 TElemType 型变量 data 和两个指针*firstchild、*nextsibling，分别用以指向长子和下一个兄弟。本项目中还借助了队列的使用，队列的数据结构详见第 3 章或课后完整代码。

```
typedef struct CSNode
{
    TElemType data;
    struct CSNode *firstchild, *nextsibling;
} CSNode, *CSTree;
```

```c
typedef CSTree QElemType; /* 定义队列元素类型 */
```

树的孩子兄弟表示法首先需要对数进行初始化，初始化参考函数 InitTree 较为简单，因为是链式结构，因此初始化过程中仅需设置树指向 NULL 即可。

```c
void InitTree(CSTree *T)
{
    *T = NULL;
}
```

树的孩子兄弟表示法中插入元素函数为 CreateTree，在插入过程中，由于每个元素都有可能有多个孩子结点，因此利用队列来遍历每个结点，对出现过的结点依次放入队列中，出队列后逐个进行孩子结点获取，这样保证了孩子结点获取的准确性。同时，由于其为链式结构，因此新结点的出现意味着要申请新的结点空间。

```c
void CreateTree(CSTree *T)
{
    char c[20]; /* 临时存放孩子结点(设不超过20个)的值 */
    CSTree p, p1;
    LinkQueue q;
    int i, l;
    InitQueue(&q);
    printf("请输入根结点(字符型,空格为空)：");
    getchar();
    c[0] = getchar();
    if (c[0] != NULL) /* 非空树 */
    {
        *T = (CSTree)malloc(sizeof(CSNode)); /* 建立根结点 */
        (*T)->data = c[0];
        (*T)->nextsibling = NULL;
        EnQueue(&q,*T); /* 入队根结点的指针 */
        getchar();
        while (!QueueEmpty(q)) /* 队不空 */
        {
            DeQueue(&q, &p); /* 出队一个结点的指针 */
            printf("请按长幼顺序输入结点%c的所有孩子：", p->data);
            gets(c);
            l = strlen(c);
            if (l > 0) /* 有孩子 */
            {
                p1 = (CSTree)malloc(sizeof(CSNode));
                p->firstchild = p1;
                p1->data = c[0];
                for (i = 1; i < l; i++)
                {
                    p1->nextsibling =
                        (CSTree)malloc(sizeof(CSNode));
                    /*建立下一个兄弟结点 */
                    EnQueue(&q,p1); /* 入队上一个结点 */
                    p1 = p1->nextsibling;
                    p1->data = c[i];
                }
```

```c
                p1->nextsibling = NULL;
                EnQueue(&q, p1); /* 入队最后一个结点 */
            }
            else
            {
                p->firstchild = NULL; /* 长子指针为空 */
            }
        }
    }
    else
    {
        *T = NULL; /* 空树 */
    }
}
```

树的孩子兄弟表示法层序遍历可参考函数 LevelOrderTraverse，与创建树的过程类似，需要借助队列来进行，首先访问根结点，然后根结点入队列，若队列不空，则删除队列头结点并访问其长子，然后将长子入队列，若其长子有兄弟，则依次访问其兄弟并入队列，直至队列为空为止。整个过程按照宽度优先策略遍历各个结点。

```c
void LevelOrderTraverse(CSTree T)
{
    CSTree p;
    LinkQueue q;
    InitQueue(&q);
    if (T)
    {
        visit(Value(T)); /* 先访问根结点 */
        EnQueue(&q, T); /* 入队根结点的指针 */
        while (!QueueEmpty(q))  /* 队不空 */
        {
            DeQueue(&q,&p); /* 出队一个结点的指针 */
            if (p->firstchild)  /* 有长子 */
            {
                p = p->firstchild;
                visit(Value(p)); /* 访问长子结点 */
                EnQueue(&q, p); /* 入队长子结点的指针 */
                while (p->nextsibling) /* 有下一个兄弟 */
                {
                    p = p->nextsibling;
                    visit(Value(p)); /* 访问下一个兄弟 */
                    EnQueue(&q,p); /* 入队兄弟结点的指针 */
                }
            }
        }
    }
}
```

树的孩子兄弟表示法后序遍历可参考函数 PostOrderTraverse，先判断是否存在长子；若存在长子，则后序遍历长子子树；若无长子，则递归其兄弟，直至整棵树遍历完成。

```c
void PostOrderTraverse(CSTree T)
```

```c
{
    /* 后序遍历孩子-兄弟二叉链表结构的树T */
    CSTree p;
    if (T)
    {
        if (T->firstchild) /* 有长子 */
        {
            PostOrderTraverse(T->firstchild); // 后序遍历长子子树
            // p指向长子的下一个兄弟
            p = T->firstchild->nextsibling;
            while (p)
            {
                PostOrderTraverse(p); /* 后序遍历下一个兄弟子树 */
                p = p->nextsibling; /* p指向再下一个兄弟 */
            }
        }
        visit(Value(T)); /* 最后访问根结点 */
    }
}
```

树的孩子兄弟表示法获取二叉树输入结点的父结点可参考函数 Parent，对于二叉链表存储的树，需要借助于队列来存放结点，先从根结点开始入队列，然后出队列后检测其长子是否为给定的结点，若是则返回该结点；若不是，则该结点的长子入队列，并判断其长子的右兄弟是否为给定的结点，右兄弟中若有给定的结点，则同样返回该结点；否则继续循环下去，直到队列为空为止。

```c
TElemType Parent(CSTree T,TElemType cur_e)
{
    /*若cur_e是T的非根结点，则返回它的双亲，否则函数值为"空"*/
    CSTree p, t;
    LinkQueue q;
    InitQueue(&q);
    if (T) /* 树非空 */
    {
        if (Value(T) == cur_e) /* 根结点值为cur_e */
        {
            return NULL;
        }
        EnQueue(&q, T); /* 根结点入队 */
        while (!QueueEmpty(q))
        {
            DeQueue(&q, &p);
            if (p->firstchild) /* p有长子 */
            {
                if (p->firstchild->data == cur_e) /* 长子为cur_e */
                {
                    return Value(p); /* 返回双亲 */
                }
                t = p; /* 双亲指针赋给t */
                p = p->firstchild; /* p指向长子 */
```

```
            EnQueue(&q, p);  /* 入队长子 */
            while (p->nextsibling)  /* 有下一个兄弟 */
            {
                p = p->nextsibling;  /* p指向下一个兄弟 */
                if (Value(p) == cur_e)  /* 下一个兄弟为cur_e */
                {
                    return Value(t);  /* 返回双亲 */
                }
                EnQueue(&q, p);  /* 入队下一个兄弟 */
            }
        }
    }
    return NULL;  /* 树空或未找到cur_e */
}
```

树的孩子兄弟表示法获取指向某结点的指针可参考函数 Point，同获取输入结点的父结点 Parent 类似，此算法依然利用队列来查找输入结点，查到与输入值相同的结点后，返回指向输入结点的 CSTree 类型指针。队列的应用方法与 Parent 也类似，可参考 Parent 函数中的队列的使用方法。

```
CSTree Point(CSTree T,TElemType s)
{
    /* 返回二叉链表(孩子-兄弟)树T中指向元素值为s的结点的指针 */
    LinkQueue q;
    QElemType a;
    if (T)  /* 非空树 */
    {
        InitQueue(&q);              /* 初始化队列 */
        EnQueue(&q, T);             /* 根结点入队 */
        while (!QueueEmpty(q))      /* 队不空 */
        {
            DeQueue(&q, &a);        /* 出队,队列元素赋给a */
            if (a->data == s)
            {
                return a;
            }
            if (a->firstchild)      /* 有长子 */
            {
                EnQueue(&q, a->firstchild);  /* 入队长子 */
            }
            if (a->nextsibling)     /* 有下一个兄弟 */
            {
                EnQueue(&q, a->nextsibling);  /* 入队下一个兄弟 */
            }
        }
    }
    return NULL;
}
```

树的孩子兄弟表示法获取结点的长子可参考函数 LeftChild，利用上一小节介绍的 Point 函数,可以找到指向结点的指针,继而可以快速获取结点的左孩子。

```
TElemType LeftChild(CSTree T,TElemType cur_e)
{
    /*若cur_e是T的非叶子结点,则返回它的最左孩子,否则返回"空"*/
    CSTree tt;
    tt = Point(T, cur_e); /* tt指向结点cur_e */
    if (tt && tt->firstchild) /* 找到结点cur_e且结点cur_e有长子 */
    {
        return tt->firstchild->data;
    }
    else
    {
        return NULL;
    }
}
```

树的孩子兄弟表示法获取结点的右兄弟可参考函数 RightSibling,利用 Point 函数直接获取传递进来的 CSTree 类型结点的指针,然后输出其右孩子即可。

```
TElemType RightSibling(CSTree T,TElemType cur_e)
{
    /*若cur_e有右兄弟,则返回它的右兄弟,否则返回"空"*/
    CSTree tp;
    tp = Point(T,cur_e);        /* f指向结点cur_e */
    if (tp&&tp->nextsibling) /* 找到结点cur_e且结点有右兄弟 */
    {
        return tp->nextsibling->data;
    }
    else
    {
        return NULL; /* 树空 */
    }
}
```

树的孩子兄弟表示法将子树插入到原二叉树中可参考函数 InsertChild,首先初始化新树 InitTree 并创建新树 CreateTree,创建的新树作为插入原树的子树,新树的根结点的右孩子必须为空,然后将该子树插入到需要替换的结点处,并将原结点的子树插入到新生成结点的右子树中。

```
Status InsertChild(CSTree *T,CSTree p,int i,CSTree c)
{
    // 树T存在,p指向T中某个结点,1≤i≤p所指结点的度+1,
    // 非空树c与T不相交,插入c为T中p结点的第i棵子树
    int j;
    if (*T) /* T不空 */
    {
        if (i == 1) /* 插入c为p的长子 */
        {
            /* p的原长子现在是c的下一个兄弟(c本无兄弟) */
            c->nextsibling = p->firstchild;
            p->firstchild=c;
        }
        else /* 查找插入点 */
```

```
            {
                p = p->firstchild; /* 指向p的长子 */
                j = 2;
                while (p && j < i)
                {
                    p = p->nextsibling;
                    j++;
                }
                if (j == i) /* 找到插入位置 */
                {
                    c->nextsibling = p->nextsibling;
                    p->nextsibling = c;
                }
                else /* p原有孩子数小于i-1 */
                {
                    return ERROR;
                }
            }
            return OK;
        }
        else /* T空 */
        {
            return ERROR;
        }
    }
```

树的孩子兄弟表示法删除子树可参考函数DeleteChild，根据传入的树 T、结点指针 p 和子树号 i 进行操作。若删除的是长子(i=1)，则该长子的右兄弟应该取代原结点，作为结点 p 的长子；若删除的是非长子，由于孩子兄弟表示法存储树的特性，需要从长子开始依次查找第 i(i>1) 个孩子，查找到后使找到的结点的右兄弟替换为删除的孩子结点。

```
Status DeleteChild(CSTree *T,CSTree p,int i)
{
    // 初始条件：树T存在，p指向T中某个结点，1≤i≤p是所指结点的度
    // 操作结果：删除T中p所指结点的第i棵子树
    CSTree b;
    int j;
    if (*T) /* T不空 */
    {
        if (i == 1) /* 删除长子 */
        {
            b = p->firstchild;
            p->firstchild = b->nextsibling; // p的原次子现在是长子
            b->nextsibling = NULL;
            DestroyTree(&b);
        }
        else /* 删除非长子 */
        {
            p = p->firstchild; /* p指向长子 */
            j = 2;
            while (p && j < i)
```

```
                {
                    p = p->nextsibling;
                    j++;
                }
                if (j == i) /* 找到第i棵子树 */
                {
                    b = p->nextsibling;
                    p->nextsibling = b->nextsibling;
                    b->nextsibling = NULL;
                    DestroyTree(&b);
                }
                else /* p原有孩子数小于i */
                {
                    return ERROR;
                }
            }
            return OK;
        }
        else
        {
            return ERROR;
        }
    }
```

树的孩子兄弟表示法判断树是否为空时可参考函数 TreeEmpty，此函数较为简单，读者参考以下代码即可。

```
    Status TreeEmpty(CSTree T)
    {
        if (T) /* T不空 */
        {
            return FALSE;
        }
        else
        {
            return TRUE;
        }
    }
```

树的孩子兄弟表示法求树深度时可参考函数 TreeDepth，递归其所有子树，并设置最大值 max，当在子树中获取到的深度值大于当前 max 值时，则替换原 max 值，直到遍历完整棵树，找到树的深度为止。

```
    int TreeDepth(CSTree T)
    {
        /* 初始条件：树T存在。操作结果：返回T的深度 */
        CSTree p;
        int depth, max = 0;
        if (!T) /* 树空 */
        {
            return 0;
        }
```

```
    if (!T->firstchild) /* 树无长子 */
    {
        return 1;
    }
    for (p = T->firstchild; p; p = p->nextsibling)
    {
        /* 求子树深度的最大值 */
        depth = TreeDepth(p);
        if (depth > max)
        {
            max = depth;
        }
    }
    return max + 1; /* 树的深度=子树深度最大值+1 */
```

树的孩子兄弟表示法销毁树时可参考函数 DestroyTree，销毁过程中同样需要递归进行，当结点有长子或者兄弟子树时递归进入，直到递归到叶子结点，然后调用 free 函数释放子树中的根结点（由于调用 free 函数删除时，此子树为只含叶子结点的子树，因此实际为删除叶子结点）并将结点指针设置为空。

```
void DestroyTree(CSTree *T)
{
    if (*T)
    {
        if ((*T)->firstchild) /* T有长子 */
        {
            //销毁T的长子为根结点的子树
            DestroyTree(&(*T)->firstchild);
        }
        if ((*T)->nextsibling) /* T有下一个兄弟 */
        {
            //销毁T的下一个兄弟为根结点的子树
            DestroyTree(&(*T)->nextsibling);
        }
        free(*T); /* 释放根结点 */
        *T = NULL;
    }
}
```

树的孩子兄弟表示法返回结点值可参考函数 Value，获取根结点值可参考函数 Root。这两个函数较为简单，本书这里不再讲解，读者可参考以下代码：

```
TElemType Value(CSTree p)
{
    return p->data;
}


TElemType Root(CSTree T)
{
    if (T)
    {
```

```
            return Value(T);
        }
        else
        {
            return NULL;
        }
}
```

树的孩子兄弟表示法结点值替换可参考函数 Assign。前面讲解了获取指针函数 Point，因此可以利用 Point 函数获取到该结点的指针 p，然后利用 p->data 非常方便地给结点赋新值。

```
Status Assign(CSTree *T,TElemType cur_e,TElemType value)
{
    /*改cur_e为value */
    CSTree p;
    if (*T) /* 非空树 */
    {
        p = Point(*T, cur_e); /* p为cur_e的指针 */
        if (p) /* 找到cur_e */
        {
            p->data = value; /* 赋新值 */
            return OK;
        }
    }
    return ERROR; /* 树空或未找到 */
}
```

## 6.2 二叉树项目实训

二叉树（Binary Tree）是一种特殊的树形结构，其特点是每个结点的孩子结点树的度不超过 2，并且二叉树的子树有左右之分，顺序不能颠倒。

### 一、二叉树的基本操作

- 创建新二叉树；
- 取根结点值；
- 取双亲结点值；
- 求二叉树的深度；
- 插入子树；
- 删除子树；
- 求某结点的左孩子；
- 求某结点的右孩子；
- 求某结点的左兄弟；
- 求某结点的右兄弟；
- 判断树是否为空；
- 先序/中序/后序/层序遍历；
- 替换树中的结点的值；
- 销毁二叉树。

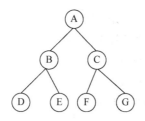

图 6.7 二叉树的示例

## 二、本节实训目的

1）用 C 或 C++ 语言实现本节所学的各种树结构及操作；
2）编写树的基本操作函数；
3）实现一个对二叉树进行各种操作的用户界面；
4）运行程序并对其进行测试。

## 三、二叉树的实现形式

- 二叉树的顺序存储；
- 二叉树的链式存储；
- 二叉树的线索存储。

### 6.2.1 二叉树的顺序存储

#### 一、二叉树的顺序存储结构特点

顺序存储二叉树是指利用一组连续的存储单元依次自上而下、从左到右存储完全二叉树上的结点，在存储过程中，将完全二叉树的结点编号为 i 的元素存储在如上定义的一维数组中下标为 i-1 的分量中，如图 6.8（a）为完全二叉树的树形结构，图 6.8（b）为其存储结构。

若二叉树为非完全二叉树，那么存储二叉树时要考虑到结点位置的唯一性和准确性，因此需要将非完全二叉树按照完全二叉树进行存储。对于树中为空的结点，存储时以"0"表示不存在此结点。如图 6.9（a）为一般二叉树树形结构，图 6.9（b）为其存储结构。

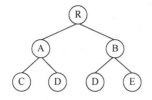

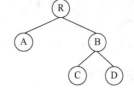

（a）完全二叉树树形结构　　　　　　　　　　（a）一般二叉树树形结构

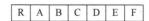

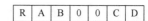

（b）完全二叉树顺序存储结构　　　　　　　　（b）一般二叉树顺序存储结构

图 6.8　完全二叉树的顺序存储结构　　　　图 6.9　一般二叉树的顺序存储结构

#### 二、实训项目要求

开发一个二叉树的顺序存储的操作程序，要求程序至少具备以下树的操作接口。
- InitBiTree（二叉树的初始化函数）；

- DeleteChild（二叉树的销毁&删除函数）；
- CreateBiTree（二叉树的创建函数）；
- Root（二叉树的取根结点函数）；
- Parent（二叉树的求父结点函数）；
- BiTreeDepth（二叉树的求树深度函数）；
- LeftChild（二叉树的求结点左孩子函数）；
- RightChild（二叉树的求结点右孩子函数）；
- LeftSibling（二叉树的求左兄弟函数）；
- RightSibling（二叉树的求右兄弟函数）；
- BiTreeEmpty（二叉树的判断是否为空树函数）；
- PreOrderTraverse（二叉树的先序遍历函数）；
- InOrderTraverse（二叉树的中序遍历函数）；
- PostOrderTraverse（二叉树的后序遍历函数）；
- LevelOrderTraverse（二叉树的层序遍历函数）；
- Assign（二叉树的结点值替换函数）；
- InsertChild（二叉树子树的插入函数）。

要求程序具有任用户选择操作的菜单，并支持以下菜单项。
- 二叉树的创建操作；
- 二叉树的取根结点操作；
- 二叉树的求父结点操作；
- 二叉树的求深度操作；
- 二叉树的子树插入&删除操作；
- 二叉树的求结点左孩子、右孩子操作；
- 二叉树的求结点左兄弟、右兄弟操作；
- 二叉树判断是否为空操作；
- 二叉树先序、中序和后序遍历操作；
- 二叉树的层序遍历操作；
- 二叉树的替换结点值操作；
- 二叉树的销毁操作。

实现二叉树的各种操作的用户界面如图 6.10 所示。

### 三、重要代码提示

在构造结构之前应该确定顺序存储二叉树的元素数据类型和存储树的容量大小，可参考以下代码。

```
#define MAX_TREE_SIZE 100 /* 二叉树的最大结点数 */
typedef TElemType SqBiTree[MAX_TREE_SIZE]; /* 0号单元存储根结点 */
typedef int QElemType;
```

二叉树的顺序存储中，必须为每个结点设定好其层号和本层序号（按满二叉树计算）。本项目中借助了队列的使用，队列的数据结构详见第 3 章或课后完整代码。

```
typedef struct
{
    int level,order;//结点的层,本层序号(按满二叉树计算)
```

} position;

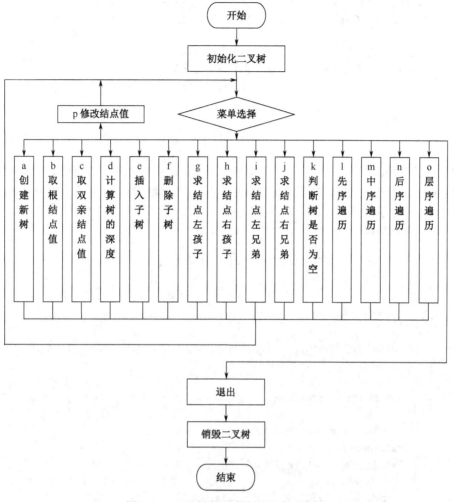

图 6.10　二叉树的顺序存储程序流程图

下面给出了构造二叉树顺序存储的参考函数 InitBiTree，函数利用循环语句对树中的每个结点进行了初始化。

```
void InitBiTree(SqBiTree T)
{
    int i;
    for (i = 0; i < MAX_TREE_SIZE; i++)
    {
        T[i] = NULL; /* 初值为空(NULL在主程中定义) */
    }
}
```

二叉树的顺序存储中创建二叉树可参考函数 CreateBiTree，在用户需要创建二叉树时，屏幕提示层序输入各结点，其中为空的结点直接用空格代替，程序读入结点后，将其存储到数组中。

```
void CreateBiTree(SqBiTree T)
{
    //根据输入内容直接存放到数组中
    int l, i = 0;
```

```c
    char s[MAX_TREE_SIZE];
    printf("请按层序输入结点的值(字符)，空格表示空结点, \
           结点数≤%d:\n", MAX_TREE_SIZE);
    getchar();
    gets(s);                    /* 输入字符串 */
    l = strlen(s);              /* 求字符串的长度 */
    for (; i < l; i++)          /* 将字符串赋值给T */
    {
        T[i] = s[i];
    }
}
```

二叉树的顺序存储中先序遍历参考函数 PreOrderTraverse，按照先序遍历对二叉树中的各个结点进行访问。访问过程中，结点的访问顺序根据顺序存储的特性来获得，如结点 e 的左子树结点为 2*e+1，右子树结点为 2*e+2，利用递归完成二叉树顺序存储的先序遍历即可。

```c
void PreOrderTraverse(SqBiTree T)
{
    // 先序遍历T,对每个结点访问一次且仅访问一次
    if (!BiTreeEmpty(T))                    /* 树不空 */
    {
        PreTraverse(T, 0);
    }
    printf("\n");
}

void PreTraverse(SqBiTree T, int e)
{
    /* PreOrderTraverse()调用 */
    VisitFunc(T[e]);
    if (T[2 * e + 1] != NULL)               /* 左子树不空 */
    {
        PreTraverse(T, 2 * e + 1);
    }
    if (T[2 * e + 2] != NULL)               /* 右子树不空 */
    {
        PreTraverse(T, 2 * e + 2);
    }
}
```

中序、后序遍历顺序存储二叉树算法与先序类似，重点在于访问函数 VisitFunc() 的位置。读者可根据先序函数自行完成中序和后序遍历函数，完整代码详见课后完整代码。

二叉树的顺序存储中获取输入结点的父结点的参考函数是 Parent，同样根据顺序存储二叉树的特性，可以较为方便地查找到其父结点，如查找到该结点所处的位置序号为 i，那么其父结点所处的位置为 (i+1)/2-1。若树为空或者没有找到该结点，则返回 FALSE。

```c
TElemType Parent(SqBiTree T,TElemType e)
{
    /*若e是T的非根结点,则返回它的双亲,否则返回"空" */
    int i;
    if (T[0] == NULL) /* 空树 */
    {
```

```
            return FALSE;
        }
        for (i = 1; i <= MAX_TREE_SIZE - 1; i++)
        {
            if (T[i]==e) /* 找到e */
            {
                return T[(i + 1) / 2 - 1];
            }
        }
        return NULL; /* 没找到e */
    }
```

二叉树顺序存储中获取某结点的左孩子可参考函数 LeftChild，同样利用顺序存储的位置对应关系，结点 i 的左孩子为 i*2+1。若树为空或者没有找到该结点，则返回 FALSE。

```
    TElemType LeftChild(SqBiTree T, TElemType e)
    {
        // 二叉树T存在，e是T中某个结点则返回e的左孩子。
        // 若e无左孩子,则返回"空"
        int i;
        if (T[0] == NULL) /* 空树 */
        {
            return FALSE;
        }
        for (i = 0; i <= MAX_TREE_SIZE-1; i++)
        {
            if (T[i] == e) /* 找到e */
            {
                return T[i*2 + 1];
            }
        }
        return FALSE; /* 没找到e */
    }
```

获取某结点的右孩子 RightChild 的基本思想与 LeftChild 算法类似，本书在此不再复述，详见课后完整代码。

二叉树的顺序存储中获取某结点的左兄弟的参考函数为 LeftSibling，若该结点存在并且为右孩子，则返回其左孩子，否则返回 FALSE。

```
    TElemType LeftSibling(SqBiTree T, TElemType e)
    {
        int i;
        if (T[0] == FALSE) /* 空树 */
        {
            return FALSE;
        }
        for (i = 1; i <= MAX_TREE_SIZE - 1; i++)
        {
            /* 找到e且其序号为偶数(是右孩子) */
            if (T[i] == e && i % 2 == 0)
            {
                return T[i - 1];
```

```
        }
    }
    return FALSE; /* 没找到e */
}
```

获取某结点的右兄弟 RightSibling 的基本思想与 LeftSibling 算法类似，本书在此不再复述，详见课后完整代码。

二叉树的顺序存储中将子树插入到原二叉树的参考函数为 InsertChild，首先创建新的二叉树，作为插入二叉树的子树，并且该子树的根结点的右孩子必须为空，然后将该子树插入到需要替换的结点处，并将原结点的子树插入到新生成结点的右子树中。

```
void InsertChild(SqBiTree T, TElemType p, int LR, SqBiTree c)
{
    /* 二叉树T存在，p是T中某个结点的值，LR为0或1，
       非空二叉树c与T不相交且右子树为空，根据LR为0或1，
       插入c为T中p结点的左或右子树。p结点的原有左或右子树
       则成为c的右子树 */
    int j, k, i = 0;
    for (j = 0; j < (int)pow(2, BiTreeDepth(T)) - 1; j++)
    {
        if (T[j] == p) /* j为p的序号 */
        {
            break;
        }
    }
    k = 2*j + 1 + LR; /* k为p的左或右孩子的序号 */
    if (T[k] != FALSE) /* p原来的左或右孩子不空 */
    {
        /* 把从T的k结点开始的子树移为从k结点的右子树开始的子树 */
        Move(T, k, T, 2*k + 2);
    }
    /* 把从c的i结点开始的子树移为从T的k结点开始的子树 */
    Move(c, i, T, k); }

void Move(SqBiTree q, int j, SqBiTree T, int i)
{
    /* 把从q的j结点开始的子树移为从T的i结点开始的子树 */
    if (q[2*j + 1] != NULL) /* q的左子树不空 */
    {
        /* 把q的j结点的左子树移为T的i结点的左子树 */
        Move(q, (2*j + 1), T, (2*i + 1));
    }
    if (q[2*j + 2] != NULL) /* q的右子树不空 */
    {
        /* 把q的j结点的右子树移为T的i结点的右子树 */
        Move(q, (2*j + 2), T, (2*i + 2));
    }
    T[i] = q[j]; /* 把q的j结点移为T的i结点 */
    q[j] = FALSE; /* 把q的j结点置空 */
}
```

二叉树顺序存储中将子树删除的参考函数为 DeleteChild，首先将层、本层序号转为矩阵的序号，如果该结点不存在，则返回 ERROR；否则先获取待删除子树的根结点，然后利用队列按深度优先将子树入队列，并进行删除。

```
Status DeleteChild(SqBiTree T, position p, int LR)
{
    /*根据LR为1或0，删除T中p所指结点的左或右子树 */
    int i;
    Status k = OK; /* 队列不空的标志 */
    LinkQueue q;
    InitQueue(q); /* 初始化队列，用于存放待删除的结点 */
    /* 将层、本层序号转为矩阵的序号 */
    i = (int)pow(2, p.level - 1) + p.order - 2;
    if (T[i] == FALSE) /* 此结点空 */
    {
        return ERROR;
    }
    i = i * 2 + 1 + LR; /* 待删除子树的根结点在矩阵中的序号 */
    while (k)
    {
        if (T[2 * i + 1] != NULL) /* 左结点不空 */
        {
            EnQueue(q, 2 * i + 1); /* 入队左结点的序号 */
        }
        if (T[2 * i + 2]!=NULL) /* 右结点不空 */
        {
            EnQueue(q, 2 * i + 2); /* 入队右结点的序号 */
        }
        T[i] = NULL; /* 删除此结点 */
        k = DeQueue(q, i); /* 队列不空 */
    }
    return OK;
}
```

二叉树的顺序存储中判断二叉树是否为空的参考函数为 BiTreeEmpty、计算二叉树深度的参考函数为 BiTreeDepth、获取二叉树根结点的参考函数为 Root、返回二叉树结点值的函数为 Value、更改结点值的参考函数为 Assign，这些函数较为简单，同学们可自行参阅。

```
Status BiTreeEmpty(SqBiTree T)
{
    //二叉树T存在。若T为空二叉树，则返回TRUE，否则返回FALSE
    if (T[0]==NULL) /* 根结点为空，则树空 */
    {
        return TRUE;
    }
    else
    {
        return FALSE;
    }
}
```

```c
int BiTreeDepth(SqBiTree T)
{
    /* 初始条件：二叉树T存在。操作结果：返回T的深度 */
    int i,j = -1;
    for (i = MAX_TREE_SIZE-1; i >= 0; i--) // 找到最后一个结点
    {
        if (T[i] != NULL)
        {
            break;
        }
    }
    i++; /* 为了便于计算 */
    do
    {
        j++;
    } while (i >= pow(2, j));
    return j;
}

TElemType Root(SqBiTree T)
{
    // 二叉树T存在。当T不空时，用e返回T的根，返回OK；
    // 否则返回ERROR，e无定义 */
    if (BiTreeEmpty(T)) /* T空 */
    {
        return ERROR;
    }
    else
    {
        return T[0];
    }
}

TElemType Value(SqBiTree T, position e)
{
    /*返回处于位置e(层,本层序号)的结点的值 */
    return T[(int)pow(2, e.level - 1) + e.order - 2];
}

Status Assign(SqBiTree T, position e, TElemType value)
{
    /*给处于位置e(层,本层序号)的结点赋新值value */
    /* 将层、本层序号转为矩阵的序号 */
    int i = (int)pow(2, e.level-1) + e.order - 2;
    if (value != NULL && T[(i + 1)/2 - 1] == NULL)
    {
        /* 给叶子赋非空值但双亲为空 */
        return ERROR;
    }
```

```
        else if (value == NULL && (T[i * 2 + 1] != NULL ||
                T[i * 2 + 2] != NULL))
    {
        /* 给双亲赋空值但有叶子(不空) */
        return ERROR;
    }
    T[i] = value;
    return OK;
}
```

二叉树的顺序存储中的层序遍历参考函数为 LevelOrderTraverse，由于创建过程中结点的输入是按照层序输入的，因此层序遍历只需要直接访问顺序空间结点即可，在此不再详细讲述，详见课后完整代码。

## 6.2.2 二叉树的链式存储

### 一、二叉树的链式存储结构特点

链式存储二叉树利用指针域来指向指定结点。根据设计的不同，可以有多个指针域的设计。一般来讲，表示二叉树的链表中的结点至少包含 3 个域：数据域和左、右指针域。数据域用于存放该结点数据，左、右指针域分别指向该结点的左、右孩子，如图 6.11（b）所示。有时为了便于查找双亲域，还会添加一个指向双亲结点的指针域，如图 6.11（c）所示。利用以上两种结点结构所得二叉树的存储结构分别称之为二叉链表树和三叉链表树。

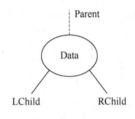

（a）二叉树结点数据结构

（b）含有两个指针域的结点结构　　　（c）含有三个指针域的结点结构

图 6.11　链式存储二叉树的存储结构

### 二、实训项目要求

开发一个二叉树的链式存储的操作程序，要求程序至少具备以下树的操作接口。
- InitBiTree（二叉树的初始化函数）；
- CreateBiTree（二叉树的创建函数）；
- DeleteBiTree（二叉树的销毁函数）；
- ClearBiTree（二叉树清除函数）；
- InsertChild（二叉树的子树插入函数）；
- BiTreeEmpty（二叉树的判断是否为空函数）；
- BiTreeDepth（二叉树深度函数）；

- Root（二叉树求根结点函数）;
- Parent（二叉树求父结点函数）;
- LeftChild（二叉树求结点左孩子函数）;
- RightClild（二叉树求结点右孩子函数）;
- LeftSibling（二叉树求结点左兄弟函数）;
- RightSibling（二叉树求结点右兄弟函数）;
- DeleteChild（二叉树的子树删除函数）;
- PreOrderTraverse（二叉树的先序遍历函数）;
- InOrderTraverse（二叉树的中序遍历函数）;
- PostOrderTraverse（二叉树的后序遍历函数）;
- LevelOrderTraverse（二叉树的层序遍历函数）;
- Assign（二叉树的结点值替换函数）。

要求程序具有任用户选择操作的菜单，并支持以下菜单项。
- 二叉树的创建操作；
- 二叉树的清除操作；
- 二叉树的子树插入操作；
- 二叉树的判断是否为空操作；
- 二叉树求深度操作；
- 二叉树求根结点操作；
- 二叉树求父结点操作；
- 二叉树求结点左孩子操作；
- 二叉树求结点右孩子操作；
- 二叉树求结点左兄弟操作；
- 二叉树求结点右兄弟操作；
- 二叉树的子树删除操作；
- 二叉树的先序遍历操作；
- 二叉树的中序遍历操作；
- 二叉树的后序遍历操作；
- 二叉树的层序遍历操作；
- 二叉树的结点值替换操作。

实现二叉树的各种操作的用户界面如图 6.12 所示。

### 三、重要代码提示

在构造结构之前应该确定链式存储二叉树的元素数据类型、结点结构类型，本例以含有两个指针域的结点作为实验对象，参考以下代码。

```
#define TElemType char
typedef struct BiTNode
{
    TElemType data;
    struct BiTNode *lchild, *rchild;
} BiTNode, *BiTree;
```

二叉树的链式存储初始化的参考函数为 InitBiTree，由于链式具有的特性，初始化过程较为简单，详细参考代码如下。

```
Status InitBiTree(BiTree &T)
{
    T = NULL;
    return TRUE;
}
```

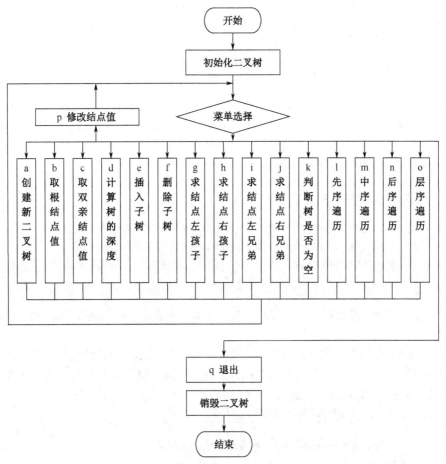

图 6.12　二叉树的链式存储程序流程图

二叉树的链式存储中创建二叉树的参考函数为 CreateBiTree，为已初始化的二叉树 T 输入结点值，输入过程中按照先序序列输入，对于空指针，设置为'#'。创建过程中为非'#'结点创建新的内存空间存放结点值，整个创建过程使用递归算法进行。

```
Status CreateBiTree(BiTree *T)
{
    //此处参数应该用指针的指针表示,应为它赋改变指向二叉树根的那个指针
    char ch;
    getchar();//清除输入前的回车符
    ch = getchar();   //获取结点值
    if (ch == '#' || ch == ' ')
    {
        *T = NULL;
    } /* #代表空指针*/
```

```
        else
        {
            if (!((*T) = (BiTree)malloc(sizeof(BiTNode))))
            {
                return FALSE;
            }
            (*T)->data = ch;
            CreateBiTree(&(*T)->lchild);
            CreateBiTree(&(*T)->rchild);
        }
        return TRUE;
    }
```

二叉树的链式存储中先序遍历参考函数为PreOrderTraverse，按照先序遍历对二叉树中的各个结点进行访问。使用递归方法时，首先访问该结点，然后递归调用函数访问其左子树，继续递归调用函数访问其右子树，直至整棵树全部访问完毕。

```
    void PreOrderTraverse(BiTree T)
    {
        if (!BiTreeEmpty(T))            // T不空
        {
            Visit(T->data);                      // 先访问根结点
            PreOrderTraverse(T->lchild);         // 再先序遍历左子树
            PreOrderTraverse(T->rchild);         // 最后先序遍历右子树
        }
    }
```

中序、后序遍历顺序存储二叉树算法与先序类似，重点在于访问函数Visit的位置，详见课后完整代码。

二叉树的链式存储层序遍历参考函数为LevelOrderTraverse，首先将根结点入队列，然后开始判断队列是否为空，若不空，则弹出队列元素进行访问，访问后再判断该结点是否有左右孩子，再以左右顺序入队列，依次循环，直至队列为空为止，详见如下代码。

```
    void LevelOrderTraverse(BiTree T)
    {
        // 层序递归遍历T(利用队列,需要预先编辑队列算法)
        LinkQueue q;
        QElemType a;
        if (T)
        {
            InitQueue(q);
            EnQueue(q, T);
            while (!QueueEmpty(q))
            {
                DeQueue(q,a);
                Visit(a->data);
                if (a->lchild != NULL)
                {
                    EnQueue(q, a->lchild);
                }
                if (a->rchild != NULL)
                {
```

```
                EnQueue(q, a->rchild);
            }
        }
        printf("\n");
    }
    DestroyQueue(q);
}
```

二叉树的链式存储中获取输入结点的父结点的参考函数为 Parent，查找父结点过程中需要借助于队列来存放结点，将树中的结点从树根开始按照深度优先依次放入队列，对队列中弹出的元素判断其左孩子或者右孩子是否为指定的结点，若找到该结点则返回，若树空或未找到该结点，则返回 FALSE。

```
TElemType Parent(BiTree T,TElemType e)
{
    /* 若e是T的非根结点，则返回它的双亲，否则返回"空" */
    LinkQueue q;
    QElemType a;
    if (!BiTreeEmpty(T)) /* 非空树 */
    {
        InitQueue(q); /* 初始化队列 */
        EnQueue(q, T); /* 树根指针入队 */
        while (!QueueEmpty(q)) /* 队不空 */
        {
            DeQueue(q,a); /* 出队，队列元素赋给a */
            if (a->lchild && a->lchild->data == e ||
                a->rchild && a->rchild->data == e)
            {
                /* 找到e(是其左或右孩子) */
                return a->data; /* 返回e的双亲的值 */
            }
            else /* 未找到e，则入队其左右孩子指针(如果非空) */
            {
                if (a->lchild)
                {
                    EnQueue(q,a->lchild);
                }
                if (a->rchild)
                {
                    EnQueue(q,a->rchild);
                }
            }
        }
    }
    return FALSE; /* 树空或未找到e */
}
```

二叉树的链式存储中获取指向某结点的指针的参考函数为 Point，同获取输入结点的父结点 Parent 的思想类似，此算法利用深度优先入队列来查找输入结点，等到查找到与输入值相同的结点后，返回指向输入结点的指针；否则无此结点，返回 NULL。

```
BiTree Point(BiTree T, TElemType s)
```

```
{
    /* 返回二叉树T中指向元素值为s的结点的指针*/
    LinkQueue q;
    QElemType a;
    if (!BiTreeEmpty(T))  /* 非空树 */
    {
        InitQueue(q);      /* 初始化队列 */
        EnQueue(q, T);     /* 根指针入队 */
        while (!QueueEmpty(q))  /* 队不空 */
        {
            DeQueue(q, a);  /* 出队，队列元素赋给a */
            if (a->data == s)
            {
                return a;
            }
            if (a->lchild)
            {
                EnQueue(q, a->lchild);  /* 有左孩子，入队左孩子 */
            }
            if (a->rchild)
            {
                EnQueue(q, a->rchild);  /* 有右孩子，入队右孩子 */
            }
        }
    }
    return NULL;
}
```

二叉树的链式存储中获取某结点的左孩子可参考函数 LeftChild,利用上一小节介绍的 Point 函数，可以快速找到指向输入结点的指针，继而可以快速获取结点的左孩子。

```
TElemType LeftChild(BiTree T,TElemType e)
{
    /* e是T中某个结点，返回e的左孩子。若e无左孩子,则返回"空" */
    BiTree a;
    if (!BiTreeEmpty(T))      /* 非空树 */
    {
        a = Point(T, e);      /* a是结点e的指针 */
        if (a && a->lchild)   /* T中存在结点e且e存在左孩子 */
        {
            return a->lchild->data;  /* 返回e的左孩子的值 */
        }
    }
    return FALSE;  /* 其余情况返回空 */
}
```

二叉树的链式存储中获取某结点的右孩子 RightChild 的基本思想与 LeftChild 算法类似，本书在此不再复述，详见课后完整代码。

二叉树的链式存储中获取某结点的左兄弟的参考函数为 LeftSibling,同样，利用前面介绍的 Parent 函数可快速获取到该结点的父结点的值，再利用 Point 函数获取到指向该结点的父结点的指针，最后判断此结点是否为其父结点的右孩子并且该父结点的左孩子是否存在，如果满足以上条件，则返回其左兄弟，否则返回 FALSE。

```
    TElemType LeftSibling(BiTree T,TElemType e)
    {
        //返回e的左兄弟。若e是T的左孩子或无左兄弟，则返回 " 空 "
        TElemType a;
        BiTree p;
        if (!BiTreeEmpty(T))       /* 非空树 */
        {
            a = Parent(T, e);      /* a为e的双亲 */
            if (a != FALSE)        /* 找到e的双亲 */
            {
                p = Point(T, a);   /* p为指向结点a的指针 */
                if (p->lchild && p->rchild && p->rchild->data == e)
                {
                    /*p存在左右孩子且右孩子是e */
                    /*返回p的左孩子(e的左兄弟) */
                    return p->lchild->data;
                }
            }
        }
        return FALSE; /* 其余情况返回空 */
    }
```

二叉树的链式存储中获取某结点的右兄弟 RightSibling 的基本思想与 LeftSibling 算法类似，本书在此不再复述，详见课后完整代码。

二叉树的链式存储中将子树插入到原二叉树的参考函数为 InsertChild，首先创建新的二叉树 c，作为插入二叉树的子树，并且该子树 c 的根结点的右孩子必须为空。根据输入提示，判断插入结点的左子树还是右子树。若 LR==0，则插入左子树，直接将子树 c 的右孩子指向该结点 p 的左孩子，并将结点 p 的左孩子指向子树 c 即可；若 LR==1，则插入右子树，详见如下代码。

```
    Status InsertChild(BiTree p, int LR, BiTree c)  // 形参T无用
    {
        // 根据LR为0或1,插入c为T中p所指结点的左或右子树
        // p所指结点的原有左或右子树成为c的右子树
        if (!BiTreeEmpty(p))  // p不空
        {
            if (LR == 0)
            {
                c->rchild = p->lchild;
                p->lchild = c;
            }
            else // LR == 1
            {
                c->rchild = p->rchild;
                p->rchild = c;
            }
            return OK;
        }
        return ERROR;  // p空
    }
```

二叉树的链式存储中将子树删除的参考函数为 DeleteChild，删除过程中实际上是调用函数 DeleteBiTree 来进行的，而 DeleteBiTree 则通过递归来删除并释放结点空间。

```c
Status DeleteChild(BiTree T, int LR) // 形参T无用
{
    //根据LR为0或1,删除T中p所指结点的左或右子树
    if (!BiTreeEmpty(T)) // T不空
    {
        if (LR == 0) // 删除左子树
        {
            DeleteBiTree(&T->lchild);
        }
        else // 删除右子树
        {
            DeleteBiTree(&T->rchild);
        }
        return OK;
    }
    return ERROR; // p空
}

void DeleteBiTree(BiTree *T)
{
    //删除二叉树(条件：二叉树存在)
    if (*T)
    {
        if ((*T)->lchild)
        {
            DeleteBiTree(&(*T)->lchild);
        }
        if ((*T)->rchild)
        {
            DeleteBiTree(&(*T)->rchild);
        }
        free(*T);
        (*T) = NULL;
    }
}
```

二叉树的链式存储中判断二叉树是否为空的参考函数为 BiTreeEmpty、计算二叉树深度的参考函数为 BiTreeDepth、获取二叉树根结点的参考函数为 Root、返回二叉树结点值函数为 Value、更改结点值的参考函数为 Assign、二叉树清除函数为 ClearBiTree，这些函数较为简单，同学们可自行参阅。

```c
Status BiTreeEmpty(BiTree T)
{
    //判定二叉树是否为空,为空,则返回TRUE,否则返回FALSE
    if (T)
    {
        return FALSE;
    }
```

```c
        else
        {
            return TRUE;
        }
}

int BiTreeDepth(BiTree T)
{
    //返回二叉树的深度
    int max, k, j;
    if (T)
    {
        k = BiTreeDepth(T->lchild);
        j = BiTreeDepth(T->rchild);
        max = k>j ? k : j;
        return (max + 1);
    }
    else
    {
        return 0;
    }
}

TElemType Root(BiTree T)
{
    if (BiTreeEmpty(T))
    {
        return FALSE;
    }
    else
    {
        return T->data;
    }
}

TElemType Value(BiTNode node)  //求给定结点的值
{
    return node.data;
}

void Assign(BiTree T, TElemType value)  //为给定结点赋值
{
    T->data = value;
}

void ClearBiTree(BiTree T)       //清空二叉树(条件，二叉树存在)
{
    DeleteBiTree(&T);
}
```

二叉树的三叉链表大致上与二叉树的二叉链表项目类似，区别在于数据结构不同，三叉链表的优点在于查找父结点的便捷性。其数据结构和算法本书中不再讲述，课后有完整代码，感兴趣的读者可以参阅。

### 6.2.3 线索二叉树

#### 一、线索二叉树结构特点

前面一节讲过，用二叉链表存储包含 n 个结点的二叉树，结点必有 2n 个链域。除根结点外，二叉树中每一个结点有且仅有一个双亲，即每个结点地址占用了双亲的一个链域，n 个结点地址共占用了 n−1 个指针域。也就是说，只会有 n−1 个链域存放指针。所以，空指针数目 =2n−(n−1)=n+1 个。

对二叉树进行某种遍历之后，将得到一个线性有序的序列。

例如，对某二叉树的中序遍历结果是 BDCEAFHG，意味着已将该树转为线性排列，显然其中结点具有唯一前驱和唯一后继。

二叉树中容易找到结点的左右孩子信息，但该结点的直接前驱和直接后继只能在某种遍历过程中动态获得。

先依遍历规则把每个结点对应的前驱和后继线索预存起来，这叫做"线索化"。

意义：从任一结点出发都能快速找到其前驱和后继，且不必借助堆栈。

线索二叉树是在以二叉链表作为基础的同时，增加了两个标志域：LTag 和 RTag，如图 6.13 所示。

| Lchild | LTag | Data | RTag | Rchild |

图 6.13 线索二叉树结点数据结构

其中：

$$LTag = \begin{cases} 0: & \text{Lchild域指向孩子} \\ 1: & \text{Lchild域指向线索} \end{cases}$$

$$RTag = \begin{cases} 0: & \text{Rchild域指向孩子} \\ 1: & \text{Rchild域指向线索} \end{cases}$$

线索化的过程就是在遍历中修改空指针的过程，即将空的 Lchild 改为结点的直接前驱；将空的 Rchild 改为结点的直接后继。

非空指针仍然指向孩子结点（称为"正常情况"）。图 6.14 是一棵中序线索化的树。线索化过程中，生成了头结点，对 LTag 和 RTag 进行了设置。图中实线指针指向左右孩子结点，虚线指针则为线索化生成的前驱和后继结点。例如，当查找某结点的前驱时，根据线索的特性，应该是访问该结点之前访问的那个结点，若其左标志 LTag=1，则左链为线索，指向其前驱结点；若其左标志 LTag=0，则其前驱为遍历左子树时最后访问的那个结点，即为左子树中最右下角的结点。本例中，B 结点的 LTag=0，因此其前驱为其左子树中最后访问的那个结点 I。而后继结点规律如下：若 RTag=1，则右链为线索，指向其后继结点；若 RTag=0，则为访问结点的右子树的第一个访问结点，即为右子树的最左下角的那个结点。例如，A 结点的 RTag=0，则其后继结点为其右子树的最左下角的结点 F。

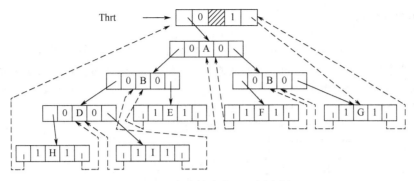

图 6.14 中序线索化二叉树实例

## 二、实训项目要求

开发一个二叉树的链式存储的操作程序，要求程序至少具备以下树的操作接口。
- PreOrderThreading（二叉树的先序线索化函数）；
- InOrderThreading（二叉树的中序线索化函数）；
- PostOrderThreading（二叉树的后序线索化函数）。

要求程序具有任用户选择操作的菜单，并支持以下菜单项。
- 二叉树的先序线索化操作；
- 二叉树的中序线索化操作；
- 二叉树的后序线索化操作。

实现二叉树的各种操作的用户界面如图 6.15 所示。

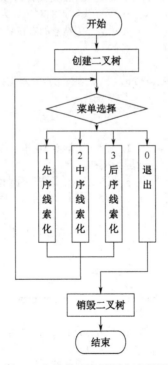

图 6.15 线索二叉树程序流程图

## 三、重要代码提示

在构造结构之前应该确定线索化二叉树的数据类型、结点结构类型。线索化二叉树操作在原有的含有两个指针域结点结构的基础上增加了两个标志域——LTag 和 RTag，参考以下代码。

```c
#define TElemType char
typedef enum{Link, Thread}PointerTag;
/* Link==0,为指针,Thread==1,为线索 */
typedef struct BiThrNode
{
    TElemType data;
    struct BiThrNode *lchild, *rchild; // 左右孩子指针
    PointerTag LTag, RTag; // 左右标志
} BiThrNode, *BiThrTree;
```

线索二叉树中先序线索化参考函数 PreOrderThreading 是先在原树基础上增加一个头结点，然后为结点增加前驱和后继指针，以保证快速找到先序遍历的前驱和后继结点。

```c
void PreOrderThreading(BiThrTree *Thrt, BiThrTree T)
{
    // 先序线索化二叉树,头结点的右指针指向先序遍历的最后1个结点
    *Thrt = (BiThrTree)malloc(sizeof(BiThrNode));
    if (!*Thrt) /* 生成头结点 */
    {
        exit(OVERFLOW);
    }
    (*Thrt)->LTag = Link; /* 头结点的左指针为孩子 */
    (*Thrt)->RTag = Thread; /* 头结点的右指针为线索 */
    (*Thrt)->rchild = *Thrt; /* 头结点的右指针指向自身 */
    if (!T) /* 空树 */
    {
        (*Thrt)->lchild=*Thrt; /* 头结点的左指针也指向自身 */
    }
    else/* 非空树 */
    {
        (*Thrt)->lchild = T; /* 头结点的左指针指向根结点 */
        pre = *Thrt; /* 前驱为头结点 */
        PreThreading(T); /* 从头结点开始先序递归线索化 */
        pre->rchild = *Thrt; /* 最后一个结点的后继指向头结点 */
        pre->RTag = Thread;
        (*Thrt)->rchild = pre; /* 头结点的后继指向最后一个结点 */
    }
}

void PreThreading(BiThrTree p) // PreOrderThreading()调用
{
    if (!pre->rchild)         //p的前驱没有右孩子
    {
        pre->rchild = p;      //p前驱的后继指向p
        pre->RTag = Thread;   //pre的右孩子为线索
    }
    if (!p->lchild)           // p没有左孩子
```

```
        {
            p->LTag = Thread;      // p的左孩子为线索
            p->lchild = pre;       // p的左孩子指向前驱
        }
        pre = p;  // 移动前驱
        if (p->LTag == Link)       // p有左孩子
        {
            /*对p的左孩子递归调用PreThreading()*/
            PreThreading(p->lchild);
        }
        if (p->RTag == Link)       // p有右孩子
        {
            /* 对p的右孩子递归调用PreThreading()*/
            PreThreading(p->rchild);
        }
    }
```

线索二叉树中中序线索化参考函数 InOrderThreading 与先序线索化函数类似，中序线索化的目的也是利用前驱和后继指针迅速找到中序遍历的前驱和后继。线索化过程中依然先创建头结点，再按照中序序列对逐个结点进行线索指针设置。

```
void InOrderThreading(BiThrTree *Thrt,BiThrTree T)
{
    //中序遍历二叉树T，并将其中序线索化，Thrt指向头结点
    *Thrt = (BiThrTree)malloc(sizeof(BiThrNode));
    if (!*Thrt)// 生成头结点不成功
    {
        exit(OVERFLOW);
    }
    (*Thrt)->LTag = Link;     // 创建头结点，左标志为指针
    (*Thrt)->RTag = Thread;   // 右标志为线索
    (*Thrt)->rchild = *Thrt;  // 右指针回指
    if (!T)  // 若二叉树空，则左指针回指
    {
        (*Thrt)->lchild = *Thrt;
    }
    else
    {
        (*Thrt)->lchild = T;   //头结点的左指针指向根结点
        pre = *Thrt;  // pre(前驱)的初值指向头结点
        // 中序遍历进行中序线索化，pre指向中序遍历的最后一个结点
        InThreading(T);
        pre->rchild = *Thrt;   // 最后一个结点的右指针指向头结点
        pre->RTag = Thread;    // 最后一个结点的右标志为线索
        // 头结点的右指针指向中序遍历的最后一个结点
        (*Thrt)->rchild = pre;
    }
}

void InThreading(BiThrTree p)
{
```

```
    // 二叉树中序线索化，线索化之后pre指向最后一个结点
    if (p) // 线索二叉树不空
    {
        InThreading(p->lchild);   // 递归左子树线索化
        if (!p->lchild) // 没有左孩子
        {
            p->LTag = Thread;     // 左标志为线索(前驱)
            p->lchild = pre;      // 左孩子指针指向前驱
        }
        if (!pre->rchild)         // 前驱没有右孩子
        {
            pre->RTag = Thread;   // 前驱的右标志为线索(后继)
            pre->rchild = p;      // 前驱右孩子指针指向其后继(当前结点p)
        }
        pre = p; // 保持pre指向p的前驱
        InThreading(p->rchild);   // 递归右子树线索化
    }
}
```

线索二叉树中后序线索化参考函数 PostThreading 同样是利用前驱和后继指针迅速找到后序遍历的前驱和后继。但是后序线索化中查找结点的后继较为复杂，分为以下 3 种情况：若结点 x 是二叉树的根，则后继为空；若结点 x 是其双亲结点的右孩子，或者其双亲结点的左孩子且其不存在右孩子，则其后继即为其双亲结点；若结点 x 是其双亲结点的左孩子，且其双亲有右孩子，则其后继为双亲右子树上按后序遍历的第一个结点。详细设计过程见以下代码。

```
void PostThreading(BiThrTree p)
{
    /* PostOrderThreading()调用的递归函数 */
    if (p) /* p不空 */
    {
        /* 对p的左孩子递归调用PostThreading() */
        PostThreading(p->lchild);
        /* 对p的右孩子递归调用PostThreading() */
        PostThreading(p->rchild);
        if (!p->lchild) /* p没有左孩子 */
        {
            p->LTag = Thread; /* p的左孩子为线索 */
            p->lchild = pre; /* p的左孩子指向前驱 */
        }
        if (!pre->rchild) /* p的前驱没有右孩子 */
        {
            pre->RTag = Thread; /* p前驱的右孩子为线索 */
            pre->rchild = p; /* p前驱的后继指向p */
        }
        pre = p; /* 移动前驱 */
    }
}

void PostOrderThreading(BiThrTree *Thrt,BiThrTree T)
{
```

```
    /* 后序递归线索化二叉树 */
    *Thrt = (BiThrTree)malloc(sizeof(BiThrNode));
    if (!*Thrt) /* 生成头结点 */
    {
        exit(OVERFLOW);
    }
    (*Thrt)->LTag = Link; /* 头结点的左指针为孩子 */
    (*Thrt)->RTag = Thread; /* 头结点的右指针为线索 */
    if (!T) /* 空树 */
    {
        /* 头结点的左右指针指向自身 */
        (*Thrt)->lchild=(*Thrt)->rchild=*Thrt;
    }
    else /* 非空树 */
    {
        /* 头结点的左右指针指向根结点(最后一个结点) */
        (*Thrt)->lchild = (*Thrt)->rchild = T;
        pre = *Thrt; /* 前驱为头结点 */
        PostThreading(T); /* 从头结点开始后序递归线索化 */
        if (pre->RTag != Link) /* 最后一个结点没有右孩子 */
        {
            pre->rchild = *Thrt; // 最后一个结点的后继指向头结点
            pre->RTag = Thread;
        }
    }
}
```

## 6.3 树和二叉树应用项目

**问题描述**

哈夫曼（Huffman）树又称最优二叉树，是一类带全路径长度最短的树，应用范围较广。在哈夫曼树上，左分支为0，右分支为1，从根结点开始，直到叶子结点所组成的编码序列，称为叶子结点的哈夫曼编码。

从二叉树根结点到所有叶子结点的路径长度与相应叶子结点权值的乘积称为结点带权路径长度，树的带权路径长度即为树中所有叶子结点的带权路径长度之和，记为 WPL。

构造 Huffman 树的步骤（即 Huffman 算法）如下。

1）由给定的 n 个权值$\{w_1,w_2,...,w_n\}$构成 n 棵二叉树的集合 $F=\{T_1,T_2,...,T_n\}$（即森林），其中，每棵二叉树 $T_i$ 中只有一个带权为 $w_i$ 的根结点，其左右子树均空。

2）在 F 中选取两棵根结点权值最小的树作为左右子树构造一棵新的二叉树，且让新二叉树根结点的权值等于其左右子树的根结点权值之和。

3）在 F 中删除这两棵树，同时将新得到的二叉树加入到 F 中。

4）重复步骤2）和步骤3），直到 F 中只含一棵树为止。这棵树便是 Huffman 树。

**算法详解**

Huffman 树结点数据结构中包含权重、父结点、左孩子和右孩子四个 int 型的属性；HuffmanCode 则为 char 数据类型。

```
typedef struct
{
    int weight;
    int parent, lchild, rchild;
} HTNode, *HuffmanTree;//哈夫曼树结点结构
typedef char **HuffmanCode;
```

定义数据结构后，需要对输入的字符串计算每个字符的权值，计算权值参考函数 Calculate_weight。依次对每个元素按顺序计算，并将计算结果放入数组 A[]中。此算法利用了容易理解的双重循环语句来实现。

```
void Calculate_weight(char a[], char b[], int m, int n, int *w)
{
    int i, j;
    for (i = 0; i < n; i++)
    {
        for (j = 0; j < m; j++)
        {
            if (b[i] == a[j])
            {
                A[i + 1] = w[i + 1]++;
            }
        }
    }
}
```

构建 Huffman 二叉树可参考函数 Select，作用是在 HT[1,2,...i-1]中选择 parent 为 0 且 weight 最小的两个结点，其序号分别为 t1 和 t2。

```
void FindNode(HuffmanTree HT,int n,int &t1,int &t2)
{
    //构建Huffman二叉树
    HT[0].weight = 100;
    t1 = 0;
    t2 = 0;
    for (int i = 1; i <= n; ++i)
    {
        if (HT[i].parent == 0)
        {
            if (HT[i].weight < HT[t2].weight)
            {
                if (HT[t2].weight < HT[t1].weight)
                {
                    t1 = t2;
                }
                t2 = i;
            }
            else if (HT[i].weight < HT[t1].weight)
            {
                t1 = t2;
                t2 = i;
            }
```

            }
        }
    }

哈夫曼树编码参考函数为 HuffmanCoding，它主是为哈夫曼二叉树进行编码，构造哈夫曼二叉树 HT，并求出 n 个字符的哈夫曼编码 HC。其中，此函数本身调用了子函数 FindNode 和子函数 output_tree_info。在这个程序中，此子函数 HuffmanCoding 为最重要的子函数。它不但分配了 Huffman 二叉树结点的空间，且记录了每个结点的内容。它还从叶子到根逆向求出了每个字符的哈夫曼编码。

```c
void HuffmanCoding(HuffmanTree &HT,HuffmanCode &HC,int*w,int n)
{
    // 用于w存放n个字符的权值(均>0)，构造哈夫曼树HT，
    // 并求出n个字符的哈夫曼编码HC
    int m, i, t1, t2, start;
    unsigned c, f;
    HuffmanTree p;
    char *cd;
    m = 2*n - 1;
    HT = (HuffmanTree)malloc((m + 1)*sizeof(HTNode));
    for (p = HT + 1, i = 1; i <= n; ++i, ++p) // 前n个结点初始化
    {
        p->weight = w[i];
        p->parent = 0;
        p->lchild = 0;
        p->rchild = 0;
    }
    for (; i <= m; ++i,++p) // 第n+1个顶点到第2n-1个顶点初始化
    {
        p->weight = 0;
        p->parent = 0;
        p->lchild = 0;
        p->rchild = 0;
    }
    for (i = n + 1; i <= m; ++i) // 构建哈夫曼树
    {
        FindNode(HT, i - 1, t1, t2);
        HT[t1].parent = i;
        HT[t2].parent = i;
        HT[i].lchild = t1;
        HT[i].rchild = t2;
        HT[i].weight = HT[t1].weight + HT[t2].weight;
    }
    output_tree_info(HT, m);//将树结构写入文件
    //求每个字符的哈夫曼编码(从叶子结点到根结点逆向进行)
    HC = (HuffmanCode)malloc((n + 1)*sizeof(char*));
    cd = (char*)malloc(n*sizeof(char));//分配求编码的工作空间
    cd[n - 1] = '\0';//编码结束符
    for (i = 1; i <= n; i++)//逐个字符求哈夫曼编码
    {
```

```cpp
            start = n - 1;//编码结束符位置
            for (c = i, f = HT[i].parent; f != 0;
              c = f, f = HT[f].parent)//从叶子到根求编码
            {
                if (HT[f].lchild == c)
                {
                    cd[--start] = '0';
                }
                else
                {
                    cd[--start] = '1';
                }
            }
            //为第i个字符分配空间
            HC[i] = (char*)malloc((n - start) * sizeof(char));
            strcpy(HC[i], &cd[start]);//从cd复制编码串到HC中
        }
        free(cd);//释放工作空间
    }
```

参考函数 output_tree_info 和 output_code_info 分别是用来将 Huffman 二叉树的结构写入 output_tree_info.txt 和将 Huffman 编码表写入 output_tree_info.txt 文件的。

```cpp
    void output_tree_info(HuffmanTree HT,int m)
    {
        //将Huffman二叉树的结构表存入文件output_tree_info.txt
        int i;
        //写入output_tree_ info文件
        ofstream outfile("output_tree_info.txt");
        outfile<<"编号  权重  父结点  左孩子  右孩子"<<endl;
        for (i=1;i<=m;i++)
        {
            outfile<<i<<"\t";
            outfile << HT[i].weight << "\t";
            outfile << HT[i].parent << "\t";
            outfile << HT[i].lchild << "\t";
            outfile << HT[i].rchild << endl;
        }
    }

    void output_code_info(char b[], HuffmanCode HC, int n)
    {
        // 将Huffman编码表存入output_code_info.txt文件
        int i;
        //写入output_code_ info文件
        ofstream outfile("output_code_info.txt");
        outfile << "编码表:" << "\t" << "编码频度" << endl;
        for (i = 1; i <= n; i++)
        {
            outfile << b[i - 1] << ":" <<
                HC[i] << "\t" << A[i] + 1 << endl;
```

        }
    }

输出字符串的哈夫曼编码参考函数是 Output_HuffmanCoding，这个子函数对 HC 中的值进行输出。

```cpp
void Output_HuffmanCoding(char a[], char b[], int m,
                          int n, HuffmanCode HC)
{
    //输出Huffman编码
    int i, j;
    printf("字符串转换成的Huffman编码如下:\n");
    for (i = 0; i < m; i++)
    {
        for (j = 0; j < n; j++)
        {
            if (a[i] == b[j])
            {
                cout << HC[j + 1] << "\t";
            }
        }
    }
    cout << endl;
}
```

对编码后的数据进行解码可参考函数 Output_HuffmanCoding，根据输入的二进制代码和哈夫曼树，可将代码转换成对应的字符。

```cpp
void HuffmanDecoding(int n, char b[], HuffmanTree HT)
{
    //对编码的二进制串进行解码
    int m = 2 * n - 1;
    int i = m;
    char c;
    printf("\n请输入一串编码:\n");
    cin >> c;
    printf("\n所得译码为:\n");
    while ((c == '0') || (c == '1'))//判断是否为合法字符
    {
        if (c == '0')
        {
            i = HT[i].lchild;//继续向左查找
        }
        else
        {
            i=HT[i].rchild;//继续向右查找
        }
        if (HT[i].lchild == 0)//直到分支的末端
        {
            printf("%c",b[i - 1]);//输出对应的符号
            i = m;//重新开始查找下一个
        }
        cin >> c;
```

```
    }
    printf("\n");
}
```

在主函数 main 运行中,先由键盘输入一串字符数组,用 m 来记录字符串个数,n 来记录字符串中不同字符的个数;把不同字符赋值给数组 b[];调用函数 Calculate_weight 计算不同字符的个数;调用 HuffmanCoding 函数,构造 Huffman 二叉树 HT,并求出 Huffman 编码 HC;调用 Output_HuffmanCoding 函数,输出编码 HC;调用 HuffmanDecoding(),对输入的二进制编码进行解码。

```
void main()
{
    HuffmanTree HTree;
    HuffmanCode HCode;
    char a[100], b[100];//a为输入的字符串
    int i = 0, j = 0, len = 0, n = 0, *w;
    printf("请任意输入一组字符:\n");
    gets(a);
    len = strlen(a);//len为长度
    for (i = 0; i < len; i++)
    {
        for (j = 0; j < i; j++)
        {
            if ((i < len) && (a[j] == a[i]))
            {
                i++;
                j = -1;
            }
        }
        if (i < len)
        {
            b[n] = a[i];
            n++;
        }
    }
    w = (int*)malloc((n + 1)*sizeof(int));
    for (i = 1; i <= n; i++)
    {
        w[i]=0;
    }
    Calculate_weight(a, b, len, n, w);
    HuffmanCoding(HTree, HCode, w, n);
    output_code_info(b, HCode, n);
    printf("\nHuffman各个字符的详细编码如下:\n");
    printf("编码表:\t编码频度:\n");
    for (i = 1; i <= n; i++)
    {
        cout << b[i - 1] << ":" << HCode[i] << "\t"
             << A[i] + 1 << endl;
    }
```

```
    Output_HuffmanCoding(a, b, len, n, HCode);//输出Huffman编码
    HuffmanDecoding(n, b, HTree);//对编码的二进制串进行解码
}
```

## 6.4 树和二叉树项目实训拓展

1）树和二叉树是两种不同的数据结构，树实现起来比较麻烦，二叉树实现起来比较容易，因此，可以通过把树转换为二叉树进行处理，处理完后再将二叉树还原为树。

要求：
① 实现树与二叉树的相互转换；
② 树的先序、后序的递归遍历；
③ 包含树的创建。

2）利用哈夫曼编码，实现压缩和解压缩。

对于给定的一组字符，可以根据其权值进行哈夫曼编码，能输出对应的哈夫曼树和哈夫曼编码，并能实现哈夫曼解码。

要求：
① 能够分析文件，统计文件中出现的字符，统计字符出现的概率，再对文件进行编码，实现文件的压缩和解压缩。
② 能够对文件的压缩比例进行统计。

# 第 7 章  图结构项目实训

图（Graph）是由一个用弧或边连接在一起的顶点或结点的集合，是一种比线性表和树更为复杂的非线性数据结构，可称为图状结构或网状结构，线性表和树都可以看做图的简单情况。

## 一、图结构的基本操作

- 创建图；
- 销毁图；
- 查询顶点值；
- 查询顶点序号；
- 插入顶点；
- 删除顶点；
- 修改顶点值；
- 增加弧；
- 删除弧；
- 深度优先遍历；
- 广度优先遍历。

## 二、本章实训目的

1）用 C 或 C++语言实现本章所学的各种图的结构形式；
2）编写图结构的基本操作函数（创建函数、插入顶点、增加弧等）；
3）实现一个对图进行各种操作的用户界面（图 7.1）；
4）运行程序并对其进行测试。

## 三、图结构的存在形式

- 有向图；
- 有向网；
- 无向图；
- 无向网。

## 四、图结构的表示方法

- 邻接矩阵；
- 邻接表；
- 十字链表；
- 邻接多重表。

图的操作程序流程如图 7.1 所示。

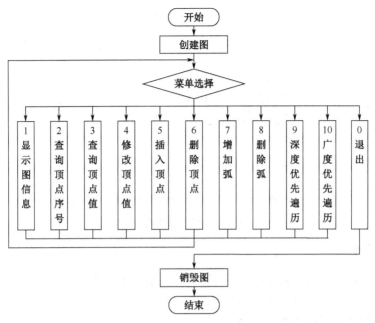

图 7.1 图的操作程序流程

## 7.1 图的邻接矩阵表示

### 一、邻接矩阵表示特点

1）采用一维数组存储图的顶点信息；
2）采用二维数组构造邻接矩阵，存储图（网）的弧（边）信息；
3）便于实现图的各种操作（求度、查询顶点、查询弧等）；
4）存储空间静态申请，不便于扩展顶点数量；
5）空间利用率低，对于稀疏图而言严重浪费空间。

图的邻接矩阵表示如图 7.2 所示，无向网的邻接矩阵表示如图 7.3 所示。

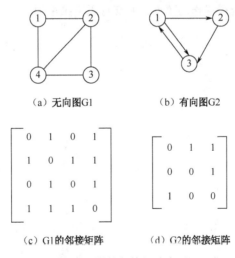

图 7.2 图的邻接矩阵表示

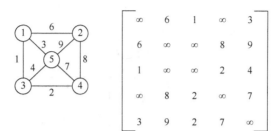

（a）网G3　　　　（b）网G3的邻接矩阵示意图

图7.3　无向网的邻接矩阵表示

### 二、实训项目要求

开发一个用邻接矩阵构造的图的操作程序，要求兼容有向图、无向图、有向网、无向网的创建和操作，要求程序至少具备以下操作接口。

- CreateGraph（图的创建函数）；
- DestroyGraph（图的销毁函数）；
- GetVex（通过顶点序号获取顶点值的函数）；
- LocateVex（顶点序号获取函数）；
- PutVex（修改顶点值的函数）；
- InsertVex（顶点插入函数）；
- DeleteVex（顶点删除函数）；
- InsertArc（增加弧的函数）；
- DeleteArc（删除弧的函数）；
- DFSTraverse（深度优先遍历函数）；
- BFSTraverse（广度优先遍历函数）；
- Display（输出图信息的函数）。

要求程序具有任用户选择操作的菜单，并支持以下菜单项。

- 输出图信息；
- 查找顶点序号；
- 插入顶点；
- 删除顶点；
- 修改顶点值；
- 增加弧；
- 删除弧；
- 深度优先遍历；
- 广度优先遍历；
- 退出程序。

### 三、重要代码提示

在图的邻接矩阵表示法中，存储顶点的一维数组上限和存储弧的二维数组上限必须保持一致，因此定义了统一的顶点个数上限值 MAX_VERTEX_NUM。参考以下代码，此处允许用字符串为每个顶点命名，所以顶点数组向量是一个字符串数组，保存每个顶点名称的字符串最大长度 MAX_NAME 必须明确指定，而定义顶点值（即顶点名称）的类型 VertexType 为拥有 MAX_NAME 长度的字符数组。

对于邻接矩阵而言，矩阵的每一个元素都是一个弧，而每个元素的二维下标则分别表示弧头顶点和弧尾顶点。由于程序必须兼容有向图、无向图、有向网、无向网的处理，所以弧的结构定义要综合考虑各种结构的属性。

以下代码定义的弧结构 ArcCell 包含顶点关系成员变量 adj 和弧信息成员变量 info，而对于不同类型图和网的表示，关键在于成员变量 adj 的含义。对无权图或网而言，adj 存储 0（假）或 1（真）值来表示对应顶点是否存在弧；而对带权图或网而言，adj 存储弧的权值，同时用最大的整型值 INT_MAX 表示对应顶点不存在弧。因此，成员变量 adj 的类型为整型，额外定义别名为 VRType 类型。

考虑到弧的信息可有可无，所以定义 info 成员变量为 char 指针类型，当用户需要保存某条弧信息的时候可动态分配内存，同时定义类型别名为 InfoType。此外，还定义了一个申请 InfoType 内存空间时用到的常量 MAX_INFO 来表示弧信息的最大长度。

```
#define INFINITY        INT_MAX     // 用整型最大值代替∞
#define MAX_VERTEX_NUM  50          // 最大顶点个数
#define MAX_NAME        6           // 顶点字符串的最大长度+1
#define MAX_INFO        20          // 相关信息字符串的最大长度+1

typedef int  VRType;                // 顶点关系类型
typedef char InfoType;              // 相关信息类型
typedef char VertexType[MAX_NAME];  // 顶点类型

typedef struct
{
    VRType   adj;     // 无权图用1或0表示相邻否；带权图在这里表示为权值
    InfoType *info;   // 该弧相关信息的指针(可无)
} ArcCell, AdjMatrix[MAX_VERTEX_NUM][MAX_VERTEX_NUM];
```

参考如下代码，用邻接矩阵所构造的图结构 MGraph 拥有 5 个成员变量，第 1 个成员变量 vexs 表示图的顶点向量，是一个 VertexType 类型、长度为 MAX_VERTEX_MUN 的数组。

一个邻接矩阵就是一个以单一弧结构作为元素的二维数组，二维数组各维的长度和顶点向量的长度一致；因此，定义邻接矩阵类型 AdjMatrix 为 ArcCell 类型的二维数组，每一维的长度均是 MAX_VERTEX_MUN。因此，MGraph 第 2 个成员变量 arcs 是 AdjMatrix 类型，表示该图的邻接矩阵。

图结构 MGraph 的第 3 个成员变量 vexnum 为整型，表示图当前的顶点个数；第 4 个整型的成员变量 arcnum 表示图当前弧的个数；第 5 个成员变量 kind 表示图的种类，定义为一个枚举类型 GraphKind，GraphKind 类型拥有 4 个枚举值——DG、DN、UDG、UDN，分别对应有向图、有向网、无向图、无向网。而 4 个枚举值 DG、DN、UDG、UDN 等同于常量 0、1、2、3，这样定义之后有很大的好处，可以通过判断 kind 值是否小于 2 来区分是有向还是无向，也可以通过 kind 对 2 求余的值来区分是图还是网。

```
// 有向图, 有向网, 无向图, 无向网
enum GraphKind {DG, DN, UDG, UDN};
```

```
struct MGraph
{
    VertexType vexs[MAX_VERTEX_NUM];      // 顶点向量
    AdjMatrix   arcs;                     // 邻接矩阵
    int         vexnum;                   // 图的当前顶点数
    int         arcnum;                   // 图的当前弧数
    GraphKind   kind;                     // 图的种类标志
}
```

参考以下代码，创建图的函数 CreateGraph 通过参数传入一个 MGraph 变量的引用 G，针对图变量 G 进行初始化。首先，使用户输入图的类型初始化成员变量 kind，然后输入原始顶点以及弧的个数初始化成员变量 vexnum，再依次输入顶点的值初始化顶点向量 vexs。值得注意的是，当 scanf 语句有连续多个转换说明的时候，最好提示用户输入字符串的间隔符。

在用户输入弧信息之前，应该先对邻接矩阵进行初始化，而初始化的时候针对图和网的不同，弧成员 adj 所赋予的初始值也不同。因为在图的基本操作中，应该实现增加弧的函数 InsertArc，而该函数每次调用都将图的 arcnum 成员增加 1，所以在用户输入弧信息之前要将图的 arcnum 成员初始化为 0，然后循环输入弧信息并调用 InsertArc 函数实现弧的插入。

```
void CreateGraph(MGraph &G)
{
    // 操作结果:采用数组(邻接矩阵)表示法,构造图G
    int i, j, k, arcnum;
    VertexType va, vb;

    printf("输入图的类型(有向图:0,有向网:1,无向图:2,无向网:3):");
    scanf("%d", &G.kind);
    printf("请输入图的顶点数和弧数(以空格作为间隔): ");
    scanf("%d%d", &G.vexnum, &arcnum);
    if (G.vexnum >= MAX_VERTEX_NUM - 1)
    {
    // 若输入顶点数超过图G的最大容量,则以最大容量作为顶点数
    G.vexnum = MAX_VERTEX_NUM - 1;
    }
    printf("请输入%d个顶点的值(少于%d个字符):\n",
      G.vexnum, MAX_NAME);
    for (i = 0; i < G.vexnum; ++i) // 构造顶点向量
    {
        scanf("%s", G.vexs[i]);
    }
    for (i = 0; i < G.vexnum; ++i) // 初始化邻接矩阵
    {
        for (j = 0; j < G.vexnum; ++j)
        {
            if (G.kind % 2) // 网
            {
                G.arcs[i][j].adj = INFINITY;
            }
            else // 图
            {
                G.arcs[i][j].adj = 0;
```

```
            }
            G.arcs[i][j].info = NULL;
        }
    }
    G.arcnum = 0;
    printf("请输入%d条弧的弧尾、弧头(以空格作为间隔):\n", arcnum);
    for (k = 0; k < arcnum; ++k) // 依次增加弧
    {
        scanf("%s%s", va, vb);
        InsertArc(G, va, vb);
    }
}
```

图的创建还可以采用文件输入的方式,以特定格式将图的类型信息、顶点信息及弧信息保存在文件中,创建函数从文件中读取信息构造一个图。和普通的图创建函数类似,从文件中创建图的函数 CreateGraphF 此处略过。

删除图的操作关键在于弧信息的释放,参考如下代码,函数 DestroyGraph 中依次判断图 G 的邻接矩阵 arcs 中的每一个元素,如果元素存在弧标识,且 info 成员不为空,则释放该指针并置空;而对于无向图或网而言,邻接矩阵的对称元素共用 info 指向的内存,因此 info 指针只能释放一次,所以无向图或网只能遍历上三角元素。最后将图 G 的 vexnum 和 arcnum 置 0 即可。

```
void DestroyGraph(MGraph &G)
{
    // 初始条件:图G存在
    // 操作结果:销毁图G
    int i, j, k = 0;
    if (G.kind % 2) // 网
    {
        k = INFINITY; // k为两个顶点之间无边或弧时邻接矩阵元素的值
    }
    for (i = 0; i < G.vexnum; i++) // 释放弧或边的相关信息
    {
        if (G.kind < 2) // 有向
        {
            for (j = 0; j < G.vexnum; j++)
            {
                if (G.arcs[i][j].adj != k) // 有弧
                {
                    if (G.arcs[i][j].info) // 有相关信息
                    {
                        free(G.arcs[i][j].info);
                        G.arcs[i][j].info = NULL;
                    }
                }
            }
        }
        else // 无向
        {
            for (j = i + 1; j < G.vexnum; j++) // 只查上三角元素
            {
```

```
                    if (G.arcs[i][j].adj != k)  // 有边
                    {
                        if (G.arcs[i][j].info)  // 有相关信息
                        {
                            free(G.arcs[i][j].info);
                            G.arcs[i][j].info = NULL;
                            G.arcs[j][i].info = NULL;
                        }
                    }
                }
            }
        }
    }
    G.vexnum = 0;  // 顶点数为0
    G.arcnum = 0;  // 边数为0
}
```

通过顶点的值来查找顶点位序的函数很常用，参考以下代码，函数 LocateVex 利用参数 v 传入待查询顶点的值，因为之前定义的 VertexType 为字符指针类型，所以在依次比较顶点值的时候应该使用字符串比较函数 strcmp，若查询到则返回位序 i，若没有查询到该顶点则返回-1。

```
int LocateVex(MGraph G, VertexType v)
{
    // 初始条件：图G存在，u和G中顶点有相同特征
    // 操作结果：若G中存在顶点u，则返回该顶点在图中的位置；
    //          否则返回-1
    int i;
    for (i = 0; i < G.vexnum; ++i)
    {
        if (strcmp(v, G.vexs[i]) == 0)
        {
            return i;
        }
    }
    return -1;
}
```

修改顶点值的函数 PutVex 在修改顶点之前应该查找图 G 中是否存在值为 v 的顶点，此处可以直接调用之前实现的 LocateVex 函数，只有存在此值才能进行修改操作。同样，因为顶点值的数据类型为字符指针，所以要用 strcpy 函数来修改字符串。

```
Status PutVex(MGraph &G, VertexType v, VertexType value)
{
    // 初始条件：图G存在，v是G中某个顶点
    // 操作结果：对v赋新值value
    int k;
    k = LocateVex(G, v);  // k为顶点v在图G中的序号
    if (k < 0)
    {
        return ERROR;
    }
    strcpy(G.vexs[k], value);
    return OK;
```

}

插入顶点函数 InsertVex 在将顶点值 v 插入到图 G 中之前，要先验证图 G 的顶点数是否达到了容量最大值，如果已经达到则直接返回，否则才能插入。插入一个顶点要进行两项操作，首先要将顶点插入到顶点向量 vexs 中；因为之前 vexs 中最后一个顶点保存在 vexs[vexnum-1] 中，所以新插入的顶点值 v 应该复制到 vexs[vexnum]中。

由于图 G 增加了一个顶点 v，序号为 vexnum，所以邻接矩阵要相应地开启第 vexnum 行和第 vexnum 列。因此，可采用循环依次初始化第 vexnum 行和第 vexnum 列的所有弧信息，将弧的 info 成员初始化为 NULL；还要依据图和网的不同将 adj 成员分别初始化为 0 或 INFINITY。

```
void InsertVex(MGraph &G, VertexType v)
{
    // 初始条件：图G存在，v和图G中顶点有相同特征
    // 操作结果：在图G中增添新顶点v
    int i, j = 0;
    if (G.vexnum >= MAX_VERTEX_NUM - 1)
    {
        // 若顶点数已达最大容量，则不插入此顶点
        return;
    }
    if (G.kind % 2) // 网
    {
        j = INFINITY;
    }
    strcpy(G.vexs[G.vexnum], v); // 构造新顶点向量
    for (i = 0; i <= G.vexnum; i++)
    {
        // 初始化新增行、新增列邻接矩阵的值(无边或弧)
        G.arcs[G.vexnum][i].adj = j;
        G.arcs[i][G.vexnum].adj = j;
        // 初始化相关信息指针
        G.arcs[G.vexnum][i].info = NULL;
        G.arcs[i][G.vexnum].info = NULL;
    }
    G.vexnum++; // 图G的顶点数加1
}
```

由于图的邻接矩阵是静态存储的，所以删除顶点的操作非常繁琐，删除任何一个顶点之后都要将后续顶点和弧的存储位置向前移动。参考如下代码，首先通过 LocateVex 函数查找顶点 v 在图 G 中的位序，若顶点 v 不存在则直接返回错误，若存在则进行删除操作。

没有必要修改被删除顶点的信息，因为后续顶点信息会向前移动，将覆盖掉被删除的顶点信息。但是对于弧信息而言，动态分配内存的 info 成员必须要手动释放。对于无向图而言，只能释放上三角矩阵中 v 所对应元素的 info 成员，并依次递减 arcnum；而有向图要对下三角矩阵进行处理。

释放 info 成员并删减 arcnum 之后，要开始移动顶点向量和邻接矩阵。向量 vexs 的移动只用将 v 所在位序之后的所有顶点元素向前移动一个元素，而邻接矩阵 arcs 需要将 v 所在位序之右的所有列向左移动一列，再将 v 所在位序之下的所有行向上移动一行，最后递减 vexnum 即可。

```
Status DeleteVex(MGraph &G, VertexType v)
{
```

· 175 ·

```c
// 初始条件：图G存在，v是G中的某个顶点
// 操作结果：删除G中顶点v及其相关的弧
int i, j, k;
VRType m = 0;
if (G.kind % 2) // 网
{
    m = INFINITY;
}
k = LocateVex(G, v); // k为待删除顶点v的序号
if (k < 0) // v不是图G的顶点
{
    return ERROR;
}
for (j = 0; j < G.vexnum; j++)
{
    if (G.arcs[j][k].adj != m) // 有入弧或边
    {
        if (G.arcs[j][k].info) // 有相关信息
        {
            free(G.arcs[j][k].info); // 释放相关信息
        }
        G.arcnum--; // 修改弧数
    }
}
if (G.kind < 2) // 有向
{
    for (j = 0; j < G.vexnum; j++)
    {
        if (G.arcs[k][j].adj != m) // 有出弧
        {
            if (G.arcs[k][j].info) // 有相关信息
            {
                free(G.arcs[k][j].info); // 释放相关信息
            }
            G.arcnum--; // 修改弧数
        }
    }
}
for (j = k + 1; j < G.vexnum; j++)
{
    // 序号k后面的顶点向量依次前移
    strcpy(G.vexs[j - 1], G.vexs[j]);
}
for (i = 0; i < G.vexnum; i++)
{
    for (j = k + 1; j < G.vexnum; j++)
    {
        // 移动待删除顶点之右的矩阵元素
        G.arcs[i][j - 1] = G.arcs[i][j];
```

```
        }
    }
    for (i = 0; i < G.vexnum; i++)
    {
        for (j = k + 1; j < G.vexnum; j++)
        {
            // 移动待删除顶点之下的矩阵元素
            G.arcs[j - 1][i] = G.arcs[j][i];
        }
    }
    G.vexnum--; // 更新图的顶点数
    return OK;
}
```

在添加弧的函数 InsertArc 中,要先验证弧头顶点 w 和弧尾顶点 v 是否属于图 G,只有当 w 和 v 都属于图 G 时才继续弧的删除操作。而针对 G 属于图还是网,应考虑对应弧元素的 adj 成员存储的是权值还是数值 1。函数还需要用户决定是否对弧添加相关信息,如果要添加信息,则动态申请内存赋予指针 info,并由用户输入信息。此外,要判断 G 是否为无向图(或网),如果是无向图,则要将当前弧信息复制给对称弧,参考如下代码。

```
Status InsertArc(MGraph &G, VertexType v, VertexType w)
{
    // 初始条件: 图G存在, v和w是G中的两个顶点
    // 操作结果: 在G中增添弧<v,w>, 若G为无向, 则增添对称弧<w,v>
    int i, l, v1, w1;
    char s[MAX_INFO];
    v1 = LocateVex(G, v); // 尾
    w1 = LocateVex(G, w); // 头
    if (v1 < 0 || w1 < 0)
    {
        return ERROR;
    }
    G.arcnum++; // 弧或边数加1
    if (G.kind % 2) // 网
    {
        printf("请输入此弧或边的权值: ");
        scanf("%d", &G.arcs[v1][w1].adj);
    }
    else // 图
    {
        G.arcs[v1][w1].adj = 1;
    }
    printf("是否有该弧或边的相关信息(0:无 1:有): ");
    scanf("%d", &i);
    fflush(stdin); // 清除缓冲区中残留的回车字符
    if (i)
    {
        printf("请输入该弧的相关信息(少于%d个字符): ", MAX_INFO);
        gets(s);
        l = strlen(s);
```

```
        if (l)
        {
            G.arcs[v1][w1].info = (char *)malloc((l + 1) *
                                        sizeof(char));
            strcpy(G.arcs[v1][w1].info, s);
        }
    }
    if (G.kind > 1) // 无向
    {
        // 指向同一个相关信息
        G.arcs[w1][v1].adj = G.arcs[v1][w1].adj;
        G.arcs[w1][v1].info = G.arcs[v1][w1].info;
    }
    return OK;
}
```

弧的删除函数 DeleteArc 是 InsertArc 的逆操作，与弧插入函数类似，同样要判断头尾顶点是否存在于图 G 中；还要判断 G 是图还是网，以决定被删除的弧成员 adj 置为 0 还是 INFINITY。此外，如果 G 为无向图，则要删除当前弧的对称弧。需要特别注意的是，因为对称弧与当前弧的 info 成员指向的是同一块内存，所以在释放 info 空间的时候，只能释放一次。

```
Status DeleteArc(MGraph &G, VertexType v, VertexType w)
{
    // 初始条件：图G存在，v和w是G中的两个顶点
    // 操作结果：在G中删除弧<v,w>，若G无向，还需删除对称弧<w,v>
    int v1, w1, j = 0;
    if (G.kind % 2) // 网
    {
        j = INFINITY;
    }
    v1 = LocateVex(G, v); // 尾
    w1 = LocateVex(G, w); // 头
    if (v1 < 0 || w1 < 0) // v1、w1的值不合法
    {
        return ERROR;
    }
    G.arcs[v1][w1].adj = j;
    if (G.arcs[v1][w1].info) // 有其他信息
    {
        free(G.arcs[v1][w1].info);
        G.arcs[v1][w1].info = NULL;
    }
    if (G.kind >= 2) // 无向，删除对称弧<w,v>
    {
        G.arcs[w1][v1].adj = j;
        G.arcs[w1][v1].info = NULL;
    }
    G.arcnum--; // 弧数-1
    return OK;
}
```

在实现图的深度优先遍历函数之前需要先实现两个辅助函数——FirstAdjVex 和 NextAdjVex，分别用于查询顶点 v 的第一个邻接顶点序号和下一个邻接顶点序号。

函数 FirstAdjVex 先查找新顶点 v 在图 G 中的位序 k，若顶点不存在，则返回-1；再从邻接矩阵的第 k 行顺序查询邻接顶点，根据 G 是图还是网，判断邻接顶点的依据取决于成员变量 adj 非 0 或非 INFINITY。如果存在邻接顶点则返回其序号，否则返回-1，参考以下代码。

NextAdjVex 函数的实现和 FirstAdjVex 类似，具体代码此处略过。

```c
int FirstAdjVex(MGraph G, VertexType v)
{
    // 初始条件：图G存在，v是G中某个顶点
    // 操作结果：返回v的第一个邻接顶点的序号，
    //           若顶点在G中没有邻接顶点，则返回-1
    int i, j = 0, k;
    k = LocateVex(G, v);  // k为顶点v在图G中的序号
    if (k < 0)  // 顶点不存在
    {
      return -1;
    }
    if (G.kind % 2)  // 网
    {
        j = INFINITY;
    }
    for (i = 0; i < G.vexnum; i++)
    {
        if (G.arcs[k][i].adj != j)
        {
            return i;
        }
    }
    return -1;
}
```

采用递归的方式实现图的深度优先遍历算法比较容易，而递归涉及多函数间共享顶点访问信息，为避免频繁地函数递归调用中参数过多带来的性能损失，可将顶点访问标志数组 visited 定义为全局变量。某顶点一旦被访问，就将该标志数组所对应的元素置为 TRUE，从而记录顶点的访问情况。

构造递归函数 DFS，实现从第 v 个顶点出发深度优先遍历图 G，同时参数传入 Visit 函数指针，由用户实现对顶点访问的回调函数。函数的具体实现参考如下代码，首先应将顶点 v 置为已访问，同时调用访问函数 Visit；之后查询 v 的第一个邻接顶点，如果存在且未曾访问，则对该顶点递归调用深度遍历函数 DFS；再查询 v 的下一个邻接顶点，对下一个邻接顶点调用 DFS，依次循环。

```c
Boolean visited[MAX_VERTEX_NUM]; // 访问标志数组(全局变量)
void DFS(MGraph G, int v, void (*Visit)(VertexType))
{
    // 操作结果：从第v个顶点出发递归地深度优先遍历图G
    int w;
    visited[v] = TRUE;    // 设置访问标志为TRUE(已访问)
    Visit(G.vexs[v]);     // 访问第v个顶点
```

```
        w = FirstAdjVex(G, G.vexs[v]);
        while (w >= 0)
        {
            if (!visited[w])
            {
                // 对v的尚未访问的序号为w的邻接顶点递归调用DFS
                DFS(G, w, Visit);
            }
            w = NextAdjVex(G, G.vexs[v], G.vexs[w]);
        }
    }
```

对图 G 的深度优先遍历，可参考函数 DFSTraverse，首先将访问标志数组 visited 的每个元素置为未访问状态 FALSE，然后从第一个顶点开始，对未访问过的顶点调用递归函数 DFS 即可。

```
    void DFSTraverse(MGraph G, void (*Visit)(VertexType))
    {
        // 初始条件：图G存在，Visit是顶点的应用函数
        // 操作结果：从第1个顶点起，深度优先遍历图G,
        //           并对每个顶点调用函数Visit一次且仅调用一次
        int v;
        for (v = 0; v < G.vexnum; v++)
        {
            visited[v] = FALSE; // 访问标志数组初始化(未被访问)
        }
        for (v = 0; v < G.vexnum; v++)
        {
            if (!visited[v])
            {
                DFS(G, v, Visit); // 对尚未访问的顶点v调用DFS
            }
        }
    }
```

广度优先遍历函数 BFSTraverse 可以创建一个第 3 章实现的链式队列结构类型 LinkQueue 的辅助操作。同样，首先要将访问标志数组置为未访问，初始化队列 Q，之后从第一个顶点开始顺序考查顶点向量 vexs；将访问过的顶点放入队列，之后从队列中循环取出顶点 u，查询 u 的邻接顶点并赋予 w，若 w 未被访问则访问之，同时将 w 放入队列，然后查询 u 的下一个邻接顶点并赋予 w，依次循环，直到 u 的所有邻接顶点都被访问完。参考以下代码，BFSTraverse 没有使用递归，执行效率高于之前用递归实现的 DFSTraverse。

```
    void BFSTraverse(MGraph G, void (*Visit)(VertexType))
    {
        // 初始条件：图G存在，Visit是顶点的应用函数
        // 操作结果：从第1个顶点起，按广度优先非递归遍历图G,
        //           并对每个顶点调用函数Visit一次且仅调用一次
        int v, u, w;
        LinkQueue Q; // 使用辅助队列Q和访问标志数组visited
        for (v = 0; v < G.vexnum; v++)
        {
            visited[v] = FALSE; // 置初值
```

```
        }
        InitQueue(Q); // 置空的辅助队列Q
        for (v = 0; v < G.vexnum; v++)
        {
            if (!visited[v]) // v尚未访问
            {
                visited[v] = TRUE; // 设置访问标志为TRUE(已访问)
                Visit(G.vexs[v]);
                EnQueue(Q, v); // v入队列
                while (!QueueEmpty(Q)) // 队列不空
                {
                    DeQueue(Q, u); // 队头元素出队并置为u
                    w = FirstAdjVex(G, G.vexs[u]);
                    while (w >= 0)
                    {
                        if (!visited[w])
                        {
                            // w为u的尚未访问的邻接顶点的序号
                            visited[w] = TRUE;
                            Visit(G.vexs[w]);
                            EnQueue(Q, w);
                        }
                        w = NextAdjVex(G, G.vexs[u], G.vexs[w]);
                    }
                }
            }
        }
    }
```

图的结构复杂，在不借助图形库的情况下难以直观地显示出图的信息，因此只能结合图的存储结构输出图的信息。所以对于邻接矩阵所实现的图而言，输出图信息的函数 Display 要打印每个顶点信息、每条弧的信息，还要打印矩阵存储信息。

在图 G 的弧信息打印操作中，主要考虑有向、无向、图、网等情况，参考如下代码。

```
    void Display(MGraph G)
    {
        // 操作结果：输出邻接矩阵存储表示的图G
        int i, j;
        char s[7];
        switch (G.kind) {
            case DG:
                strcpy(s,"有向图");
                break;
            case DN:
                strcpy(s,"有向网");
                break;
            case UDG:
                strcpy(s,"无向图");
                break;
```

```c
      case UDN:
        strcpy(s,"无向网");
  }
  printf("%d个顶点%d条边或弧的%s。顶点依次是：",
         G.vexnum, G.arcnum, s);
  for (i = 0; i < G.vexnum; ++i) // 输出G.vexs
  {
    printf("%s ", G.vexs[i]);
  }
  printf("\nG.arcs.adj:\n"); // 输出G.arcs.adj
  for (i = 0; i < G.vexnum; i++)
  {
    for (j = 0; j < G.vexnum; j++)
    {
      printf("%11d", G.arcs[i][j].adj);
    }
    printf("\n");
  }
  printf("G.arcs.info:\n"); // 输出G.arcs.info
  printf("顶点1(弧尾) 顶点2(弧头) 该边或弧的信息：\n");
  for (i = 0; i < G.vexnum; i++)
  {
    if (G.kind < 2) // 有向
    {
      for (j = 0; j < G.vexnum; j++)
      {
        if (G.arcs[i][j].adj > 0
            && G.arcs[i][j].adj < INFINITY)
        {
          printf("%5s    %11s      %s \n", G.vexs[i],
          G.vexs[j], G.arcs[i][j].info);
        }
      }
    }
    else // 无向,输出上三角元素
    {
      for (j = i + 1; j < G.vexnum; j++)
      {
        if (G.arcs[i][j].adj > 0
            && G.arcs[i][j].adj < INFINITY)
        {
          printf("%5s    %11s      %s\n", G.vexs[i],
          G.vexs[j], G.arcs[i][j].info);
        }
      }
    }
  }
}
```

## 7.2 图的邻接表表示

### 一、邻接表表示特点

1）采用链表存储每个顶点的邻接信息（弧信息）；
2）存储空间动态申请，便于扩展顶点数量；
3）空间利用率较高，非常适用于稀疏图；
4）便于查询邻接顶点；
5）统计有向图顶点的入度开销庞大，针对有向图可以构造逆邻接表。

图的邻接表表示如图 7.4 所示。

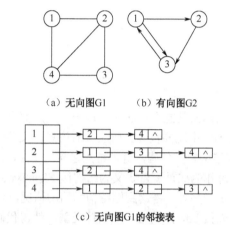

（a）无向图G1　　（b）有向图G2

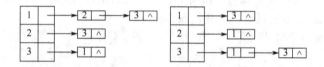

（c）无向图G1的邻接表

（d）有向图G2的邻接表　　（e）有向图G2的逆邻接表

图 7.4　图的邻接表表示

### 二、实训项目要求

开发一个用邻接表构造的图的操作程序，要求兼容有向图、无向图、有向网、无向网的创建和操作，程序至少具备以下操作接口。

- CreateGraph（图的创建函数）；
- DestroyGraph（图的销毁函数）；
- GetVex（通过顶点序号获取顶点值的函数）；
- LocateVex（顶点序号获取函数）；
- PutVex（修改顶点值的函数）；
- InsertVex（顶点插入函数）；
- DeleteVex（顶点删除函数）；
- InsertArc（增加弧的函数）；
- DeleteArc（删除弧的函数）；
- DFSTraverse（深度优先遍历函数）；

- BFSTraverse（广度优先遍历函数）；
- Display（输出图信息的函数）。

要求程序具有任用户选择操作的菜单，并支持以下菜单项。
- 输出图信息；
- 查找顶点序号；
- 插入顶点；
- 删除顶点；
- 修改顶点值；
- 增加弧；
- 删除弧；
- 深度优先遍历；
- 广度优先遍历；
- 退出程序。

### 三、重要代码提示

邻接表将弧以链表结点的形式动态存储起来，每一个顶点都有一个以该顶点为弧尾的所有弧的链表，因此弧结构 ArcNode 中既要包含弧所应有的信息，又要满足链表结点的结构定义。

参考第 2 章的链表结点结构定义代码，链表结点包含一个 ElemType 类型的成员变量，因此参考代码中将弧的所有信息作为成员变量定义为结构体 ElemType 类型。ElemType 中包含弧所指向的顶点位置变量 adjves。另外，考虑到图结构为网的情况，还定义了一个成员变量 info 存储网的权值，这里将权值成员 info 定义为一个指针类型，使得代码更加灵活。

链表结点中还有一个 next 成员是指向下一个结点的指针，因此在弧结构 ArcNode 中还要定义一个指向 ArcNode 类型的成员指针变量 nextarc。

```c
typedef int InfoType;         // 用户定义网的权值类型

struct ElemType
{
    int      adjvex;          // 该弧所指向的顶点的位置
    InfoType *info;           // 网的权值指针
}

struct ArcNode
{
    ElemType data;            // 满足链表结点LNode的结构定义
    ArcNode  *nextarc;        // 指向下一条弧的指针
}                             // 弧结点
```

参考以下代码，顶点结构 VNode 定义了长度为 4 的字符串类型成员 data 来保存顶点名，还定义了弧链表类型的 firstarc 成员。而最终的图定义中，顶点保存在一个 VNode 类型的数组中，因此，此处定义了一个长度为 MAX_VERTEX_NUM 的顶点数组类型 VertexType。图结构 ALGraph 包含 4 个成员变量，依次是顶点数组 vertices、顶点数 vexnum、弧数 arcnum 以及图的种类 kind。

```c
#define MAX_NAME 5                          // 顶点字符串的最大长度+1
#define MAX_VERTEX_NUM 50                   // 用户定义最大顶点数量
typedef char VertexType[MAX_NAME];          // 用户定义顶点类型为字符串
```

```
enum GraphKind {DG,DN,UDG,UDN};          // {有向图,有向网,无向图,无向网}

typedef struct
{
    VertexType data;        // 顶点名
    ArcNode   *firstarc;    // 顶点相关弧链表的头结点
} VNode, AdjList[MAX_VERTEX_NUM];         // 顶点结点

struct ALGraph
{
    AdjList   vertices;     // 图的顶点数组
    int       vexnum;       // 图的当前顶点数
    int       arcnum;       // 图的当前弧数
    GraphKind kind;         // 图的种类标志
}                           // 图结构
```

参考第 2 章的链表结点结构定义，要将弧结点相关的成员名和类型名定义为与链表结点相同的别名，这样才能直接使用第 2 章所实现的链表操作函数来操作弧链表。

参考以下代码，将弧类型定义别名为链表结点类型名 LNode，将成员 nextarc 定义别名为链表结点的成员名 next，还要将 ArcNode 指针类型定义别名为单链表类型 LinkList。

```
#define LNode    ArcNode       // 定义为单链表的结点类型
#define next     nextarc       // 定义为单链表结点的指针域
typedef ArcNode *LinkList;     // 定义为单链表类型
```

图的构造函数 CreateGraph 传入待初始化图 G 的引用，要求用户输入图的类型初始化 kind 成员，输入顶点个数初始化 vexnum 成员，依次输入顶点信息并保存到顶点数组 vertices 每个元素的 data 成员中。之后输入弧的个数，进而循环添加弧信息，此处可以直接调用弧的添加函数 InsertArc；因为 InsertArc 函数中会增加图 G 的 arcnum 值，所以在添加弧之前要将 arcnum 成员初始化为 0，参考如下代码。

```
void CreateGraph(ALGraph &G)
{
    // 操作结果：采用邻接表存储结构，构造相关信息图或网G
    int i, k, arcnum;
    VertexType va, vb; // 连接边或弧的2个顶点
    printf("请输入图类型(有向图:0,有向网:1,无向图:2,无向网:3):");
    scanf("%d", &G.kind);
    printf("请输入图的顶点数和边数(以空格作为间隔)： ");
    scanf("%d%d", &G.vexnum, &arcnum);
    printf("请输入%d个顶点的值(少于%d个字符):\n",
        G.vexnum, MAX_NAME);
    for (i = 0; i < G.vexnum; ++i) // 构造顶点向量
    {
        scanf("%s", G.vertices[i].data);
        // 初始化与该顶点有关的出弧链表
        G.vertices[i].firstarc = NULL;
    }
    G.arcnum = 0;
    printf("请输入每条弧(边)的弧尾和弧头(以空格作为间隔):\n");
    for (k = 0; k < arcnum; ++k) // 依次增加弧
    {
```

```
        scanf("%s%s", va, vb);
        InsertArc(G, va, vb);
    }
}
```

销毁邻接表所构造的图关键在于释放动态申请的数据量，在 DestroyGraph 函数中，由于图的弧信息不存在动态申请的成员，所以可以直接使用链表操作函数 DestroyList 将对应顶点的弧链表清空。而网的弧信息中包含动态申请的 info 成员，所以要构造循环依次访问每一个弧结点并释放 info 成员；但无向网的对称弧的 info 成员指向同一个地址，所以对无向网而言，仅释放弧尾顶点序号大于当前顶点序号的弧的 info 成员确保对 info 所指向的空间只释放一次，参考如下代码。

```
void DestroyGraph(ALGraph &G)
{
    // 初始条件：图G存在
    // 操作结果：销毁图G
    int i;
    ElemType e;
    for (i = 0; i < G.vexnum; ++i) // 对于所有顶点
    {
        if (G.kind % 2) // 网
        {
            while (G.vertices[i].firstarc) // 对应的弧链表不空
            {
                // 删除链表的第1个结点，并将值赋给e
                ListDelete(G.vertices[i].firstarc, 1, e);
                if (G.kind >= 2 && e.adjvex > i)
                {
                    // 保证无向网动态生成的权值空间只释放1次
                    free(e.info);
                }
            }
        }
        else // 图
        {
            DestroyList(G.vertices[i].firstarc); // 销毁弧链表
        }
    }
    G.vexnum=0; // 顶点数为0
    G.arcnum=0; // 边或弧数为0
}
```

查询顶点序号函数 LocateVex 及修改顶点值的函数 PutVex 与邻接矩阵类似，此处略过，通过顶点序号查询顶点信息的函数 GetVex 的关键是对序号的合法性进行判断，如果序号超出范围，则返回错误信息。

```
VertexType& GetVex(ALGraph G, int v)
{
    // 初始条件：图G存在，v是G中某个顶点的序号
    // 操作结果：返回v的值
    if (v >= G.vexnum || v < 0)
    {
```

```
        printf("序号%d超出范围！\n", v);
        exit(ERROR);
    }
    return G.vertices[v].data;
}
```

顶点的插入函数 InsertVex 实现起来比较简单，只要将数组中的第 vexnum+1 个元素初始化，然后将图 G 的 vexnum 成员递增 1 即可。这里要注意的是，在插入顶点之前应该先判断图 G 是否有足够的空间容纳新顶点，还要判断待插入的顶点是否已经存在于图 G 中。

```
void InsertVex(ALGraph &G, VertexType v)
{
    // 初始条件：图G存在，v和图中顶点有相同特征
    // 操作结果：在图G中增添新顶点v
    if (G.vexnum == MAX_VERTEX_NUM || LocateVex(G, v) >= 0)
    {
        // 如果顶点已存在或图G中顶点已满，则直接返回
        return;
    }
    strcpy(G.vertices[G.vexnum].data, v); // 构造新顶点向量
    G.vertices[G.vexnum].firstarc = NULL;
    G.vexnum++; // 图G的顶点数加1
}
```

邻接表顶点删除函数 DeleteVex 的操作非常复杂，参考下面的代码，对于传入的参数图 G 引用和待删除顶点值 v 而言，首先要判断顶点 v 是否存在于图 G 中，如果不存在，则返回错误值。

其次，要删除顶点数组中顶点值为 v 的元素，对于图来说，可以直接用 DestroyList 函数删除该顶点的弧链表；对于网来说，还要将链表结点的每一个 info 成员释放，并将顶点数组 vertices 中顶点 v 之后的所有顶点元素向前移动一个单元。

之前的操作仅仅是删除了以 v 为出度的所有弧信息，还要删除以 v 为入度的弧信息，这样就要查找所有弧链表中是否存在以顶点 v 为弧头的弧结点，并将这些结点删除。可以循环采用链表操作函数 Point 对每个顶点的弧链表进行查找操作，如果存在 adjvex 成员值是顶点 v 的序号的结点，则将其删除，此时要考虑删除的结点是否为链表的头结点，如果是头结点，则删除操作有些不同。另外，在删除结点时还要考虑图 G 是否为有向网，如果是有向网，则要释放 info 成员（为什么无向网在此处不用释放 info？）。

仅做以上操作还不够，因为在 v 之后的顶点向前移动了一个位序，所以要将所有弧链表中大于顶点 v 的位序减 1。由此可见，邻接表的顶点删除函数开销惊人，尤其是当图规模很大的时候，删除操作就是邻接表的性能瓶颈之一。思考：是否有方法能够优化邻接表的结构，减少删除操作的开销？

```
Status DeleteVex(ALGraph &G, VertexType v)
{
    // 初始条件：图G存在，v是G中某个顶点
    // 操作结果：删除G中顶点v及其相关的弧
    int i, j, k;
    ElemType e;
    LinkList p, p1;
    j = LocateVex(G, v); // j是顶点v的序号
    if (j < 0) // v不是图G的顶点
    {
```

```
            return ERROR;
    }
    i = ListLength(G.vertices[j].firstarc); // 以v为出度的弧数
    G.arcnum -= i; // 边或弧数-i
    if (G.kind % 2) // 网
    {
        while (G.vertices[j].firstarc) // 对应的弧链表不空
        {
            // 删除链表的第1个结点,并将值赋给e
            ListDelete(G.vertices[j].firstarc, 1, e);
            free(e.info); // 释放动态生成的权值空间
        }
    }
    else // 图
    {
        DestroyList(G.vertices[j].firstarc); // 销毁弧链表
    }
    G.vexnum--; // 顶点数减1
    for (i = j; i < G.vexnum; i++) // 顶点v后面的顶点前移
    {
        G.vertices[i] = G.vertices[i + 1];
    }
    for (i = 0; i < G.vexnum; i++)
    {
        // 删除以v为入度的弧或边,必要时修改表结点的顶点位置值
        e.adjvex = j;
        p = Point(G.vertices[i].firstarc, e, equalvex, p1);
        if (p) // 顶点i的邻接表上有v为入度的结点
        {
            if (p1) // p1指向p所指结点的前驱
            {
                p1->next = p->next; // 从链表中删除p所指结点
            }
            else // p指向头结点
            {
                // 头指针指向下一结点
                G.vertices[i].firstarc = p->next;
            }
            if (G.kind < 2) // 有向
            {
                G.arcnum--; // 边或弧数-1
                if (G.kind == 1) // 有向网
                {
                    free(p->data.info); // 释放动态生成的权值空间
                }
            }
            free(p); // 释放v为入度的结点
        }
        for (k = j + 1; k <= G.vexnum; k++)
```

```
            {
                // 对于adjvex域>j的结点，其序号-1
                e.adjvex = k;
                p = Point(G.vertices[i].firstarc, e, equalvex, p1);
                if (p)
                {
                    p->data.adjvex--; // 序号-1(因为前移)
                }
            }
        }
        return OK;
    }
```

在 DeleteVex 函数中，用到了链表查询函数 Point，Point 函数中需要使用回调函数比较元素值，因此要针对弧结点实现一个比较函数 equalvex，利用 adjvex 成员的值来判断两个弧结点是否相等，参考以下代码。

```
    Status equalvex(ElemType a, ElemType b)
    {
        // DeleteVex()、DeleteArc()和NextAdjVex()要调用的函数
        if (a.adjvex == b.adjvex)
        {
            return OK;
        }
        else
        {
            return ERROR;
        }
    }
```

对于邻接表而言，增加弧的函数 InsertArc 实现起来比较简单。参考以下代码，首先，判断待插入的弧头和弧尾顶点是否存在于图 G 中，若不存在则返回错误。其次，针对图和网的不同，请用户输入权值，并动态申请 info 成员的空间。最后，判断有向和无向，对于无向图或网，应用相同的信息增加一个对称弧到另一个顶点的弧链表中。

```
    Status InsertArc(ALGraph &G, VertexType v, VertexType w)
    {
        // 初始条件：图G存在，v和w是G中两个顶点
        // 操作结果：在G中增添弧<v,w>，若G为无向，则增添对称弧<w,v>
        ElemType e;
        int i, j;
        i = LocateVex(G, v); // 弧尾或边的序号
        j = LocateVex(G, w); // 弧头或边的序号
        if (i < 0 || j < 0)
        {
            return ERROR;
        }
        G.arcnum++; // 图G的弧或边的数目加1
        e.adjvex = j;
        e.info = NULL; // 初值
        if (G.kind % 2) // 网
        {
```

```c
        // 动态生成存放权值的空间
        e.info = (int *) malloc(sizeof(int));
        printf("请输入弧(边)%s→%s的权值：", v, w);
        scanf("%d", e.info);
    }
    // 将e插在弧尾的表头
    ListInsert(G.vertices[i].firstarc, 1, e);
    if (G.kind >= 2) // 无向，生成另一个表结点
    {
        e.adjvex = i; // e.info不变
        // 将e插在弧头的表头
        ListInsert(G.vertices[j].firstarc, 1, e);
    }
    return OK;
}
```

删除弧的函数 DeleteArc 同样要先判断待删除弧的合法性，然后直接调用链表操作的 DeleteElem 函数删除满足条件的结点，再针对网释放 info 成员，针对无向图或网删除对称弧结点，参考如下代码。

```c
Status DeleteArc(ALGraph &G, VertexType v, VertexType w)
{
    // 初始条件：图G存在，v和w是G中两个顶点
    // 操作结果：在G中删除弧<v,w>，若G为无向，则删除对称弧<w,v>
    int i, j;
    Status k;
    ElemType e;
    i = LocateVex(G, v); // i是顶点v(弧尾)的序号
    j = LocateVex(G, w); // j是顶点w(弧头)的序号
    if (i < 0 || j < 0 || i == j)
    {
        return ERROR;
    }
    e.adjvex = j;
    k = DeleteElem(G.vertices[i].firstarc, e, equalvex);
    if (k) // 删除成功
    {
        G.arcnum--; // 弧或边数减1
        if (G.kind % 2) // 网
        {
            free(e.info);
        }
        if (G.kind >= 2) // 无向，删除对称弧<w,v>
        {
            e.adjvex = i;
            DeleteElem(G.vertices[j].firstarc, e, equalvex);
        }
        return OK;
    }
    else // 未找到待删除的弧
    {
```

```
        return ERROR;
    }
}
```

对于邻接表而言，查询第一个邻接顶点的函数 FirstAdjVex 和查询下一个邻接顶点的函数 NextAdjVex 的操作都比较简单，只要在顶点 v 的弧链表中顺序查找结点即可，参考以下代码。

```
int FirstAdjVex(ALGraph G, VertexType v)
{
    // 初始条件：图G存在, v是G中某个顶点
    // 操作结果：返回v的第一个邻接顶点的序号，
    //           若顶点在G中没有邻接顶点，则返回-1
    LinkList p;
    int v1;
    v1 = LocateVex(G, v); // v1为顶点v在图G中的序号
    if (v1 < 0)  // 顶点v不存在
    {
        printf("顶点%s不存在! \n", v);
        return -1;
    }
    p = G.vertices[v1].firstarc;
    if (p)
    {
        return p->data.adjvex;
    }
    else
    {
        return -1;
    }
}

int NextAdjVex(ALGraph G, VertexType v, VertexType w)
{
    // 初始条件：图G存在, v是G中某个顶点, w是v的邻接顶点
    // 操作结果：返回v的(相对于w的)下一个邻接顶点的序号，
    //           若w是v的最后一个邻接点，则返回-1
    LinkList p, p1; // p1在Point()中用做辅助指针
    ElemType e;
    int v1;
    v1 = LocateVex(G, v); // v1为顶点v在图G中的序号
    if (v1 < 0)  // 顶点v不存在
    {
        printf("顶点%s不存在! \n", v);
        return -1;
    }
    e.adjvex = LocateVex(G, w); // 顶点w在图G中的序号
    // p指向顶点v的链表中邻接顶点为w的结点
    p = Point(G.vertices[v1].firstarc, e, equalvex, p1);
    if (!p || !p->next) // 未找到w或w是最后一个邻接点
    {
        return -1;
```

```
        }
        else // 找到w
        {
        // 返回v的(相对于w的)下一个邻接顶点的序号
            return p->next->data.adjvex;
        }
}
```

邻接表的深度优先遍历和广度优先遍历的操作与邻接矩阵的操作基本类似，此处略过具体的代码。

图输出函数 Display 的操作参考如下代码，循环访问顶点数组并输出顶点值，然后循环访问每个数组的弧链表，依次输出弧信息。对于无向图和网的弧而言，只要输出一次弧信息即可，可以通过头尾顶点序号比较来实现。

```
void Display(ALGraph G)
{
    // 操作结果：输出图的邻接矩阵G
    int i;
    LinkList p;
    switch(G.kind)
    {
        case DG:
            printf("有向图\n");
            break;
        case DN:
            printf("有向网\n");
            break;
        case UDG:
            printf("无向图\n");
            break;
        case UDN:
            printf("无向网\n");
    }
    printf("%d个顶点：\n", G.vexnum);
    for (i = 0; i < G.vexnum; ++i)
    {
        printf("%s ", G.vertices[i].data);
    }
    printf("\n%d条弧(边):\n", G.arcnum);
    for (i = 0; i < G.vexnum; i++)
    {
        p = G.vertices[i].firstarc;
        while (p)
        {
            if (G.kind <= 1 || i < p->data.adjvex)
            {
                // 有向或无向两次中的一次
                printf("%s→%s ", G.vertices[i].data,
                        G.vertices[p->data.adjvex].data);
                if (G.kind%2) // 网
```

```
                {
                    printf(":%d  ", *(p->data.info));
                }
            }
            p = p->next;
        }
        printf("\n");
    }
}
```

## 7.3 图的十字链表表示

### 一、十字链表表示特点

1）针对弧结点,增加入弧链表结构和出弧链表结构;
2）容易求得任意顶点的出度和入度,专用于有向图的操作;
3）结构实现比较复杂。

图的十字链表表示如图 7.5 所示。

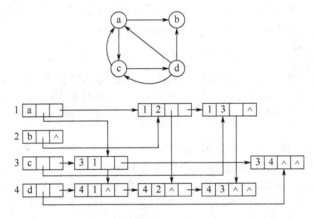

图 7.5  图的十字链表表示

### 二、实训项目要求

开发一个用十字链表构造的图的操作程序,要求兼容有向图、无向图、有向网、无向网的创建和操作,程序至少具备以下操作接口。

- CreateGraph（图的创建函数）;
- DestroyGraph（图的销毁函数）;
- GetVex（通过顶点序号获取顶点值的函数）;
- LocateVex（顶点序号获取函数）;
- PutVex（修改顶点值的函数）;
- InsertVex（顶点插入函数）;
- DeleteVex（顶点删除函数）;
- InsertArc（增加弧的函数）;
- DeleteArc（删除弧的函数）;

- DFSTraverse（深度优先遍历函数）;
- BFSTraverse（广度优先遍历函数）;
- Display（输出图信息的函数）。

要求程序具有任用户选择操作的菜单，并支持以下菜单项。
- 输出图信息;
- 查找顶点序号;
- 插入顶点;
- 删除顶点;
- 修改顶点值;
- 增加弧;
- 删除弧;
- 深度优先遍历;
- 广度优先遍历;
- 退出程序。

### 三、重要代码提示

十字链表构造的图类型 OLGraph 能维持一个顶点向量 xlist 成员以及顶点数、弧数的成员变量。

```
#define MAX_VERTEX_NUM  50       // 最大顶点个数
struct OLGraph
{
    VexNode xlist[MAX_VERTEX_NUM];   // 表头向量(数组)
    int     vexnum;                   // 当前顶点数
    int     arcnum;                   // 当前弧数
}
```

顶点类型 VexNode 结构拥有一个成员 data，以保存顶点的值，还有两个指针成员 firstin 和 firstout，分别保存该顶点的入弧链表指针和出弧链表指针。

```
#define MAX_VERTEX_NAME  5       // 顶点字符串最大长度+1
typedef char VertexType[MAX_VERTEX_NAME];  // 顶点值类型
struct VexNode                   // 顶点结构
{
    VertexType data;             // 保存顶点的值
    ArcBox    *firstin;          // 指向该顶点第一条入弧
    ArcBox    *firstout;         // 指向该顶点第一条出弧
}
```

弧结构 ArcBox 拥有成员变量 headvex 和 tailvex，以保存该弧的头尾顶点位置，还拥有成员指针 info，以保存弧的权值信息。因为十字链表中弧头顶点的入弧链表与弧尾顶点的出弧链表共用同一个弧结点，所以 ArcBox 结构中还要分别定义入弧链表和出弧链表的指向下一结点的指针成员 hlink 和 tlink。

```
typedef int  InfoType;           // 权值类型
struct ArcBox
{
    int      tailvex;            // 尾顶点的位置
    int      headvex;            // 头顶点的位置
    InfoType *info;              // 相关信息指针,可指向权值或其他信息
    ArcBox   *hlink;             // 弧头相同的弧的链域
```

```
    ArcBox   *tlink;    // 弧尾相同的弧的链域
}
```

为了能用第 2 章实现的链表操作程序来简化十字链表的操作，可以将所有的出弧链表从逻辑上看做单链表。所以弧类型 ArcBox 能修改为标准的单链表结点结构。另外，相关的类型名和变量名也要定义与单链表结点结构同名的别名，使得出弧链表可以直接用单链表操作程序进行处理。

```
struct ElemType
{
    int      tailvex;    // 尾顶点的位置
    int      headvex;    // 头顶点的位置
    InfoType *info;      // 相关信息指针，可指向权值或其他信息
    ArcBox1  *hlink;     // 弧头相同的弧的链域
}

struct ArcBox          // 修改过的弧结构，以满足单链表操作函数的需求
{
    ElemType data;
    ArcBox   *tlink;
}

#define LNode    ArcBox           // 单链表的结点类型
#define next     tlink            // 单链表结点的指针域
typedef ArcBox *LinkList;         // 指向单链表结点的指针
```

因为入弧链表共用出弧链表的结点，所以无法将弧结点重复定义为满足入弧链表的单链表形式，因此入弧链表类型维持原有结构不变，对入弧链表的操作不能使用单链表的操作函数。

以下代码是入弧链表结构 ArcBox1 的定义，而修改后的顶点结构中将入弧链表成员指针 firstin 的类型修改为 ArcBox1。

修改后的 ArcBox 结构中将原有的 4 个成员封装成了 ElemType 类型的结构体成员 data，而 ElemType 类型各成员变量的大小和顺序与 ArcBox1 的前 4 个成员变量完全一致，所以可以将 ArcBox1 和 ArcBox 类型的变量相互强制类型转换。这样可使得同一个弧结点变量在入弧链表和出弧链表中采用不同的方式进行操作。

```
struct ArcBox1 // 用来定义hlink的类型
{
    int      tailvex;    // 尾顶点的位置
    int      headvex;    // 头顶点的位置
    InfoType *info;      // 相关信息指针，可指向权值或其他信息
    ArcBox1  *hlink;     // 弧头相同的弧的链域
    ArcBox1  *tlink;     // 弧尾相同的弧的链域
}

struct VexNode // 修改过的顶点结构
{
    VertexType data;
    ArcBox1   *firstin;    // 指向该顶点第一条入弧
    ArcBox    *firstout;   // 指向该顶点第一条出弧
}
```

因为十字链表专用于构造有向图或网，所以在图的创建函数 CreateGraph 中只询问用户创

建图还是网。顶点的初始化很简单，只需要将顶点的值存储到顶点向量 xlist 对应元素的 data 成员中，再将 firstin 和 firstout 置为 NULL 即可。

　　输入弧的时候，要先获取弧的头尾顶点 v1 和 v2 的位序，分别存入变量 j 和 i 中，判断 i 与 j 的合法性，然后动态申请弧结点，将 i 和 j 分别赋值给弧成员 tailvex 和 headvex。再将顶点 j 的 firstin 值和顶点 i 的 firstout 值分别赋给弧结点的成员 hlink 和 tlink。随后将弧结点的指针 p 赋给顶点 i 的 firstout 成员，并将 p 强制类型转换为 ArcBox1 之后赋给顶点 j 的 firstin 成员，从而完成对顶点 i 的出弧链表的插入以及对顶点 j 的入弧链表的插入。最后，要根据图和网的不同，对弧结点的 info 成员进行初始化，参考如下代码。

```c
void CreateGraph(OLGraph &G)
{
    // 操作结果：采用十字链表存储表示，构造有向图G
    int i, j, k;
    int IncInfo;
    ArcBox *p;
    VertexType v1, v2;
    printf("请输入有向图的顶点数,弧数,是图还是网(网:1, 图:0):");
    scanf("%d,%d,%d", &G.vexnum, &G.arcnum, &IncInfo);
    printf("请输入%d个顶点的值(<%d个字符):\n",
            G.vexnum, MAX_VERTEX_NAME);
    for (i = 0; i < G.vexnum; ++i)            // 构造表头向量
    {
        scanf("%s", &G.xlist[i].data);        // 输入顶点值
        G.xlist[i].firstin  = NULL;           // 初始化入弧的链表头指针
        G.xlist[i].firstout = NULL;           // 初始化出弧的链表头指针
    }
    printf("请输入%d条弧的弧尾和弧头(空格为间隔):\n", G.arcnum);
    for (k = 0; k < G.arcnum; ++k)            // 输入各弧并构造十字链表
    {
        scanf("%s%s", &v1, &v2);
        i = LocateVex(G, v1);                 // 确定v1和v2在G中的位置
        j = LocateVex(G, v2);
        if (i < 0 || j < 0)                   // v1或v2不是G的顶点
        {
            continue;
        }
        p = (ArcBox *) malloc(sizeof(ArcBox));    // 产生弧结点
        p->data.tailvex = i;                      // 对弧结点赋值
        p->data.headvex = j;
        // 完成在入弧和出弧链表表头的插入
        p->data.hlink = G.xlist[j].firstin;
        p->tlink = G.xlist[i].firstout;
        G.xlist[j].firstin = (ArcBox1 *) p;   // 强制类型转换
        G.xlist[i].firstout = p;
        if (IncInfo)                          // 网
        {
            p->data.info = (InfoType *) malloc(sizeof(InfoType));
            printf("请输入该弧的权值: ");
            scanf("%d", p->data.info);
```

```
        }
        else // 图
        {
            p->data.info = NULL;
        }
    }
}
```

在销毁图函数 DestroyGraph 中，利用单链表操作函数 ListDelete 循环删除出弧链表的每一个结点，如果是网，则还要释放 info 成员。遍历顶点向量，依次删除所有顶点的出弧链表，最后将图 G 的 arcnum 和 vexnum 成员置 0 即可，参考如下代码。

```
void DestroyGraph(OLGraph &G)
{
    // 初始条件：有向图G存在
    // 操作结果：销毁有向图G
    int i;
    ElemType e;
    for (i = 0; i < G.vexnum; i++)     // 对所有顶点
    {
        while (G.xlist[i].firstout)    // 出弧链表不空
        {
            // 删除其第1个结点，其值赋给e
            ListDelete(G.xlist[i].firstout, 1, e);
            if (e.info)                // 带权
            {
                free(e.info);          // 释放动态生成的权值空间
            }
        }
    }
    G.arcnum = 0;
    G.vexnum = 0;
}
```

顶点查找函数 LocateVex、顶点取值函数 GetVex、修改顶点函数 PutVex 以及顶点插入函数 InsertVex 的实现和邻接表类似，具体代码略过。

在十字链表中，每一个弧结点都被两个指针所指向，这就导致删除顶点操作非常复杂。参考如下代码，顶点删除函数 DeleteVex 在删除顶点 v 的过程中分二步删除与 v 相关的弧。

首先，删除顶点 v 的所有入弧，这些弧结点分散于其他顶点的出弧链表中，同时也构成了顶点 v 的入弧链表。删除链表结点的关键在于保持链表的连通性，要将前驱结点指向后继结点。因为顶点 v 及其入弧和出弧两条链表都要被删除，所以在删除顶点 v 的入弧结点时不用维护顶点 v 入弧链表的连通性，但是要维护该弧结点所在的其他顶点出弧链表的连通性。

在函数中，调用 LocateVex 函数获取待删除顶点 v 在图 G 中的位序 k，查找所有顶点的出弧链表，删除各出弧链表中弧头顶点是位序 k 的所有弧结点并对带权弧释放 info 成员。对出弧链表的操作可以直接使用标准链表操作函数 ListDelete 和 LocateElem，其中 ListDelete 函数很好地维护了出弧链表的连通性，而 LocateElem 函数需要传入元素比较函数的指针，因此要实现比较函数 equal，equal 要判断两个弧的头顶点是否相同。

其次，要删除顶点 v 所有的出弧，因为顶点 v 所有的出弧结点同时存在于其他顶点的入弧链表中，所以删除这些结点的时候要保持其他顶点入弧链表的连通性。同理，由于顶点 v 的出弧链表要被删除，所以删除这些结点不用考虑顶点 v 出弧链表的连通性。

函数操作中要依次遍历每个顶点的入弧链表，找出所有弧尾顶点是位序 k 的所有弧结点，将其删除，并连接其前驱和后继，此处要考虑该弧结点是入弧链表头结点的特殊情况。

最后，要将顶点向量从 k+1 处开始整体向前移动一个位置，因为顶点 k 之后的顶点的位序发生了改变，所以要遍历所有的弧结点，将其中大于 k 的 tailvex 和 headvex 值全部减一。

```
Status equal(ElemType c1, ElemType c2)
{
    if (c1.headvex == c2.headvex)
    {
        return TRUE;
    }
    else
    {
        return FALSE;
    }
}

Status DeleteVex(OLGraph &G, VertexType v)
{
    // 初始条件：有向图G存在，v是G中某个顶点
    // 操作结果：删除G中顶点v及其相关的弧
    int i, j, k;
    ElemType e1, e2;
    ArcBox *p;
    ArcBox1 *p1, *p2;
    k = LocateVex(G, v); // k是顶点v的序号
    if (k < 0) // v不是图G的顶点
    {
        return ERROR;
    }
    // 以下代码用于删除顶点v的入弧
    e1.headvex = k; // e1作为LocateElem()的比较元素
    for (j = 0; j < G.vexnum; j++) // 弧头是顶点v的出弧
    {
        i = LocateElem(G.xlist[j].firstout, e1, equal);
        if (i) // 顶点j的出弧包含顶点v
        {
            // 删除该弧结点，其值赋给e2
            ListDelete(G.xlist[j].firstout, i, e2);
            G.arcnum--; // 弧数-1
            if (e2.info) // 带权
            {
                free(e2.info); // 释放动态生成的权值空间
            }
        }
    }
    // 以下代码用于删除顶点v的出弧
    for (j = 0; j < G.vexnum; j++) // 弧尾是顶点v的入弧
```

```c
        {
            p1 = G.xlist[j].firstin;
            while (p1 && p1->tailvex != k)
            {
                p2 = p1;
                p1 = p1->hlink;
            }
            if (p1)                          // 顶点j的入弧包含顶点v
            {
                if (p1 == G.xlist[j].firstin) // 是头结点
                {
                    // 入弧指针指向下一个结点
                    G.xlist[j].firstin = p1->hlink;
                }
                else                         // 不是头结点
                {
                    p2->hlink = p1->hlink;   // 在链表中移去p1所指向的结点
                if (p1->info)                // 带权
                {
                    free(p1->info);          // 释放动态生成的权值空间
                }
                free(p1);                    // 释放p1所指向的结点
                G.arcnum--;                  // 弧数-1
            }
        }
        for (j = k + 1; j < G.vexnum; j++)   // 序号>k的顶点依次前移
        {
            G.xlist[j-1] = G.xlist[j];
        }
        G.vexnum--;                          // 顶点数减1
        for (j = 0; j < G.vexnum; j++)       // 结点序号>k的要减1
        {
            p = G.xlist[j].firstout;         // 处理出弧
            while (p)
            {
                if (p->data.tailvex > k)
                {
                    p->data.tailvex--;       // 序号-1
                }
                if (p->data.headvex > k)
                {
                    p->data.headvex--;       // 序号-1
                }
                p = p->tlink;
            }
        }
    return OK;
}
```

弧插入函数 InsertArc 首先要判断待插入弧的头尾顶点 v 和 w 是否存在,然后生成新的弧结点 p 给对应字段赋值,再将结点 p 分别插入到尾顶点 v 的出弧链表和头顶点 w 的入弧链表中。如果弧结点 p 是 ArcBox 类型,那么在赋值给顶点入弧指针 firstin 的时候要强制转换为 ArcBox1 类型,反之亦然。最后,针对带权图为 info 申请空间,并要求用户为 info 赋值,参考以下代码。

```c
Status InsertArc(OLGraph &G, VertexType v, VertexType w)
{
    // 初始条件:有向图G存在,v和w是G中两个顶点
    // 操作结果:在G中增添弧<v, w>
    int i, j;
    int IncInfo;
    ArcBox *p;
    i = LocateVex(G, v);   // 弧尾的序号
    j = LocateVex(G, w);   // 弧头的序号
    if (i < 0 || j < 0) {
        return ERROR;
    }
    p = (ArcBox *) malloc(sizeof(ArcBox));   // 生成新结点
    p->data.tailvex = i;                     // 为新结点赋值
    p->data.headvex = j;
    p->data.hlink = G.xlist[j].firstin;      // 插在入弧和出弧的链头
    p->tlink = G.xlist[i].firstout;
    G.xlist[j].firstin = (ArcBox1 *) p;
    G.xlist[i].firstout = p;
    G.arcnum++;                              // 弧数加1
    printf("要插入的弧是否带权(是:1,否:0):");
    scanf("%d", &IncInfo);
    if (IncInfo)                             // 带权
    {
        // 动态生成权值空间
        p->data.info = (InfoType *) malloc(sizeof(InfoType));
        printf("请输入该弧的权值:");
        scanf("%d", p->data.info);
    }
    else
    {
        p->data.info = NULL;
    }
    return OK;
}
```

参考如下代码,函数 DeleteArc 用于删除图 G 中以顶点 v 为弧尾顶点、以 w 为弧头顶点的弧结点。因为待删除弧结点同时存在于顶点 w 的入弧链表和顶点 v 的出弧链表中,所以可先将待删除的弧结点从顶点 w 的入弧链表中释放出来,然后从顶点 v 的出弧链表中直接以 ListDelete 函数删除即可。

首先遍历顶点 w 的入弧链表,找到弧结点 p1,然后将 p1 的前驱指向其后继,如果 p1 是头结点,则入弧指针直接指向其后继,这样待删除的弧结点就从 w 的入弧链表中释放。再通过 LocateElem 函数找到弧结点在顶点 v 的出弧链表中的位置 k,然后调用 ListDelete 函数删除该结点,通过返回的指针 e 释放该结点的 info 变量,并调整图 G 的弧数。

```c
Status DeleteArc(OLGraph &G, VertexType v, VertexType w)
{
    // 初始条件: 有向图G存在, v和w是G中两个顶点
    // 操作结果: 在G中删除弧<v, w>
    int i, j, k;
    ElemType e;
    ArcBox1 *p1, *p2;
    i=LocateVex(G, v);      // 弧尾的序号
    j=LocateVex(G, w);      // 弧头的序号
    if (i < 0 || j < 0 || i == j)
    {
        return ERROR;
    }
    p1 = G.xlist[j].firstin;            // p1指向w的入弧链表
    while (p1 && p1->tailvex != i)      // 使p1指向待删结点
    {
        p2 = p1;
        p1 = p1->hlink;
    }
    if (p1 == G.xlist[j].firstin)       // 头结点是待删结点
    {
        G.xlist[j].firstin = p1->hlink; // 入弧指针指向下一个结点
    }
    else // 头结点不是待删结点
    {
        // 在链表中移去p1所指结点(该结点仍在出弧链表中)
        p2->hlink = p1->hlink;
    }
    e.headvex = j;          // 待删弧结点的弧头顶点序号为j
    // 找出待删除弧结点在出弧链表中的位序
    k = LocateElem(G.xlist[i].firstout, e, equal);
    ListDelete(G.xlist[i].firstout, k, e);  // 删除结点, 值赋给e
    if (e.info)             // 带权
    {
        free(e.info);       // 释放动态生成的权值空间
    }
    G.arcnum--;             // 弧数-1
    return OK;
}
```

在十字链表中，每个顶点都有出弧链表，因此查询邻接顶点函数 FirstAdjVex 和查询下一个邻接顶点函数 NextAdjVex 实现起来非常简单，而深度优先遍历函数 DFSTraverse 和广度优先遍历函数 BFSTraverse 的算法实现与之前的图结构相仿，所以以上函数具体代码在此略过。

十字链表的图打印函数 Display 在打印弧的时候只要遍历所有顶点的一种链表即可，或统一遍历入弧链表，或统一遍历出弧链表，参考以下代码。

```c
void Display(OLGraph G)
{
    // 操作结果: 输出图G
    int i;
```

```
ArcBox *p;
printf("共%d个顶点: ", G.vexnum);
for (i = 0; i < G.vexnum; i++) // 输出顶点
{
    printf("%s ", G.xlist[i].data);
}
printf("\n%d条弧:\n", G.arcnum);
for (i = 0; i < G.vexnum; i++) // 弧链表输出
{
    p = G.xlist[i].firstout;
    while (p)
    {
        printf("%s→%s ", G.xlist[i].data,
               G.xlist[p->data.headvex].data);
        if (p->data.info) // 该弧有相关信息(权值)
        {
            printf("权值: %d ", *p->data.info);
        }
        p = p->tlink;
    }
    printf("\n");
}
```

## 7.4 图的邻接多重表表示

### 一、邻接多重表表示特点

1) 每个边结点均被其两个依附顶点的边链表所共用；
2) 容易判断顶点之间的关系，专用于无向图的操作；
3) 结构实现相对复杂。

图的邻接表表示如图 7.6 所示。

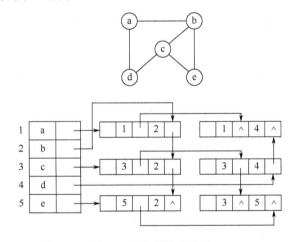

图 7.6 图的邻接表表示

### 二、实训项目要求

开发一个用邻接多重表构造的图的操作程序,要求兼容有向图、无向图、有向网、无向网的创建和操作,程序至少具备以下操作接口。
- CreateGraph(图的创建函数);
- DestroyGraph(图的销毁函数);
- GetVex(通过顶点序号获取顶点值的函数);
- LocateVex(顶点序号获取函数);
- PutVex(修改顶点值的函数);
- InsertVex(顶点插入函数);
- DeleteVex(顶点删除函数);
- InsertArc(增加弧的函数);
- DeleteArc(删除弧的函数);
- DFSTraverse(深度优先遍历函数);
- BFSTraverse(广度优先遍历函数);
- Display(输出图信息的函数)。

要求程序具有任用户选择操作的菜单,并支持以下菜单项。
- 输出图信息;
- 查找顶点序号;
- 插入顶点;
- 删除顶点;
- 修改顶点值;
- 增加弧;
- 删除弧;
- 深度优先遍历;
- 广度优先遍历;
- 退出程序。

### 三、重要代码提示

邻接多重表的构造与邻接表类似,只是弧结点的定义不同;在邻接表中,弧结点只包含头顶点的序号,而邻接多重表只用于无向图,因此常将弧称为边,其边结点包含两个依附顶点的序号以及依附相同顶点的边指针。如下代码构造了邻接多重表 AMLGraph 的相关结构,其中,为方便操作,在边结构 EBox 中还增加了一个访问标记成员。

```
#define MAX_VERTEX_NUM 50           // 最大顶点数
#define MAX_NAME       5            // 顶点字符串的最大长度+1
typedef int  InfoType;              // 权值类型
typedef char VertexType[MAX_NAME];  // 字符串类型

enum VisitIf{unvisited, visited};

struct EBox
{
    VisitIf  mark;       // 访问标记
    int      ivex;       // 该边依附的第一个顶点的位置
```

```
    int     jvex;          // 该边依附的第二个顶点的位置
    EBox    *ilink;        // 指向依附顶点i的下一条边
    EBox    *jlink;        // 指向依附顶点j的下一条边
    InfoType *info;        // 该边为信息指针,可指向权值或其他信息
}

struct VexBox
{
    VertexType data;       // 顶点值
    EBox       *firstedge; // 指向第一条依附该顶点的边
}

struct AMLGraph
{
    VexBox adjmulist[MAX_VERTEX_NUM];
    int    vexnum;         // 当前顶点数
    int    edgenum;        // 当前边数
}
```

用邻接多重表构造图的函数 CreateGraph 首先构造顶点向量，要求用户输入顶点的值；再由用户增添初始的每一条边（弧），动态申请对应的边结点并将其初始化，将此边插入到两个依附顶点的边链表中；最后根据网和图的不同要求，用户可输入 info 成员。

```
void CreateGraph(AMLGraph &G)
{
    // 操作结果：采用邻接多重表存储结构,构造无向图G
    int i, j, k, IncInfo;
    VertexType va, vb;
    EBox *p;
    printf("请输入无向图的顶点数,边数,是图还是网(网:1, 图:0): ");
    scanf("%d,%d,%d", &G.vexnum, &G.edgenum, &IncInfo);
    printf("请输入%d个顶点的值(<%d个字符):\n",
           G.vexnum, MAX_NAME);
    for (i = 0; i < G.vexnum; ++i) // 构造顶点向量
    {
        scanf("%s", G.adjmulist[i].data);
        G.adjmulist[i].firstedge = NULL;
    }
    printf("请顺序输入每条边的两个端点(以空格作为间隔):\n");
    for (k = 0; k < G.edgenum; ++k) // 构造表结点链表
    {
        scanf("%s%s%*c", va, vb);   // %*c吃掉回车符
        i = LocateVex(G, va);  // 一端
        j = LocateVex(G, vb);  // 另一端
        p = (EBox*) malloc(sizeof(EBox));
        p->mark = unvisited;   // 设定初值
        p->ivex = i;
        p->ilink = G.adjmulist[i].firstedge;  // 插在一端的表头
        G.adjmulist[i].firstedge = p;
        p->jvex = j;
        p->jlink = G.adjmulist[j].firstedge;  // 插在另一端的表头
```

```
            G.adjmulist[j].firstedge = p;
            if (IncInfo) // 网
            {
                p->info = (InfoType *) malloc(sizeof(InfoType));
                printf("请输入该边的权值: ");
                scanf("%d", p->info);
            }
            else
            {
                p->info = NULL;
            }
        }
    }
```

针对邻接多重表的查找顶点序号函数 LocateVex、查找顶点值函数 GetVex 以及修改顶点值函数 PutVex 和邻接表的实现方式类似，具体代码这里略过。

而向邻接多重表插入顶点的函数 InsertVex 首先要判断待插入图 G 的顶点数是否满了，如果顶点数已满，则返回错误；再判断顶点 v 是否已经存在于图 G 中，若已然存在，则返回错误；最后将顶点值 v 复制到顶点向量第一个空元素中，并设置该元素的边链表指针为空，同时将 vexnum 增加 1，参考以下代码。

```
Status InsertVex(AMLGraph &G, VertexType v)
{
    // 初始条件: 无向图G存在, v和G中顶点有相同特征
    // 操作结果: 在G中增添新顶点v
    if (G.vexnum == MAX_VERTEX_NUM) // 结点已满, 不能插入
    {
        return ERROR;
    }
    if (LocateVex(G, v) >= 0) // 结点已存在, 不能插入
    {
        return ERROR;
    }
    strcpy(G.adjmulist[G.vexnum].data, v);
    G.adjmulist[G.vexnum++].firstedge = NULL;
    return OK;
}
```

邻接多重表和十字链表类似的一点是，每一个弧结点都同时存在于两条依附顶点的边链表中，所以邻接多重表每增加一条边都要修改两条链表。InsertArc 函数的实现参考以下代码，先查询弧的两个依附顶点 v 和 w 的位序 i 和 j，并判断其是否在图 G 中，若不在则返回错误。再申请弧结点 p，对其初始化，并将 p 插入到顶点 v 和顶点 w 的边链表之首，如果图 G 是网，则要为 info 申请空间并请用户初始化。

```
Status InsertArc(AMLGraph &G, VertexType v, VertexType w)
{
    // 初始条件: 无向图G存在, v和w是G中两个顶点
    // 操作结果: 在G中增添弧 < v, w >
    int i, j, IncInfo;
    EBox *p;
    i = LocateVex(G, v); // 一端
```

```
        j = LocateVex(G, w);    // 另一端
        if (i < 0 || j < 0 || i == j)
        {
            return ERROR;
        }
        p = (EBox *) malloc(sizeof(EBox));
        p->mark = unvisited;
        p->ivex = i;
        p->ilink = G.adjmulist[i].firstedge;   // 插在v的边链表表头
        G.adjmulist[i].firstedge = p;
        p->jvex = j;
        p->jlink = G.adjmulist[j].firstedge;   // 插在w的边链表表头
        G.adjmulist[j].firstedge = p;
        printf("该边是否有权值(1:有 0:无): ");
        scanf("%d", &IncInfo);
        if (IncInfo) // 有权值
        {
            p->info = (InfoType*) malloc(sizeof(InfoType));
            printf("请输入该边的权值: ");
            scanf("%d", p->info);
        }
        else
        {
            p->info = NULL;
        }
        G.edgenum++;
        return OK;
    }
```

删除邻接多重表边结点的函数 DeleteArc 实现起来比较麻烦，因为每个边结点被两条边链表所共用。参考如下代码，要从图 G 中删除依附顶点为 v 和 w 的边，先判断 v 和 w 是否存在于图 G 中，如果不存在，则返回错误。再从顶点 v 的边链表开始，利用 p 和 q 指针找到待删除的边结点及其前驱，并使边结点 p 的前驱 q 指向 p 的后继。

这里要注意的有两点：首先的话要考虑待删除的边结点是否为顶点 v 的边链表的首元素，如果是首元素，则直接将 firstedge 赋值为该边结点的后继；其次，由于每个边结点都有两个依附顶点，而这两个依附顶点并没有顺序之分，所以在比较顶点的时候要针对两个依附顶点成员 ivex 和 jvex 分别进行考虑，如果与成员 ivex 匹配，则操作 ilink 链表，如果和顶点 jvex 匹配，则操作 jlink 链表。

处理完顶点 v 的边链表之后还要处理顶点 w 的边链表，其处理方式和之前类似。当处理完两个依附顶点的边链表后，待删除的边结点就从两个链表中释放出来，于是将其删除并释放内存，最后将 arcnum 的值减 1 即可。

```
    Status DeleteArc(AMLGraph &G, VertexType v, VertexType w)
    {
        // 初始条件: 无向图G存在, v和w是G中两个顶点
        // 操作结果: 在G中删除弧 < v, w >
        int i, j;
        EBox *p, *q;
        i = LocateVex(G, v);
```

```c
        j = LocateVex(G, w);
        if (i < 0 || j < 0 || i == j)
        {
            return ERROR;    // 图中没有该点或弧
        }
        p = G.adjmulist[i].firstedge;    // p指向顶点v的第1条边
        if (p && p->jvex == j)    // 第1条边即为待删除边(情况1)
        {
            G.adjmulist[i].firstedge = p->ilink;
        }
        else if (p && p->ivex == j)    // 第1条边即为待删除边(情况2)
        {
            G.adjmulist[i].firstedge = p->jlink;
        }
        else    // 第1条边不是待删除边
        {
            while (p)    // 向后查找弧 < v, w >
            {
                if (p->ivex == i && p->jvex != j)    // 不是待删除边
                {
                    q = p;
                    p = p->ilink;    // 查找下一个邻接顶点
                }
                else if (p->jvex == i && p->ivex != j)
                {
                    // 不是待删除边
                    q = p;
                    p = p->jlink;    // 查找下一个邻接顶点
                }
                else    // 是邻接顶点w
                {
                    break;
                }
            }
            if (!p)    // 未找到该边
            {
                return ERROR;
            }
            if (p->ivex == i && p->jvex == j)
            {
                // 找到弧 < v, w > (情况1)
                if (q->ivex == i)
                {
                    q->ilink = p->ilink;
                }
                else
                {
                    q->jlink = p->ilink;
                }
```

```c
        }
        else if (p->ivex == j && p->jvex == i)
        {
            // 找到弧 < v, w > (情况2)
            if (q->ivex == i)
            {
                q->ilink = p->jlink;
            }
            else
            {
                q->jlink = p->jlink;
            }
        }
    }
    // 以下由另一顶点起查找待删除边并删除它
    p = G.adjmulist[j].firstedge;    // p指向顶点w的第1条边
    if (p->jvex == i)  // 第1条边即为待删除边(情况1)
    {
        G.adjmulist[j].firstedge = p->ilink;
    }
    else if (p->ivex == i)  // 第1条边即为待删除边(情况2)
    {
        G.adjmulist[j].firstedge = p->jlink;
    }
    else  // 第1条边不是待删除边
    {
        while (p)  // 向后查找弧 < v, w >
        {
            if (p->ivex == j && p->jvex != i)  // 不是待删除边
            {
                q = p;
                p = p->ilink;  // 查找下一个邻接顶点
            }
            else if (p->jvex == j && p->ivex != i)
            {
                // 不是待删除边
                q = p;
                p = p->jlink;  // 查找下一个邻接顶点
            }
            else  // 是邻接顶点v
            {
                break;
            }
        }
        if (p->ivex == i && p->jvex == j)
        {
            // 找到弧 < v, w > (情况1)
            if (q->ivex == j)
            {
```

```
                    q->ilink = p->jlink;
                }
                else
                {
                    q->jlink = p->jlink;
                }
            }
            else if (p->ivex == j && p->jvex == i)
            {
                // 找到弧 < v, w >  (情况2)
                if (q->ivex == j)
                {
                    q->ilink = p->ilink;
                }
                else
                {
                    q->jlink = p->ilink;
                }
            }
        }
        if (p->info)  // 有相关信息(或权值)
        {
            free(p->info);   // 释放相关信息(或权值)
        }
        free(p);         // 释放结点
        G.edgenum--;     // 边数-1
        return OK;
}
```

参考以下代码，邻接多重表的顶点删除函数 DeleteVex 删除图 G 中的顶点 v，同样，先获取 v 的位序 i 并判断 v 是否存在于图 G 中；然后遍历顶点向量，将 v 值和依次访问的顶点值所构成的弧用 DeleteArc 函数删除；再将位序 i 之后的所有顶点前移 1 位，将 vexnum 减 1；最后将弧链表中所有大于 i 的顶点位序减 1。

```
Status DeleteVex(AMLGraph &G, VertexType v)
{
    // 初始条件：无向图G存在，v是G中某个顶点
    // 操作结果：删除G中顶点v及其相关的边
    int i, j;
    EBox *p;
    i = LocateVex(G, v);   // i为待删除顶点的序号
    if (i < 0)
    {
        return ERROR;
    }
    for (j = 0; j < G.vexnum; j++) // 删除与顶点v相连的边
    {
        DeleteArc(G, v, G.adjmulist[j].data);  // 如存在，则删除
    }
    for (j = i + 1; j < G.vexnum; j++) // 前移顶点
    {
```

```
            G.adjmulist[j - 1] = G.adjmulist[j];
        }
        G.vexnum--;    // 顶点数减1
        for (j = i; j < G.vexnum; j++)
        {
            // 修改序号大于i的顶点在表结点中的序号
            p = G.adjmulist[j].firstedge;
            if (p)
            {
                if (p->ivex == j + 1)
                {
                    p->ivex--;
                    p = p->ilink;
                }
                else
                {
                    p->jvex--;
                    p = p->jlink;
                }
            }
        }
        return OK;
}
```

销毁图函数 DestroyGraph 可以直接利用之前实现的顶点删除函数 DeleteVex 依次删除每一个顶点，参考如下代码。

```
void DestroyGraph(AMLGraph &G)
{
    // 初始条件：有向图G存在
    // 操作结果：销毁有向图G
    int i;
    for (i = G.vexnum - 1; i >= 0; i--)    //依次删除顶点
    {
        DeleteVex(G, G.adjmulist[i].data);
    }
}
```

在邻接多重表的查找第一个邻接顶点的函数 FirstAdjVex 中要对边结点的两个依附顶点成员序号进行判断。参考如下代码，在图 G 中查找顶点 v 的邻接顶点，首先获取顶点 v 的位序 i 并判断 v 是否存在于图 G 中，对顶点 v 而言，其边链表中每一个结点必然有一个顶点位序成员是 i，所以要访问 v 的边链表的头结点，并从结点的 ivex 和 jvex 成员中找到不是 i 的位序。

```
int FirstAdjVex(AMLGraph G, VertexType v)
{
    // 初始条件：无向图G存在，v是G中某个顶点
    // 操作结果：返回v的第一个邻接顶点的序号，
    //         若顶点在G中没有邻接顶点，则返回-1
    int i;
    i = LocateVex(G, v);
    if (i < 0)  // G中不存在顶点v
    {
```

```
            return -1;
        }
        if (G.adjmulist[i].firstedge) // v有邻接顶点
        {
            if (G.adjmulist[i].firstedge->ivex == i)
            {
                return G.adjmulist[i].firstedge->jvex;
            }
            else
            {
                return G.adjmulist[i].firstedge->ivex;
            }
        }
        else
        {
            return -1;
        }
    }
```

查找下一个邻接顶点的函数 NextAdjVex 会在图 G 中查询顶点 v 除邻接顶点 w 之外的邻接顶点。先要遍历顶点 v 的边链表，找到与顶点 w 共同依附的边结点 p。如果 p 的 ivex 成员对应 v 的位序，则 p 的 ilink 成员指向的就是下一个邻接顶点与 v 构成的边；若 p 的 jvex 成员对应 v 的位序，则处理 jlink 成员所指向的边结点。

```
    int NextAdjVex(AMLGraph G, VertexType v, VertexType w)
    {
        // 初始条件：无向图G存在，v是G中某个顶点，w是v的邻接顶点
        // 操作结果：返回v的(相对于w的)下一个邻接顶点的序号，
        //          若w是v的最后一个邻接点，则返回-1
        int i, j;
        EBox *p;
        i = LocateVex(G, v); // i是顶点v的序号
        j = LocateVex(G, w); // j是顶点w的序号
        if (i < 0 || j < 0)  // v或w不是G的顶点
        {
            return -1;
        }
        p = G.adjmulist[i].firstedge;  // p指向顶点v的第1条边
        while (p)
        {
            if (p->ivex == i && p->jvex != j)
            {
                // 不是邻接顶点w(情况1)
                p = p->ilink;  // 查找下一个邻接顶点
            }
            else if (p->jvex == i && p->ivex != j)
            {
                // 不是邻接顶点w(情况2)
                p = p->jlink;  // 查找下一个邻接顶点
            }
            else // 是邻接顶点w
```

```
                {
                    break;
                }
            }
            if (p && p->ivex == i && p->jvex == j)
            {
                // 找到邻接顶点w(情况1)
                p = p->ilink;
                if (p && p->ivex == i)
                {
                    return p->jvex;
                }
                else if (p && p->jvex == i)
                {
                    return p->ivex;
                }
            }
            if (p && p->ivex == j && p->jvex == i)
            {
                // 找到邻接顶点w(情况2)
                p = p->jlink;
                if (p && p->ivex == i)
                {
                    return p->jvex;
                }
                else if (p && p->jvex == i)
                {
                    return p->ivex;
                }
            }
            return -1;
        }
```

邻接多重表所实现的图的深度优先遍历函数 DFSTraverse、广度优先遍历函数 DFSTraverse 与其他图结构类似，具体代码在此略过。

因为边结构 EBox 中增加了一个访问标记成员 mark 用于图的一些高级操作，所以针对该成员还应设计将图 G 访问标记清零的函数 MarkUnvizited，参考如下代码。

```
void MarkUnvizited(AMLGraph G)
{
    // 操作结果：将置边的访问标记为未被访问
    int i;
    EBox *p;
    for (i = 0; i < G.vexnum; i++)
    {
        p = G.adjmulist[i].firstedge;
        while (p)
        {
            p->mark = unvisited;
            if (p->ivex == i)
            {
```

```
                p = p->ilink;
            }
            else
            {
                p = p->jlink;
            }
        }
    }
}
```

在邻接多重表的打印函数 Display 的具体实现中，要遍历每个顶点的边链表，但是每个边结点都由两条链表所共用，因此关键在于判断每个边结点是否已经被打印。以下代码针对每个已打印过的边结点都将其 mark 成员设置为 visited，由此可以避免同一条边的重复输出。

```
void Display(AMLGraph G)
{
    // 操作结果：输出无向图的邻接多重表G
    int i;
    EBox *p;
    MarkUnvizited(G);   // 置边的访问标记为未被访问
    printf("%d个顶点：\n", G.vexnum);
    for (i = 0; i < G.vexnum; ++i)
    {
        printf("%s ", G.adjmulist[i].data);
    }
    printf("\n%d条边:\n", G.edgenum);
    for (i = 0; i < G.vexnum; i++)
    {
        p = G.adjmulist[i].firstedge;
        while (p)
        {
            if (p->ivex == i) // 边的i端与该顶点有关
            {
                if (!p->mark) // 只输出一次
                {
                    printf("%s—%s ", G.adjmulist[i].data,
                           G.adjmulist[p->jvex].data);
                    p->mark = visited;
                    if (p->info) // 输出附带信息
                    {
                        printf("权值: %d ", *p->info);
                    }
                }
                p = p->ilink;
            }
            else // 边的j端与该顶点有关
            {
                if (!p->mark) // 只输出一次
                {
                    printf("%s—%s ", G.adjmulist[p->ivex].data,
                           G.adjmulist[i].data);
```

```
                    p->mark = visited;
                    if (p->info) // 输出附带信息
                    {
                        printf("权值: %d ", *p->info);
                    }
                }
                p = p->jlink;
            }
        }
        printf("\n");
    }
}
```

## 7.5 图的高级算法项目

### 一、实训项目要求

要求在之前所实现的图的各种表示方式的项目中添加一些针对图的高级算法，并在之前的用户操作界面中增加以下算法的操作选项。

1）DFSTree（在邻接表项目中增加深度优先生成树函数）；
2）DFSForest（在邻接表项目中增加深度优先生成森林函数）；
3）MiniSpanTree（在邻接矩阵项目中增加构造最小生成树函数）；
4）FindArticul（在邻接表项目中增加查找关节点函数）；
5）TopologicalSort（在邻接表项目中增加拓扑排序函数）；
6）CriticalPath（在邻接表项目中增加求关键路径函数）；
7）ShortestPath（在邻接矩阵项目中增加求最短路径函数）。

### 二、重要代码提示

图的生成树函数 DFSTree 利用孩子兄弟链表来存储图 G 从序号为 v 的顶点出发的生成树。参考如下代码，模仿 DFSTraverse 的递归算法，遍历顶点 v 的邻接顶点，每访问一个未曾访问过的邻接顶点，就生成一个 CSTree 的结点并加入到孩子兄弟链表 T 中，通过一个标识变量 first 将第一个孩子结点链入 T 的孩子指针中，将后续结点链入之前结点的兄弟指针中。每次访问完一个邻接顶点后，递归调用 DFSTree 函数，构造从该邻接顶点出发的 DFS 遍历的生成树。

```
Boolean visited[MAX_VERTEX_NUM]; // 访问标志数组(全局量)
void DFSTree(ALGraph G, int v, CSTree &T)
{
// 操作结果：从第v个顶点出发深度优先遍历图G,
//         建立以T为根的生成树
    Boolean first = TRUE;
    int w;
    CSTree p, q;
    visited[v] = TRUE;
    w = FirstAdjVex(G, G.vertices[v].data);
    while (w >= 0) // w依次为v的邻接顶点
    {
        if (!visited[w]) // w顶点不曾被访问
```

```
            {
                p = (CSTree) malloc(sizeof(CSNode));  // 分配孩子结点
                strcpy(p->data, G.vertices[w].data);
                p->firstchild = NULL;
                p->nextsibling = NULL;
                if (first)
                {
                    // w是v的第一个未被访问的邻接顶点
                    T->firstchild = p;
                    first = FALSE;    // 是根的第一个孩子结点
                }
                else // w是v的其他未被访问的邻接顶点
                {
                    // 是上一邻接顶点的兄弟结点
                    // 第1次不通过此处,以后q已赋值
                    q->nextsibling = p;
                }
                q = p;
                // 从第w个顶点出发深度优先遍历图G,建立子生成树q
                DFSTree(G, w, q);
            }
            w = NextAdjVex(G, G.vertices[v].data,
                        G.vertices[w].data);
        }
    }
```

针对有多个连通分量的图,构造深度优先生成森林的函数 DFSForest,通过遍历图 G 的顶点向量,对未曾访问过的顶点调用生成树构造函数 DFSTree,从而得到每个连通分量的生成树,将这些生成树的根结点利用兄弟指针链接起来即可。

```
void DFSForest(ALGraph G, CSTree &T)
{
    // 操作结果:建立无向图G的深度优先生成森林的孩子兄弟链表T
    CSTree p, q;
    int v;
    T = NULL;
    for (v = 0; v < G.vexnum; ++v)
    {
        visited[v] = FALSE;   // 赋初值
    }
    for (v = 0; v < G.vexnum; ++v) // 从第0个顶点找起
    {
        if (!visited[v]) // 第v个顶点不曾被访问
        {
            // 第v个顶点为新的生成树的根结点
            p = (CSTree)malloc(sizeof(CSNode));  // 分配根结点
            strcpy(p->data, G.vertices[v].data);
            p->firstchild = NULL;
            p->nextsibling = NULL;
            if (!T) // 是第一棵生成树的根(T的根)
            {
```

```
                    T = p;
                }
                else // 是其他生成树的根(前一棵树的根的"兄弟")
                {
                    // 第1次不通过此处,以后q已赋值
                    q->nextsibling = p;
                }
                q = p;  // q指示当前生成树的根
                DFSTree(G, v, p);  // 建立以p为根的生成树
            }
        }
    }
```

采用普利姆算法构造一个网的最小生成树,首先要构造一个辅助数组存储最小生成树顶点 U 集到未纳入 U 集的其他顶点代价最小的边。此数组为 minside,其定义如下,其每个元素包含 U 集中到达对应顶点代价最小的顶点值 adjvex 和权值 lowcost。

```
typedef struct
{
    // 记录从顶点集U到V-U的代价最小的边的辅助数组定义
    // 用于MiniSpanTree_PRIM函数
    VertexType adjvex;
    VRType     lowcost;
} minside[MAX_VERTEX_NUM];
```

每次向顶点集 U 加入顶点的时候都要遍历 minside 数组,从中取得 lowcost 最小的顶点,因此将该操作单独封装为一个函数 minimum,参考如下代码。

```
int minimum(minside SZ, MGraph G)
{
    // 操作结果:求SZ.lowcost的最小正值,并返回其在SZ中的序号
    int i = 0, j, k, min;
    while (!SZ[i].lowcost)
    {
        i++;
    }
    min = SZ[i].lowcost;  // 第一个不为0的值
    k = i;
    for (j = i+1; j < G.vexnum; j++)
    {
        if (SZ[j].lowcost > 0 && min > SZ[j].lowcost)
        {
            // 找到新的大于0的最小值
            min = SZ[j].lowcost;
            k   = j;
        }
    }
    return k;
}
```

普利姆算法构造最小生成树函数 MiniSpanTree_PRIM 时,首先要初始化 miniside 数组 closedge,因为最开始只有顶点 u 处于最小生成树顶点集 U 中,所以只要将依附于 U 的所有边加入到 closedge 中,然后利用 minimum 函数从 closedge 中找到到达开销最小的顶点 k,将 k 纳

入 U 集即将 closedge[k] 的 lowcost 置 0，并将该边打印出来即可。遍历顶点 k 的邻接向量，更新 closedge 数组，依次循环以上逻辑即可得到最小生成树，参考以下代码。

```c
void MiniSpanTree_PRIM(MGraph G, VertexType u)
{
    // 操作结果：用普里姆算法从第u个顶点出发构造网G的最小生成树
    //          输出该树的各条边
    int i, j, k;
    minside closedge;
    k = LocateVex(G, u);
    for (j = 0; j < G.vexnum; ++j) // 辅助数组初始化
    {
        strcpy(closedge[j].adjvex, u);
        closedge[j].lowcost = G.arcs[k][j].adj;
    }
    closedge[k].lowcost = 0;    // 初始, U = {u}
    printf("最小代价生成树的各条边为:\n");
    for (i = 1; i < G.vexnum; ++i)
    {
        // 选择其余G.vexnum-1个顶点
        k = minimum(closedge, G);   // 将纳入U的下一个顶点
        // 输出生成树的边
        printf("(%s-%s)\n", closedge[k].adjvex, G.vexs[k]);
        closedge[k].lowcost = 0;   // 第k个顶点并入U集
        for (j = 0; j < G.vexnum; ++j)
        {
            if (G.arcs[k][j].adj < closedge[j].lowcost)
            {
                // 新顶点并入U集后重新选择最小边
                strcpy(closedge[j].adjvex, G.vexs[k]);
                closedge[j].lowcost = G.arcs[k][j].adj;
            }
        }
    }
}
```

还可以采用克鲁斯卡尔算法求无向网的最小生成树，参考函数 Kruskal 的代码。首先，构造一个顶点集合数组 set，数组下标表示网 G 的每一个顶点序号，数组的值则是该顶点属于的集合编号，进行初始化集合，为每一个顶点依次赋予不同集合序号，即初始状态下每个顶点都属于不同的集合。

其次，遍历网 G 的上三角邻接矩阵，找到权值最小的边，并将其从矩阵中删除，然后判断该边的两个依附顶点是否处于同一集合，如果不是则打印该边，并将这两个顶点所属的集合编号合并为相同编号。

最后，依次循环执行以上步骤，最终得到完整的最小生成树。

```c
void Kruskal(MGraph G)
{
    // 操作结果：克鲁斯卡尔算法求无向连通网的最小生成树
    int set[MAX_VERTEX_NUM], i, j;
    int k = 0, a = 0, b = 0, min = G.arcs[a][b].adj;
```

```
    for (i = 0; i < G.vexnum; i++) {
        set[i] = i;  // 初态，各顶点分别属于各个集合
    }
    printf("最小代价生成树的各条边为:\n");
    while (k < G.vexnum - 1)  // 最小生成树的边数小于顶点数-1
    {
        // 寻找最小权值的边
        for (i = 0; i < G.vexnum; ++i)
        {
            for (j = i + 1; j < G.vexnum; ++j)
            {
                // 无向网，只在上三角查找
                if (G.arcs[i][j].adj < min)
                {
                    min = G.arcs[i][j].adj;  // 最小权值
                    a = i;  // 边的一个顶点
                    b = j;  // 边的另一个顶点
                }
            }
        }
        // 删除上三角中的该边，下次不再查找
        min = G.arcs[a][b].adj = INFINITY;
        if (set[a] != set[b])  // 边的两个顶点不属于同一集合
        {
            printf("%s-%s\n", G.vexs[a], G.vexs[b]);  // 输出边
            k++;  // 边数+1
            for (i = 0; i < G.vexnum; i++)
            {
                if (set[i] == set[b])
                {
                    // 将顶点b所在集合并入顶点a集合
                    set[i] = set[a];
                }
            }
        }
    }
}
```

找寻关节点的过程中对图 G 进行深度优先遍历，利用全局变量 count 对顶点的访问顺序进行编号，而全局数组 visited 记录每个顶点的访问顺序。通过全局数组 low 记录所有顶点的 low 值，顶点 v0 的 low 值就是深度优先生成树中以顶点 v0 为根的所有子树顶点的邻接顶点访问顺序最小值，即顶点 v0 的 low 值也是其子树中所有顶点 low 值的最小值。

因此，可以构造递归函数 DFSArticul 求图 G 中顶点 v0 的 low 值，参考如下代码，函数当前访问顶点 v0，所以先对该顶点的 visited 数组赋值为 count+1，设置一个变量 min 来保存最小的 low 值，不妨将 v0 的访问顺序初始化为 min。

再深度优先遍历 v0 的邻接顶点（即 v0 的深度优先子树），因为在获得了子树顶点的 low 值后才能算出 v0 的 low 值，所以在深度优先遍历时对未被访问过的每个顶点递归调用函数 DFSArticul 求得其 low 值，使所有未访问顶点的 low 值和 min 相比，用最小值替换 min。

而在深度优先遍历时已被访问过的顶点是 v0 在生成树上的祖先顶点，所以将祖先顶点的 visited 值与 min 进行比较，用最小值替换 min，最终整个循环结束时，min 值就是以 v0 为根结点的子树的最小 low 值，也就是 v0 的 low 值，将其存入 low[v0]。

在深度优先遍历的过程中，求得一个顶点的 low 值后就可以将其与该顶点的访问顺序进行比较，如果 low 值大于或等于该顶点的访问顺序，则输出该顶点为关节点。

```
int count;                          // 对访问顺序计数
int low[MAX_VERTEX_NUM];            // 存储对应顶点的low值

void DFSArticul(ALGraph G, int v0)
{
    // 操作结果：从第v0个顶点出发深度优先遍历图G，查找并输出关节点
    int min, w;
    ArcNode *p;
    visited[v0] = min = ++count;
    // v0是第count个访问的顶点，min的初值为v0的访问顺序
    for (p = G.vertices[v0].firstarc; p; p = p->nextarc)
    {
        // 依次对v0的每个邻接顶点进行检查
        w = p->data.adjvex;   // w为v0的邻接顶点位置
        if (visited[w] == 0)  // w未曾访问，是v0的孩子
        {
            DFSArticul(G, w);
            // 从第w个顶点出发深度优先遍历图G，查找并输出关节点
            // 返回前求得low[w]
            if (low[w] < min)
            {
                // 如果v0的孩子结点w的low[]小，
                // 说明孩子结点还与其他结点(祖先)相邻
                // 取min值为孩子结点的low[]，则v0不是关节点
                min = low[w];
            }
            else if (low[w] >= visited[v0])
            {
                // v0的孩子结点w只与v0相连，则v0是关节点
                // 输出关节点v0
                printf("%d %s\n", v0, G.vertices[v0].data);
            }
        }
        else if (visited[w] < min)
        {
            // w已访问，则w是v0在生成树上的祖先，
            // 它的访问顺序必小于min
            min = visited[w];  // 故取min为visited[w]
        }
    }
    low[v0] = min;  // v0的low[]值为三者中的最小值
}
```

对整个图寻找全部关节点的函数为 FindArticul。首先，对顶点向量中第一个顶点 vertices[0]

（深度优先生成树的根结点）的第一个邻接顶点调用 DFSArticul 函数，通过全局变量 count 值判断是否有顶点没有访问，如果有，则说明顶点 vertices[0]存在多个深度优先子树，从而确定根顶点 vertices[0]一定是关节点。其次，遍历顶点 vertices[0]的邻接顶点，对未访问过的邻接顶点调用 DFSArticul 函数，就能将全图的关节点找出。

注意：这里的算法只能找出连通图的所有关节点，若要查找非连通图所有关节点，则要对该程序做哪些修改？

```
void FindArticul(ALGraph G)
{
    // 操作结果：连通图G以邻接表作为存储结构，查找并输出G上的全部关节点
    //          全局量count对访问进行计数
    int i, v;
    ArcNode *p;
    count = 1;   // 访问顺序
    // 设定邻接表上以0号顶点为生成树的根，第1个被访问
    visited[0] = count;
    for (i = 1; i < G.vexnum; ++i)
    {
        visited[i] = 0;              // 其余顶点尚未访问，设初值为0
    }
    p = G.vertices[0].firstarc;  // p指向根结点的第1个邻接顶点
    v = p->data.adjvex;          // v是根结点的第1个邻接顶点的序号
    DFSArticul(G, v);            // 从第v个顶点出发深度优先查找关节点
    if (count < G.vexnum)
    {
        // 由根结点的第1个邻接顶点深度优先遍历G
        // 访问的顶点数少于G的顶点数
        // 说明生成树的根有至少两棵子树，则根是关节点
        printf("%d %s\n", 0, G.vertices[0].data);  // 输出根
        while (p->nextarc)             // 根有下一个邻接点
        {
            p = p->nextarc;            // p指向根的下一个邻接点
            v = p->data.adjvex;
            if (visited[v] == 0)       // 此邻接点未被访问
            {
                DFSArticul(G, v);      // 从v出发深度优先查找关节点
            }
        }
    }
}
```

求一个有向图的拓扑序列非常简单，只要不断删除入度为 0 的顶点及其所有的弧即可。所以，在实现求拓扑序列的函数之前可以先实现求图 G 所有顶点入度的函数 FindInDegree。参考如下代码，通过参数传入顶点入度数组 indegree，循环遍历所有顶点的邻接表，对弧头顶点在数组 indegree 中的对应元素进行加 1 操作，最终得到所有顶点的入度值。

```
void FindInDegree(ALGraph G, int indegree[])
{
    // 操作结果：求顶点的入度
    int i;
```

```
    ArcNode *p;
    for (i = 0; i < G.vexnum; i++)
    {
        indegree[i] = 0;    // 赋初值
    }
    for (i = 0; i < G.vexnum; i++)
    {
        p = G.vertices[i].firstarc;
        while (p)
        {
            indegree[p->data.adjvex]++;
            p = p->nextarc;
        }
    }
}
```

参考以下代码，求有向图的拓扑序列函数 TopologicalSort 需要借助第 3 章所实现的栈的操作函数。首先，构造顶点入度数组 indegree，调用 FindInDegree 函数得出所有顶点的入度值，并遍历顶点入度数组，将当前入度为 0 的顶点序号入栈。其次，循环从栈中取出顶点并将其输出，每取出一个顶点后，就遍历该顶点的邻接表，将邻接表中所有弧头顶点的入度减 1。这样做的好处是，可以在不损坏图 G 的情况下将出栈的顶点删除。再次，在递减弧头顶点入度的同时，还要对其入度进行判断，如果入度为 0，则将该顶点入栈。最后，循环过程中用整型变量 count 对输出的顶点进行计数，待循环结束后，考查 count 值，看图 G 中是否所有顶点都被输出了，如果还有顶点没有输出，则图 G 中一定存在环，否则成功得到拓扑序列。

```
Status TopologicalSort(ALGraph G)
{
    // 操作结果：有向图G采用邻接表存储结构。若G无回路，
    //          则输出G的顶点的一个拓扑序列并返回OK,
    //          否则返回ERROR
    int i, k, count = 0;    // 已输出顶点数，初值为0
    int indegree[MAX_VERTEX_NUM];    // 存放各顶点当前入度数
    SqStack S;
    ArcNode *p;
    FindInDegree(G, indegree);    // 对各顶点求入度indegree[]
    InitStack(S);                 // 初始化零入度顶点栈S
    for (i = 0; i < G.vexnum; ++i)    // 对于所有顶点i
    {
        if (!indegree[i])          // 若其入度为0
        {
            Push(S, i);            // 将i入零入度顶点栈S
        }
    }
    while (!StackEmpty(S))         // 当零入度顶点栈S不空
    {
        Pop(S, i);    // 出栈1个零入度顶点的序号，并将其赋给i
        printf("%s ", G.vertices[i].data);    // 输出i号顶点
        ++count;       // 已输出顶点数 + 1
        for (p = G.vertices[i].firstarc; p; p = p->nextarc)
        {
```

```
                // 对于i号顶点的每个邻接顶点
                k = p->data.adjvex;   // 其序号为k
                if (!(--indegree[k])) {
                    // k的入度减1,若减为0,则将k入栈S
                    Push(S, k);
                }
            }
        }
        if (count < G.vexnum)
        {
            // 零入度顶点栈S已空,图G还有顶点未输出
            printf("此有向图有回路\n");
            return ERROR;
        }
        else
        {
            printf("为一个拓扑序列。\n");
            return OK;
        }
    }
```

求有向网 G 的关键路径,先要在拓扑序列上递推求得各顶点事件的最早发生时间,再在逆拓扑序列上反向递推求得各顶点事件的最迟发生时间。所以,可以在函数 TopologicalSort 的基础上,构造一个在求拓扑序列的过程中求得顶点事件最早发生时间的同时构造一个逆拓扑序列的函数 TopologicalOrder。

参考以下代码,构造一个全局顶点事件最早发生时间数组 ve,用于后续的关键路径查找函数。函数 TopologicalSort 还传入一个栈的引用 T,用来保存逆拓扑序列,与函数 TopologicalSort 类似,构造栈 S 生成图 G 的拓扑序列,每从栈 S 中出栈一个顶点就同时压入栈 T。

每个顶点的最早发生时间 ve 值为其所有前驱顶点的 ve 值加上连接它们边的权值的最大值。因此,函数先初始化 ve 数组所有元素为 0,然后在函数循环中,考查当前顶点 i 的后继顶点 k,如果 ve[i] 的值加上弧<i, k>的权值比 ve[k] 大,则将其值替换为 ve[k];因为是在求拓扑序列的过程中遍历所有的顶点 i 的,所以可以保证在求顶点 k 的 ve 值之前,顶点 i 的 ve 值已经确定;因此,循环结束后可得出所有顶点的 ve 值,但若最后判断出网 G 有环,则返回错误值。

```
int ve[MAX_VERTEX_NUM];   // 顶点事件最早发生时间,全局变量

Status TopologicalOrder(ALGraph G, SqStack &T)
{
    // 操作结果:有向网G用邻接表存储,求各顶点事件最早发生时间ve,
    //         T为拓扑序列顶点栈,S为零入度顶点栈,若G无回路,
    //         则用栈T返回G的一个拓扑序列,且函数值为OK,
    //         否则为ERROR
    int i, k, count = 0;   // 已入栈顶点数,初值为0
    int indegree[MAX_VERTEX_NUM];     //存放各顶点当前入度数
    SqStack S;
    ArcNode *p;
    FindInDegree(G, indegree);        // 对各顶点求入度indegree[]
    InitStack(S);                     // 初始化零入度顶点栈S
    printf("拓扑序列: ");
```

```
    for (i = 0; i < G.vexnum; ++i)    // 对于所有顶点i
    {
        if (!indegree[i])              // 若其入度为0
        {
            Push(S, i);                // 将i入零入度顶点栈S
        }
    }
    InitStack(T);                      // 初始化拓扑序列顶点栈
    for (i = 0; i < G.vexnum; ++i)
    {
        // 初始化ve[]=0（最小值，先假定每个事件都不受其他事件约束）
        ve[i] = 0;
    }
    while (!StackEmpty(S))   // 当零入度顶点栈S不空时
    {
        Pop(S, i);    // 从栈S中将已拓扑排序的顶点i弹出
        printf("%s ", G.vertices[i].data);
        Push(T, i);   // i号顶点入逆拓扑排序栈T
        ++count;   // 对入栈T的顶点进行计数
        for (p = G.vertices[i].firstarc; p; p = p->nextarc)
        {
            // 对于i号顶点的每个邻接点
            k = p->data.adjvex;   // 其序号为k
            if (--indegree[k] == 0)
            {
                // k的入度减1，若减为0，则将k入栈S
                Push(S, k);
            }
            if (ve[i] + *(p->data.info) > ve[k])
            {
                // *(p->data.info)是<i, k>的权值
                /* 顶点k事件的最早发生时间要受其直接前驱顶点i事件
                   的最早发生时间和<i, k>的权值约束 */
                // 由于i已拓扑有序，故ve[i]不再改变
                ve[k] = ve[i] + *(p->data.info);
            }
        }
    }
    if (count < G.vexnum)
    {
        printf("此有向网有回路\n");
        return ERROR;
    }
    else
    {
        return OK;
    }
}
```

参考以下代码，求有向网关键路径的函数为CriticalPath，首先，调用函数TopologicalOrder，

求得 ve 数组以及逆拓扑序列，再利用逆拓扑序列遍历顶点的邻接表，逆向递推各顶点的最迟发生时间值，并保存到数组 vl 中。

其次，输出所有顶点的 ve 值和 vl 值，如果 ve 值和 vl 值相等，则说明该顶点是关键路径所经过的顶点。然后遍历网 G 的所有弧，并求得弧所代表的活动的最早开始时间 ee 和最迟开始时间 el，对于弧<j, k>而言，ee 即为顶点 j 的最早发生时间，而 el 则为顶点 k 的最迟发生时间减去该弧的权值。

最后，输出所有 ee 值等于 el 值的弧，这些弧构成了图 G 的关键路径。

```
Status CriticalPath(ALGraph G)
{
    // 操作结果：G为有向网，输出G的各项关键活动
    int vl[MAX_VERTEX_NUM];          // 事件最迟发生时间
    SqStack T;
    int i, j, k, ee, el, dut;
    ArcNode *p;
    if (!TopologicalOrder(G, T))   // 产生有向环
    {
        return ERROR;
    }
    j = ve[0];                       // j的初值
    for (i = 1; i < G.vexnum; i++)
    {
        if (ve[i] > j)
        {
            j = ve[i];               // j = Max(ve[]) 完成点的最早发生时间
        }
    }
    for (i = 0; i < G.vexnum; i++)
    {
        // 初始化顶点事件的最迟发生时间
        vl[i] = j;                   // 完成点的最早发生时间(最大值)
    }
    while (!StackEmpty(T))           // 按拓扑逆序求各顶点的vl值
    {
        Pop(T, j);
        for (p = G.vertices[j].firstarc; p; p = p->nextarc)
        {
            // 弹出栈T的元素，赋给j，p指向j的后继事件k
            // 事件k的最迟发生时间已确定(因为是逆拓扑排序)
            k = p->data.adjvex;
            dut = *(p->data.info);   // dut=<j, k>的权值
            if (vl[k] - dut < vl[j])
            {
                /* 事件j的最迟发生时间受其直接后继事件k的最迟
                   发生时间及<j, k>的权值约束 */
                // 由于k已逆拓扑有序，故vl[k]不再改变
                vl[j] = vl[k] - dut;
            }
        }
```

```
        }
        printf("\ni  ve[i] vl[i]\n");
        for (i = 0; i < G.vexnum; i++)
        {
            // 输出各顶点事件的最早发生时间和最迟发生时间
            printf("%d    %d    %d", i, ve[i], vl[i]);
            if (ve[i] == vl[i])
            {
                printf(" 关键路径经过的顶点");
            }
            printf("\n");
        }
        printf("j   k  权值  ee el\n");
        for (j = 0; j < G.vexnum; ++j)  // 求ee、el和关键活动
        {
            for (p = G.vertices[j].firstarc; p; p = p->nextarc)
            {
                k = p->data.adjvex;
                dut = *(p->data.info);  // du=<j, k>的权值
                ee = ve[j];   // ee = 活动<j, k>的最早开始时间
                el = vl[k] - dut;  // el=活动<j, k>的最迟开始时间
                printf("%s→%s %3d %3d %3d ", G.vertices[j].data,
                    G.vertices[k].data, dut, ee, el);
                // 输出各边的参数
                if (ee == el) // 是关键活动
                {
                    printf("关键活动");
                }
                printf("\n");
            }
        }
    return OK;
}
```

在有向网 G 中，计算顶点 v0 到各顶点的最短距离一般采用迪杰斯特拉算法，该算法采用循序渐进的方式求出到各顶点的最短路径，其函数 ShortestPath_DIJ 实现如下。

首先，定义一个路径矩阵类型，该矩阵保存从顶点 v0 到各顶点当前最短路径所经过的顶点记录；还要定义一个最短距离向量类型，该向量保存从顶点 v0 到各顶点的当前最短路径长度。

其次，函数传入有向网 G、初始顶点序号 v0、路径矩阵 P、最短距离向量 D，同时定义一个数组 final 来记录 v0 到达各顶点的最短路径是否已经求出。先初始化 final 数组所有元素为 FALSE，初始化 P 所有元素为 FALSE，遍历邻接矩阵的 v0 向量，初始化 D 为顶点 v0 到各顶点的弧的权值（若没有直连的弧，则权值为 INFINITY）；源顶点 v0 有弧直接到达的顶点，要将 v0 和自身纳入到其在路径矩阵 P 中所对应的向量中。

再次，循环从 D 中找出最小值，每次循环找出 D 中最小元素对应的顶点 v 即为一条完整的最短路径的终点。每次循环找出 v 之后，就要将 final[v]置为 TRUE，以表示到顶点 v 的最短距离已经求出。

最后，修正尚未求出最短路径的顶点集所对应于 D 和 P 的值，因为顶点 v 的最终最短路径已经求出，所有考查顶点 v 有弧直接到达的顶点 w，如果 D[v]加上弧<v, w>权重小于之前求得

的 D[w]，则用该值修正 D[w]，说明经由顶点 v 到达顶点 w 的路径比之前计算出到达 w 的路径还短，所以要将顶点 P[v]的内容赋予 P[w]，表明当前到 w 最短路径所经顶点包含了到 v 最短路径顶点，并将顶点 w 自身纳入 P。所有循环结束之后，P 与 D 中就保存了到达各顶点的最终最短路径信息。

```
#define MVN MAX_VERTEX_NUM   // 为最大顶点数定义简短别名
typedef int PathMatrix_DIJ[MVN][MVN];   // 路径矩阵
typedef int ShortPathTable[MVN];        // 最短距离向量

void ShortestPath_DIJ(MGraph G, int v0,
PathMatrix_DIJ P, ShortPathTable D)
{
    // 操作结果：用Dijkstra算法求有向网G的v0顶点到其余顶点v的
    //           最短路径P[v]及带权长度D[v]。若P[v][w]为TRUE，
    //           则w是从v0到v当前求得的最短路径上的顶点。
    //           final[v]为TRUE，当且仅当v∈S时，即已经求得
    //           从v0到v的最短路径。
    int v, w, i, j, min;
    Status final[MVN];   // 记录v0到该顶点的最短距离是否已求出
    for (v = 0; v < G.vexnum; ++v)
    {
        final[v] = FALSE;   // 设初值为假
        // D[v]存放v0到v的最短距离，初值为v0到v的直接距离
        D[v] = G.arcs[v0][v].adj;
        for (w = 0; w < G.vexnum; ++w)
        {
            P[v][w] = FALSE;   // 设P[][]初值为FALSE，没有路径
        }
        if (D[v] < INFINITY)   // v0到v有直接路径
        {
            // 一维数组p[v][]表示源点v0到v最短路径通过的顶点
            P[v][v0] = P[v][v] = TRUE;
        }
    }
    D[v0] = 0;   // v0到v0距离为0
    final[v0] = TRUE;   // v0顶点并入S集
    for (i = 1; i < G.vexnum; ++i)   // 其余G.vexnum-1个顶点
    {
        //每次求得v0到某个顶点v的最短路径，并将v并入S集
        min = INFINITY;   // 当前所知离v0顶点的最近距离，设初值为∞
        for (w = 0; w < G.vexnum; ++w)   // 对所有顶点进行检查
        {
            if (!final[w] && D[w] < min)
            {
                /* 在S集之外的顶点中找出离v0最近的顶点，
                   并将其赋给v，距离赋给min */
                v = w;
                min = D[w];
            }
        }
```

```
                final[v] = TRUE;    // 将v并入S集
                for (w = 0; w < G.vexnum; ++w)
                {
                    // 更新不在S集的顶点到v0的距离和路径数组
                    if (!final[w] && min < INFINITY &&
                        G.arcs[v][w].adj < INFINITY &&
                        (min + G.arcs[v][w].adj < D[w]))
                    {
                        // w不属于S集且v0→v→w的距离<目前v0→w的距离
                        D[w] = min + G.arcs[v][w].adj;  // 更新D[w]
                        for (j = 0; j < G.vexnum; ++j)
                          {
                          /* 修改P[w]，v0到w经过的顶点包括v0到v经过
                             的顶点再加上顶点w */
                            P[w][j] = P[v][j];
                          }
                        P[w][w] = TRUE;
                    }
                }
            }
        }
```

求有向网 G 中，两两顶点之间的最短路径时一般采用弗洛伊德算法，参考以下代码，其函数 ShortestPath_FLOYD 需要传入一个三维矩阵 P，以保存两个顶点间最短路径所经历的顶点编号，还要传入一个矩阵 D 时保存两个顶点之间的当前最短距离。

首先，初始化 D 为各顶点之间邻接矩阵的值，若两个顶点有直连弧，则 D 对应值为其权值，否则为 INFINITY；初始化 P 所有元素为 FALSE，同时考查具有直连弧的顶点对，暂时认定这些弧是顶点对的最短路径，因此将 P 中对应的元素调整为 TRUE，则此时 D 中保存的都是只包含两个顶点的最短路径（暂时）长度。

其次，进入循环，不断尝试在之前的最短路径<v, w>中纳入一个新的顶点 u，如果路径<v, u>与<u, w>之前已经计算出，且 D[v][u]+D[u][w]<D[v][w]，则修正 D[v][w]为 D[v][u]+D[u][w]，同时将 P[v][u]和 P[u][w]的值赋给 P[v][w]。

最后，随着循环的进行，两两顶点最短路径所包含的顶点数不断扩展，到循环结束之后，D 和 P 中保存的就是最终的各顶点之间的最短路径信息。

```
        typedef int PathMatrix_FLOYD[MVN][MVN][MVN]; // 路径矩阵
        typedef int DistancMatrix[MVN][MVN];    // 长度矩阵

        void ShortestPath_FLOYD(MGraph G, PathMatrix_FLOYD P,
                                DistancMatrix D)
        {
            // 操作结果：Floyd算法求有向网G中各对顶点v和w之间的最短路径
            //          P[v][w]及其带权长度D[v][w] ,若P[v][w][u]为TRUE,
            //          则u是从v到w当前求得的最短路径上的顶点
            int u, v, w, i;
            for (v = 0; v < G.vexnum; v++)
            {
                // 计算各对结点之间初始已知路径及距离
                for (w = 0; w < G.vexnum; w++)
```

```
                {
                    D[v][w] = G.arcs[v][w].adj;
                    // 顶点v到顶点w的直接距离
                    for (u = 0; u < G.vexnum; u++)
                    {
                        P[v][w][u] = FALSE;    // 路径矩阵初值
                    }
                    if (D[v][w] < INFINITY)   // 从v到w有直接路径
                    {
                        // 由v到w的路径经过v和w两点
                        P[v][w][v] = P[v][w][w] = TRUE;
                    }
                }
            }
            for (u = 0; u < G.vexnum; u++)
            {
                for (v = 0; v < G.vexnum; v++)
                {
                    for (w = 0; w < G.vexnum; w++)
                    {
                        if (D[v][u] < INFINITY && D[u][w] < INFINITY &&
                            D[v][u] + D[u][w] < D[v][w])
                        {
                            // 从v经u到w的一条路径更短
                            D[v][w] = D[v][u] + D[u][w];   // 更新最短距离
                            for (i = 0; i < G.vexnum; i++)
                            {
                                /* 从v到w的路径经过从v到u和
                                   从u到w的所有路径 */
                                P[v][w][i] = P[v][u][i] || P[u][w][i];
                            }
                        }
                    }
                }
            }
        }
```

## 7.6 图项目实训拓展

1）设计一个校园导游咨询系统，要求如下。

① 设计学校的平面图，所含景点不少于10个。以图中顶点表示学校各景点，存放景点名称、代号、简介等信息；以边表示路径，存放路径长度等相关信息。

② 为来访客人提供图中任意景点的问路查询，即查询任意两个景点之间的一条最短的简单路径。

③ 为来访客人提供图中任意景点相关信息的查询。

④ 测试数据由用户根据实际情况指定。

提示：一般情况下，校园的道路是双向通行的，可设校园平面图是一个无向网，顶点和边均含有相关信息。

2）给定一个地区的 n 个城市间的距离网，建立最小生成树，并计算得到的最小生成树的代价，要求如下。

① 城市间的距离网采用邻接矩阵表示，邻接矩阵的存储结构定义采用课本中给出的定义，若两个城市之间不存在道路，则将相应边的权值设为自己定义的无穷大值。要求在屏幕上显示得到的最小生成树中包括了哪些城市间的道路，并显示得到的最小生成树的代价。

② 表示城市间距离网的邻接矩阵（要求至少 6 个城市，10 条边）。

③ 显示最小生成树中包括的边及其权值，并显示得到的最小生成树的代价。

3）一位邮递员从邮局选好邮件去投递，最后要回到邮局。当然，他必须经过他所管辖的每条街至少一次。请为他设计一条投递路线，使其所行的路程尽可能短。要求如下。

① 设计邮递员的辖区，并将其抽象成图结构，建立其存储结构。（注意：数据输入可以有键盘输入和文件输入两种方式。）

② 按照输入的邮局所在位置，为邮递员设计一条最佳投递路线，要能考虑到辖区一般情况。

③ 界面要求：有合理的提示和人机交互。

# 第 8 章 动态存储管理项目实训

某些程序操作在运行的过程中才能决定操作数据量的多少，因此内存应可以根据程序运行情况来动态分配。

一般情况下，内存的动态分配与回收由高级语言的函数库提供接口，内存空间的管理工作则由操作系统来承担。但是在有些情况下，用户可能需要实现一套自己的存储管理机制来提高空间动态申请和回收的效率，所以有必要对常见的动态存储管理的实现方式进行了解。

### 一、动态存储管理的基本操作

- 分配空间；
- 回收空间；
- 输出存储状态。

### 二、本章实训目的

1）用 C 或 C++语言实现本章所学的两种存储管理方式；
2）编写动态存储管理的基本操作函数；
3）实现一个验证动态存储管理的用户界面（图 8.1）；
4）运行程序并对其进行测试。

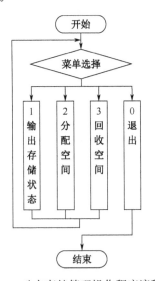

图 8.1　动态存储管理操作程序流程图

### 三、动态存储管理的常见形式

- 边界标识法；

- 伙伴系统。

## 8.1 边界标识法

### 一、边界标识法的特点

1）每个内存区的头部和底部分别设置该区的存储状态标识；
2）采用双向循环链表的形式链接所有内存区；
3）在释放空间的时候便于判断相邻内存区是否可以合并；
4）查询合适大小空间的开销比较大。

边界标识的存储单元如图 8.2 所示。

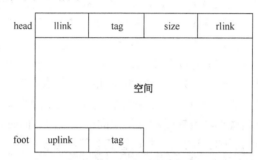

图 8.2 边界标识法的存储单元

### 二、实训项目要求

开发一个用边界标识法对存储空间进行操作的程序，要求程序至少具备以下操作接口。
- AllocBoundTag（空间申请函数）；
- Reclaim（空间回收函数）；
- Print（输出可利用空间信息的函数）。

要求程序具有任用户选择操作的菜单，并支持以下菜单项。
- 输出存储状态信息；
- 分配空间；
- 回收空间；
- 退出程序。

### 三、重要代码提示

参考如下代码，边界标识法在可分配的空间头尾分别设置标记域，为方便操作，可利用共用体将头部域和底部域定义为相同结构，分别命名为 head 和 foot。其中，头部域的第一个成员指针 llink 指向前驱结点，tag 成员指示该空间是否被分配，size 成员表示存储空间块大小，最后一个成员指针 rlink 指向下一个可利用的空间结点；底部域的第一个成员指针 uplink 指向本结点的头部，tag 成员同样标识该空间是否被申请，而后续成员变量则无需使用。另外，为方便操作，底部域定义了一个带参数的宏，可以通过空间结点指针直接得到底部域的指针。

```
// head和foot分别是可利用空间表中结点的第一个字和最后一个字(Word)
typedef struct WORD // 字类型
{
    union
```

```
        WORD *llink;   // 头部域,指向前驱结点
        WORD *uplink;  // 底部域,指向本结点头部
    }
    int  tag;      // 块标志,0表示空闲,1表示占用,头部和尾部均有
    int  size;     // 头部域,块大小
    WORD *rlink;   // 头部域,指向后继结点
} WORD, head, foot, *Space;   // *Space:可利用空间指针类型

#define FootLoc(p)  ((p)+((p)->size-1))  // 带参宏定义,指向p所指结点的底部
#define MAX 1000  // 可利用空间的大小(以Word的字节数为单位)
#define e   10    // 块的最小尺寸-1(以Word的字节数为单位)
```

边界标识法的空间申请函数 AllocBoundTag 比较简单。首先,通过参数传递可用空间表的引用 pav 以及要申请的空间单元数 n。其次,利用指针 p 遍历可用空间表 pav,寻找不小于 n 的空间结点,若未找到,则直接返回 NULL;若找到,则考查当前 p 指向的结点的空间在减去 n 个单位后剩余多少。如果剩余空间量少于空间最小单位,则从 pav 中删除该空间结点(具体删除操作和双向循环链表操作类似,此处不再赘述),并将该结点设置为已使用,此时如果 pav 只有这个结点,则将 pav 的值置为 NULL。如果剩余空间量大于最小单位,则将剩余空间构造成一个单独的空间结点并将其底部域设置于待分配空间区域之前,同时改变头部域的 size 成员为 size-n。最后,设定 p 指向被分配出的空间并设置其头部域将 p 返回。

```
Space AllocBoundTag(Space &pav, int n)
{
    // 操作结果:若可利用空间表pav中有不小于n的空闲块,则分配相应的存储块,
    //          并返回其首地址,否则返回NULL;若分配后可利用空间表不空,
    //          则pav指向表中刚分配过的结点的后继结点
    Space p, f;
    p = pav;
    while ( p && p->size < n && p->rlink != pav)
    {
        // 在pav中查找不小于n的空闲块
        p = p->rlink;
    }
    if (!p || p->size < n)      // 找不到
    {
        return NULL;            // 返回空指针
    }
    else  // p指向找到的空闲块的头部域
    {
        f = FootLoc(p);         // f指向p所指空闲块的底部域
        pav = p->rlink;         // 移动pav,使其指向p所指结点的后继结点
        if (p->size - n <= e)   // 整块分配,不保留 <= e的剩余量,删除该块
        {
            if (pav == p)       // 可利用空间表只有1个空闲块
            {
                pav = NULL;     // 可利用空间表变为空表
            }
            else  // 在表中删除该块
            {
```

```
                pav->llink = p->llink;
                p->llink->rlink = pav;
            }
            p->tag = f->tag = 1;    // 修改分配结点的头部和底部标志为占用
        }
        else // 分配该块的后n个字(高地址部分)，不删除该块
        {
            f->tag = 1;              // 修改分配块的底部标志
            p->size -= n;            // 设置剩余块大小
            f = FootLoc(p);          // 指向剩余块底部
            f->tag = 0;              // 设置剩余块底部
            f->uplink = p;
            p = f + 1;               // 指向分配块头部
            p->tag = 1;              // 设置分配块头部
            p->size = n;
        }
        return p;                    // 返回分配块首地址
    }
}
```

边界标识法回收空间的函数是 Reclaim，它首先判断可利用空间表 pav 是否为空，如果为空，则将待回收空间 p 直接插入 pav，同时将 p 头部域和底部域的 tag 成员置为 0。若 pav 中还有其他可利用空间结点，则要判断 p 所指向的释放空间的左右空间邻块 l 和 r 是否空闲，这里有以下 4 种情况。

1）左右邻块都被占用，则将该空间结点直接插入到 pav 中（插入操作类似于双向循环链表，这里不再赘述），同时让 pav 指向刚插入的空间结点。

2）左邻块空闲，右邻块占用，将释放块和左邻块合并，修改左邻块头部域以及合并块底部域。

3）左邻块占用，右邻块空闲，将释放块和右邻块合并，修改右邻块底部域及合并块头部域。

4）左右邻块都空闲，将右邻块从 pav 中删除，然后将三个空间块合并，修改左邻块头部域及右邻块的底部域即可。

```
void Reclaim(Space &pav, Space &p)
{
    // 操作结果：将p所指的释放块回收到可利用空间表pav中
    Space s, t = p + p->size;        // t指向释放块右邻块的首地址
    int l = (p - 1)->tag;            // 指示释放块的左邻块是否空闲
    int r = (p + p->size)->tag;      // 指示释放块的右邻块是否空闲
    if (!pav) // 可利用空间表空
    {
        // 将释放块加入到可利用空间表pav中
        pav = p->llink = p->rlink = p;  // 头部域的两个指针及pav指向释放块
        p->tag = 0;  // 修改头部域块标志为空闲
        (FootLoc(p))->uplink = p; // 修改底部域指针，使其指向释放块的头部域
        (FootLoc(p))->tag = 0;    // 修改底部域块标志为空闲
    }
    else // 可利用空间表不空
    {
        if (l == 1 && r == 1)        // 左右邻区均为占用块
```

```c
{
    // 将释放块插入到可利用空间表pav中
    p->tag = 0;    // 修改释放块头部域块标志为空闲
    // 修改底部域指针，使其指向释放块的头部域
    (FootLoc(p))->uplink = p;
    (FootLoc(p))->tag = 0;    // 修改底部域块标志为空闲
    pav->llink->rlink = p;    // 将p所指结点插在pav所指结点之前
    p->llink = pav->llink;
    p->rlink = pav;
    pav->llink = p;
    pav = p;    // 修改pav, 令刚释放的结点为下次分配时的最先查询的结点
}
else if (l == 0 && r == 1)// 左邻区为空闲块, 右邻区为占用块
{
    // 合并左邻块和释放块
    s = (p - 1)->uplink;    // s为左邻空闲块的头部域地址
    s->size += p->size;     // 设置合并的空闲块大小
    t = FootLoc(p);         // t指向合并的空闲块底部域(释放块的底部域)
    // 设置合并的空闲块底部域指针, 使其指向合并的空闲块的头部域
    t->uplink = s;
    t->tag = 0;             // 设置合并的空闲块底部域块标志为空闲
}
else if (l == 1 && r == 0)// 右邻区为空闲块, 左邻区为占用块
{
    // 合并右邻块和释放块
    p->tag = 0;   // p为合并后的结点头部域地址, 设置其块标志为空闲
    p->llink = t->llink;          // p的前驱为原t的前驱
    p->llink->rlink = p;          // p的前驱的后继指向p
    p->rlink = t->rlink;          // p的后继为原t的后继
    p->rlink->llink = p;          // p的后继的前驱指向p
    p->size += t->size;           // 新的合并块的大小
    (FootLoc(t))->uplink = p;     // 底部域指针指向新的合并块的头部域
    if (pav == t) {  // 可利用空间表的头指针指向t
        pav = p;     // 令刚释放的结点为下次分配时的最先查询的结点
    }
}
else // 左右邻区均为空闲块
{
    // 合并左右邻块和释放块, t为右邻空闲块的头部域地址
    t->llink->rlink = t->rlink;       // 在pav中删除右邻空闲块结点
    t->rlink->llink = t->llink;
    // s为左邻空闲块的头部域地址, 也是新的合并块的头部域地址
    s = (p - 1)->uplink;
    s->size += p->size + t->size; // 设置新结点的大小(3块之和)
    (FootLoc(t))->uplink = s;         // 新结点底部指针指向其头部
    if (pav == t)                     // 可利用空间表的头指针指向t
    {
        pav = s;   // 令刚释放的结点为下次分配时的最先查询的结点
    }
```

```
            }
        }
        p = NULL;           // 令刚释放的结点的指针为空
```

Print 函数通过遍历，可利用空间表打印所有空闲空间结点的相关信息，即可得到当前的空间分配状态，参考如下代码。

```
void Print(Space p)
{
    // 操作结果：输出p所指的可利用空间表
    Space h, f;
    if (p)                  // 可利用空间表不空
    {
        h = p;              // h指向第一个结点的头部域(首地址)
        f = FootLoc(h);     // f指向第一个结点的底部域
        do
        {
            // 输出结点信息
            printf("块的大小 = %d 块的首地址 = %u ", h->size, f->uplink);
            printf("块标志 = %d(0:空闲 1:占用) 邻块首地址 = %u\n",
                    h->tag, f + 1);
            h = h->rlink;   // 指向下一个结点的头部域(首地址)
            f = FootLoc(h); // f指向下一个结点的底部域
        }
        while (h != p);     // 未到循环链表的表尾
    }
}
```

## 8.2 伙伴系统

### 一、伙伴系统的特点

- 可分配内存空间大小始终以 2 的 k 次幂为单位；
- 将相同大小的可分配空间单元以双向链表的形式链接；
- 将所有可分配空间的双向链表散列在一个向量上，散列函数为对 2 取模；
- 非常容易查询到合适的空间并进行分配；
- 回收空间时，合并相邻空间受到局限。

### 二、实训项目要求

开发一个用伙伴系统管理存储空间的操作程序，要求程序至少具备以下操作接口。
- AllocBuddy（空间申请函数）；
- Reclaim（空间回收函数）；
- Print（输出可利用空间信息的函数）。

要求程序具有任用户选择操作的菜单，并支持以下菜单项。
1）输出存储状态信息；
2）分配空间；
3）回收空间；

4）退出程序。

伙伴系统的空间管理状态，如图 8.3 所示。

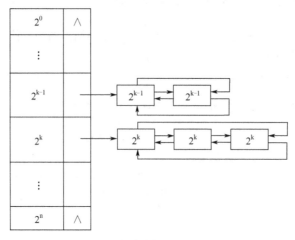

图 8.3 伙伴系统的空间管理状态

### 三、重要代码提示

伙伴系统的空间结点定义和边界标识法类似，但结点之间的组织形式完全不同。伙伴系统的空间块的大小只能是 2 的 k 次幂，其空闲表是一个向量，以 2 的幂次为空间大小的双向空间结点链表散列在该向量中。

具体代码参考如下，定义最大空间块大小的 2 的幂次 m，则空闲表向量的元素有 m+1 个。伙伴系统的空间结点只有头部域，包含前驱结点 llink、后继结点 rlink、空闲标志 tag 以及块大小 kval 等 4 个成员。而空闲表向量的元素包含空间结点链表的头指针 first 和该表单个空闲块的大小 nodesize。

```
#define m 10  // 可利用空间总容量1024字的2的幂次，子表的个数为m + 1
typedef struct WORD_b
{
    WORD_b *llink;    // 指向前驱结点
    int    tag;       // 块标志，0表示空闲，1表示占用
    int    kval;      // 块大小，值为2的幂次k
    WORD_b *rlink;    // 头部域，指向后继结点
} WORD_b, head, *Space;  // WORD_b：内存字类型，结点的第一个字也称为head

typedef struct HeadNode
{
    int nodesize;     // 该链表的空闲块的大小
    WORD_b *first;    // 该链表的表头指针
} FreeList[m + 1];    // 表头向量类型
```

伙伴系统查询空闲块比较方便，申请空间函数 AllocBuddy 从低到高查找可利用空间表 avail，找到第一个满足分配大小为 n 且非空的子表序号 k。如果未找到，则直接返回 NULL，否则 k 的第一个空间结点 pa 有足够的空间可以分配，同时将 pa 指向的结点从序号为 k 的子表中删除。最后进行循环判断，若 n 小于 $2^{k-1}$，则说明该结点剩余的空闲空间可以分割出一个大小为 $2^{k-1}$ 的结点并插入到第 k-1 号子表中；若 n 小于 $2^{k-2}$，则说明剩余的空闲空间可以进一步分割出一个大小为 $2^{k-2}$ 的结点并插入到第 k-2 号子表中，以此类推。将查找到的空间结点在减去 n+1

的剩余空间后依次插入到各子表中,最后将修正后的结点指针 pa 返回,即可完成空间分配。

```
Space AllocBuddy(FreeList avail, int n)
{
// 操作结果：avail[0..m]为可利用空间表,n为申请分配量,
//         若有不小于n的空闲块,则分配相应的存储块,并返回其头地址;
//         否则返回NULL
    int i, k;
    Space pa, pi, pre, suc;
    for (k = 0; k <= m; ++k)  // 从小到大查找满足分配要求的子表序号k
    {
        if (avail[k].nodesize >= n + 1 && avail[k].first)
        {
            break;
        }
    }
    if (k > m)  // 分配失败,返回NULL
    {
        return NULL;
    }
    else  // 进行分配
    {
        pa = avail[k].first;      // pa指向可分配子表的第一个结点
        pre = pa->llink;          // pre和suc分别指向pa所指结点的前驱和后继
        suc = pa->rlink;
        if (pa == suc)            // 可分配子表只有1个结点
        {
            avail[k].first = NULL;  // 分配后该子表变成空表
        }
        else  // 从子表中删除pa所指结点(链表的第1个结点)
        {
            pre->rlink = suc;
            suc->llink = pre;
            avail[k].first = suc;   // 该子表的头指针指向pa所指结点的后继
        }
        for (i = 1; avail[k - i].nodesize >= n + 1; ++i)
        {
            // 从大到小将剩余块插入相应子表,约定将低地址的块作为分配块
            pi = pa + int(pow(2, k - i));  // pi指向再分割的剩余块
            pi->rlink = pi;  // pi是该链表的第1个结点,故左右指针都指向自身
            pi->llink = pi;
            pi->tag = 0;    // 块标志为空闲
            pi->kval = k - i;  // 块大小
            avail[k - i].first = pi;  // 插入链表
        }
        pa->tag = 1;   // 最后剩余给pa的是分配块,令其块标志为占用
        pa->kval = k - (--i);  // 块大小
    }
    return pa;  // 返回分配块的地址
}
```

对于任何大小为 $2^k$ 的空间释放，都要考虑其是否应该和伙伴空间进行合并，如果能合并，则合并后的大小为 $2^{k+1}$，因此回收的空间可能在大小为 $2^{k+1}$ 的合并空间的前半部分，也可能在后半部分，所以要根据总空间的起始地址判断回收空间伙伴块的起始地址。构造下面的函数 buddy，该函数通过判断回收结点之前的空间大小是否为 $2^{k+1}$ 的整数倍以确定回收结点是前块还是后块，从而返回其伙伴系统的起始地址。

```
Space r;    // r为生成空间的首地址，全局量
Space buddy(Space p)
{
    // 操作结果：返回起始地址为p，块大小为pow(2, p->kval)的块的伙伴地址
    if ((p - r) % (int) pow(2, p->kval + 1) == 0)   // p为前块
    {
        return p + (int) pow(2, p->kval);   // 返回后块地址
    }
    else  // p为后块
    {
        return p - (int) pow(2, p->kval);   // 返回前块地址
    }
}
```

伙伴系统的回收函数为 Reclaim，它首先通过调用函数 buddy 来获取当前释放结点 p 的伙伴结点 s。再判断 s 是否空闲，且 s 是否和 p 等大，只有当 s 与 p 等大时才能合并（请思考为什么）。若满足合并条件，则将 p 和 s 进行合并，更新 p 的信息为合并后的空间结点信息。

因为合并之后又产生了一个新的空闲结点，因此要考虑该结点是否能够进一步合并，所以循环重复之前的操作，循环结束后 p 将指向无法再合并的最大空闲空间结点。最后将 p 插入到可利用空间表与其大小对应的子表中即可完成空间的释放，参考如下代码。

```
void Reclaim(FreeList pav, Space &p)
{
    // 操作结果：将p所指的释放块回收到可利用空间表pav中
    Space s;
    s = buddy(p);   // 伙伴块的起始地址
    while (s >= r && s < r + pav[m].nodesize &&
           s->tag == 0 && s->kval == p->kval)   // 归并伙伴块
    {
        // 伙伴块起始地址在有效范围内且伙伴块空闲并与p块等大
        // 从链表上删除该伙伴块结点
        if (s->rlink == s)   // 链表上仅此一个结点
        {
            pav[s->kval].first = NULL;   // 置此链表为空
        }
        else   // 链表上不止一个结点
        {
            s->llink->rlink = s->rlink;   // 前驱的后继为该结点的后继
            s->rlink->llink = s->llink;   // 后继的前驱为该结点的前驱
            if (pav[s->kval].first == s)   // s是链表的第一个结点
            {
                pav[s->kval].first = s->rlink;   // 修改表头指向下一个结点
            }
        }   // 以下用于修改结点头部
```

```
            if ((p - r) % (int) pow(2, p->kval + 1) == 0) // p为前块
            {
                p->kval++;   // 块大小加倍
            }
            else // p为后块(s为前块)
            {
                s->kval = p->kval + 1;  // 块大小加倍
                p = s;   // p指向新块首地址
            }
            s = buddy(p);  // 下一个伙伴块的起始地址
    } // 以下用于将p插入到可利用空间表中
    p->tag = 0;  // 设块标志为空闲
    if (pav[p->kval].first == NULL) // 该链表空
    {
        // 左右指针及表头都指向自身
        pav[p->kval].first = p->llink = p->rlink = p;
    }
    else // 该链表不空，插在表头
    {
        p->rlink = pav[p->kval].first;
        p->llink = p->rlink->llink;
        p->rlink->llink = p;
        p->llink->rlink = p;
        pav[p->kval].first = p;
    }
    p = NULL;
}
```

## 8.3 动态内存管理项目实训拓展

尝试针对链表构造一个简单的内存分配机制，要求如下：
① 设计一个链表结点池，该池在初始化的时候动态申请 n 个链表结点；
② 构造链表的结点申请函数，从结点池中取出一个结点；
③ 构造链表的结点释放函数，将从链表中删除的结点归还到结点池中；
④ 结点池的内部结构自由设计，要求尽可能高效。

# 第9章 查找表项目实训

查找表(Search Table)是由同一种类型的数据元素(或记录)构成的集合。由于"集合"中的数据元素之间存在着松散的关系,因此查找表是一种非常灵活的数据结构。

查找表可分为以下两类。

静态查找表:仅做查询和检索操作的查找表。

1)查询某个"特定的"数据元素是否在查找表中。

2)检索某个"特定的"数据元素的各种属性。

动态查找表:在查询之后,还需要插入查找表中不存在的数据元素到查找表中;或者从查找表中删除已存在的数据元素。

1)在查找表中插入一个数据元素。

2)从查找表中删除某个数据元素。

在介绍查找表之前,首先介绍几个概念。

关键字(Key):数据元素(或记录)中某个数据项的值,用以标识(识别)一个数据元素(或记录)。若此关键字可以识别唯一的一个记录,则称之谓"主关键字"。

查找(Searching),根据给定的某个值,在查找表中确定一个其关键字等于给定值的数据元素或(记录)。若查找表中存在这样一个记录,则称为"查找成功",查找结果给出整个记录的信息,或指示该记录在查找表中的位置;否则称为"查找不成功",查找结果给出"空记录"或"空指针"。

关键问题:如何进行查找?

查找的方法取决于查找表的结构。由于查找表中的数据元素之间不存在明显的组织规律,因此不便于查找。为了提高查找的效率,需要在查找表中的元素之间人为地附加某种确定的关系,换句话说,就是用另外一种结构来表示查找表。

本章主要从3个方面进行讲解:静态查找表、动态查找表、哈希表。

由于在查找操作过程中涉及关键字的比较,因此对于关键字的比较约定了如下宏定义。

```
//数值型关键字的比较
#define EQ(a,b)  ((a)==(b))
#define LT(a,b)  ((a)<(b))
#define LQ(a,b)  ((a)<=(b))
//字符串型关键字的比较
#define EQ(a,b)  (!strcmp((a),(b)))
#define LT(a,b)  (strcmp((a),(b))<0)
#define LQ(a,b)  (strcmp((a),(b))<=0)
```

## 9.1 静态查找表

### 一、静态查找表的基本操作

- 创建静态查找表；
- 销毁静态查找表；
- 静态查找表中关键字的查找；
- 遍历静态查找表。

### 二、本节实训目的

1）用 C 或 C++语言实现本节所学的各种静态查找表结构及操作；
2）编写静态查找表的基本操作函数（创建、销毁、查找和遍历）；
3）实现一个对静态查找表进行操作的用户界面；
4）运行程序并对其进行测试。

### 三、静态查找表的实现形式

- 顺序查找表；
- 有序查找表；
- 静态查找树表。

### 9.1.1 顺序查找表

#### 一、顺序查找表结构特点

顺序查找的查找过程：从表中最后一个记录开始，逐个向前，比较记录的关键字和给定值，若某个记录的关键字和给定值相等，则查找成功，返回该记录的存储位置；若查找至第一个记录，但所有记录的关键字和给定值都不相等，则查找不成功，返回空地址。

1）以顺序表或线性链表表示静态查找表；
2）算法比较简单，对表的结构无任何要求，适用面广；
3）平均查找长度较大，为 O(n)，当 n 很大时，查找效率低。

#### 二、实训项目要求

开发一个顺序查找表的操作程序，要求程序至少具备以下操作接口。

- Creat_Seq（创建静态顺序查找表函数）；
- Destroy（销毁静态顺序查找表函数）；
- Search_Seq（静态顺序查找表查找函数）；
- Traverse（静态顺序查找表遍历函数）。

此外，还要针对顺序查找表设计一个验证程序。

#### 三、重要代码提示

在构造结构之前应该确定表的数据元素个数、表中关键字的定义和关键字的数据类型。参考以下代码。

```
#define N 5              // 数据元素个数
#define key number       // 定义关键字为准考证号
typedef long KeyType;    // 设定关键字域为长整型
```

一个完整的顺序查找结构必须对表内元素数据结构和表的数据结构进行定义。表内数据元素结构 ElemType 包含了表中所有的属性，包括主关键字 number 和其他各种属性；表的结构包括 ElemType 型指针变量和 int 型表的大小。存储数据结构参考代码如下。

```
typedef struct          //存储数据结构
{
    long number;        // 准考证号，与关键字类型同
    char name[9];       // 姓名(4个汉字加1个串结束标志)
    int politics;       // 政治
    int Chinese;        // 语文
    int English;        // 英语
    int math;           // 数学
    int physics;        // 物理
    int chemistry;      // 化学
    int biology;        // 生物
    int total;          // 总分
} ElemType;             // 数据元素类型

typedef struct          // 表结构
{
    ElemType *elem;     // 数据元素存储空间基址，0号单元留空
    int length;         // 表长度
} SSTable;
```

静态顺序查找表中创建表的参考函数为 Creat_Seq，此处通过传递 ElemType 类数组变量 r 构建 SSTable 类型表 ST，并初始化表的长度 n。创建过程中的表申请了 n+1 个数据元素空间（0号单元不使用），并将传入的数组 r 赋值给生成的表 ST。详细参考代码如下。

```
void Creat_Seq(SSTable *ST, ElemType r[], int n)
{
    //由含n个数据元素的数组r构造静态顺序查找表ST
    int i;
    // 动态生成n+1个数据元素空间(0号单元不用)
    (*ST).elem = (ElemType*)calloc(n + 1, sizeof(ElemType));
    if (!(*ST).elem)
    {
        exit(ERROR);
    }
    for (i = 1; i <= n; i++)
    {
        (*ST).elem[i] = r[i - 1];  // 将数组r的值依次赋给ST
    }
    (*ST).length = n;
}
```

静态顺序查找表中查找表销毁的参考函数为 Destroy，通过此函数销毁静态顺序查找表，释放申请的空间并设置其中的元素指针变量 elem 和存储长度指针变量 length，销毁成功后，返回 TRUE。表的销毁参考代码如下。

```
Status Destroy(SSTable *ST)
```

```
    {
        //销毁表ST
        free((*ST).elem);
        (*ST).elem = NULL;
        (*ST).length = 0;
        return OK;
    }
```

静态顺序查找表中查找参考函数为 Search_Seq，通过此函数在静态顺序查找表中查找关键字等于 key 的数据元素，若存在此元素，则返回该元素在表中的位置；否则返回 0，表示表中无此元素。查找的关键字 key 存储于哨兵位置，并且表中顺序为从后向前查找。

```
int Search_Seq(SSTable ST,KeyType key)
{
    // 在顺序表ST中顺序查找其关键字等于key的数据元素
    // 若找到，则返回该元素在表中的位置，否则返回0
    int i;
    ST.elem[0].key = key; // 哨兵
    // 从后向前查找
    for (i = ST.length; !EQ(ST.elem[i].key,key); --i);
    return i; // 找不到时，i为0
}
```

静态顺序查找表中遍历查找参考函数为 Traverse，此函数在静态顺序查找表中从第一个元素开始依次访问至最后一个元素。

```
void Traverse(SSTable ST,void(*Visit)(ElemType))
{
    // 初始条件：静态查找表ST存在,Visit()是对元素操作的应用函数
    // 操作结果：按顺序对ST的每个元素调用函数Visit()一次且仅调用一次
    ElemType *p;
    int i;
    p = ++ST.elem; // p指向第一个元素
    for (i = 1; i <= ST.length; i++)
    {
        Visit(*p++);
    }
}
```

验证程序略。

## 9.1.2 有序查找表

### 一、有序查找表结构特点

前一小节讲述的顺序查找表的查找算法较简单，但平均查找长度较大，不适用于表长较大的查找表。若以有序表（表中元素按关键字有序排列）表示静态查找表，则查找过程可以采用更为高效的方法进行——折半查找（Binary Search，又称二分查找）。

折半查找：先确定待查记录所在的范围区间，然后进一步缩小范围区间，直到查到或者查不到该记录为止。

折半查找的效率比顺序查找高，但它只适用于有序表，且限于顺序存储结构，线性链表通常不能进行折半查找。

1）查找效率高；
2）只适用于向量结构，而且要求表是有序的。

## 二、实训项目要求

开发一个静态有序查找表的操作程序，要求程序至少具备以下有序查找表的操作接口。
- Creat_Seq（创建静态无序查找表函数）；
- Ascend（重建静态查找表为按关键字非降序排序）；
- Destroy（销毁静态有序查找表函数）；
- Search_Bin（静态有序查找表查找函数）；
- Traverse（静态有序查找表遍历函数）。

此外，还要针对静态有序查找表设计一个验证程序。

## 三、重要代码提示

在构造结构之前应该确定表的数据元素个数和关键字的数据类型。参考以下代码。

```
#define N 11                    // 数据元素个数
typedef int KeyType;            // 设置关键字域为整型
```

一个完整的有序查找表结构必须对表内元素数据结构和表的数据结构进行定义。表内数据元素结构 ElemType 仅有唯一关键字域；表的结构包括 ElemType 指针变量和表的大小。

```
typedef struct
{
    KeyType key;        // 仅有关键字域
} ElemType;             // 数据元素类型

typedef struct
{
    ElemType *elem;     //数据元素存储空间基址，0号单元留空
    int length;         // 表长度
} SSTable;
```

在静态有序查找表的参考函数中，有些函数与静态顺序查找表相同,如参考函数 Creat_Seq、Destroy、Traverse。本节再此不再赘述。

静态有序查找表中重建静态查找表为按关键字非降序排序参考函数 Ascend，此算法将顺序查找表中的元素按照关键字非降序排序，其中，设置 ST.elem[0]为监视哨，使查找过程中的每一步都免去了检测整个表是否查找完毕这一动作，提高了查找的效率。

```
void Ascend(SSTable *ST)
{
    // 重建静态查找表为按关键字非降序排序
    int i, j, k;
    for (i = 1; i < (*ST).length; i++)
    {
        k = i;
        (*ST).elem[0] = (*ST).elem[i]; // 待比较值存于[0]单元
        for (j = i + 1; j <= (*ST).length; j++)
        {
            if (LT((*ST).elem[j].key, (*ST).elem[0].key))
            {
```

```
            k = j;
            (*ST).elem[0] = (*ST).elem[j];
        }
    }
    if (k != i) // 有更小的值则交换
    {
        (*ST).elem[k] = (*ST).elem[i];
        (*ST).elem[i] = (*ST).elem[0];
    }
}
```

静态顺序查找表中查找表排序参考函数为 Creat_Ord，通过此函数可分别调用上述的 Creat_Seq 创建新的查找表；再调用 Ascend 函数将新表调整为一个有序的静态顺序查找表。

```
void Creat_Ord(SSTable *ST,ElemType r[],int n)
{
    //由含n个数据元素的数组r构造按关键字非降序查找表ST
    Creat_Seq(ST, r, n); // 建立无序的查找表ST
    Ascend(ST); // 将无序的查找表ST重建为按关键字非降序查找表
}
```

静态顺序查找表中折半查找参考函数 Search_Bin，此函数在有序表中折半查找关键字等于 key 的数据元素，若找到，则返回元素在顺序查找表中的位置；否则返回 0。折半查找算法在第 10 章中会重点讲述。

```
int Search_Bin(SSTable ST,KeyType key)
{
    // 在有序表ST中折半查找其关键字等于key的数据元素
    // 若找到，则返回该元素在表中的位置，否则返回0
    int low, high, mid;
    low = 1; // 置区间初值
    high = ST.length;
    while (low <= high)
    {
        mid = (low + high) / 2;
        if (EQ(key,ST.elem[mid].key))   // 找到待查元素
        {
            return mid;
        }
        else if (LT(key, ST.elem[mid].key))
        {
            high = mid - 1; // 继续在前半区间中查找
        }
        else
        {
            low = mid + 1; // 继续在后半区间中查找
        }
    }
    return 0; // 顺序表中不存在待查元素
}
```

针对静态有序查找的验证程序可设计成如下代码的形式，初始化需要的变量和表；利用构

造函数 Creat_Ord 生产静态有序表 st，并输出；利用函数 Search_Bin 有序查找关键字，程序利用循环语句提示用户输入，直至用户输入退出指令"q"，调用 Destroy 命令销毁查找表。

```c
void main()
{
    char select;
    SSTable st;
    int i;
    KeyType s;
    ElemType r[N] = {5,13,19,21,37,56,64,75,80,88,92};
    Creat_Ord(&st, r, N);        // 由全局数组产生非降序静态查找表st
    Traverse(st, print);         // 顺序输出非降序静态查找表st
    do
    {
        printf("\n");
        printf("请输入待查找值的关键字：");
        scanf("%d", &s);
        i = Search_Bin(st, s);  // 折半查找有序表
        if (i)
        {
            printf("%d 是第%d个记录的关键字\n",st.elem[i].key, i);
        }
        else
        {
            printf("没找到\n");
        }
        printf("任意键继续...；'q'退出！\n");
        getchar();
        select = getchar();
    } while (select !='q');
    Destroy(&st);
}
```

### 9.1.3 静态查找树表

#### 一、静态查找树表结构特点

前一小节对有序表的查找性能的讨论是在"等概率"的前提下进行的，即当有序表中各记录的查找概率相等时进行折半查找，其性能最优。但是，在不等概率查找的情况下，折半查找并不是有序表最好的查找方法。

如果只考虑查找成功的情况，则使查找性能达到最佳的判定树是其带权内路径长度之和PH值：

$$PH = \sum_{i=1}^{n} w_i h_i \qquad (9\text{-}1)$$

PH 取最小的二叉树为静态最优查找树（Static Optimal Search Tree）。其中，n 为二叉树上结点的个数；$h_i$ 为第 i 个结点在二叉树上的层次；结点的权值 $w_i=cp_i(i=1,2,\ldots,n)$，$p_i$ 为结点的查找概率，c 为某个常量。由于构造静态最优查找树的时间代价较高，本文在此不做详细讨论。本章在此介绍一种构造近似最优查找树的有效算法——次优查找树（Nearly Optimal Search Tree）。

## 二、实训项目要求

开发一个次优查找树表的操作程序,要求程序至少具备以下操作接口。
- 创建次优查找树表函数;
- 销毁次优查找树表函数;
- 次优查找树表查找函数;
- 次优查找树表遍历函数。

此外,还要设计一个合适的次优查找树表的验证程序。

## 三、重要代码提示

在构造结构之前应该确定表的数据元素个数和关键字的数据类型。参考以下代码。

```
#define N 9 // 数据元素个数
typedef char KeyType; // 设关键字域为字符型
```

一个完整的静态查找树表结构必须对表内元素数据结构和表的数据结构进行定义。静态查找树中元素的数据类型包括一个 KeyType 型关键字和一个 int 型权值;项目中还需要使用到树的二叉链表存储,也需在此声明;表的结构包括 ElemType 指针变量和 int 型表的大小。详细的各种结果的存储表示参考代码如下所示。

```
typedef struct
{
    KeyType key;     // 关键字
    int weight;      // 权值
} ElemType;          // 数据元素类型

typedef ElemType TElemType;

typedef struct BiTNode        // 二叉树的二叉链表存储表示
{
    TElemType data;
    struct BiTNode *lchild, *rchild; // 左右孩子指针
} BiTNode, *BiTree;

typedef BiTree SOSTree;       // 次优查找树采用二叉链表的存储结构

typedef struct
{
    ElemType *elem;           // 数据元素存储空间基址,0号单元留空
    int length;               // 表长度
} SSTable;
```

在静态次优查找树表的参考函数中,有些函数与静态顺序查找表相同,如参考函数 Creat_Seq、Creat_Ord、Ascend、Traverse、Destroy。本节再此不再赘述。

静态次优查找树表中创建表可参考函数 CreateSOSTree、SecondOptimal 和 FindSW。构造思路如下。

已知一个按关键字排序的记录序列:

$$(r_l, r_{l+1}, \ldots, r_h) \tag{9-2}$$

其中,

每个关键字对应的权值为 $r_l.key<r_{l+1}.key<\ldots<r_h.key$

$$w_l, w_{l+1}, \ldots, w_h \qquad (9\text{-}3)$$

构造的二叉树的带权内路径长度 PH 在所有具有同样权值的二叉树中近似为最小即为次优查找树。

在式（9-2）记录中取第 $i(l \leqslant i \leqslant h)$ 个记录构造根结点 $r_i$，使得

$$\Delta P_i = \left| \sum_{j=i+1}^{h} w_j - \sum_{j=1}^{i-1} w_j \right| \qquad (9\text{-}4)$$

取最小值（$\Delta P_i = \min\limits_{l \leqslant j \leqslant h} \{\Delta P_j\}$），然后递归对左子序列$(r_l, r_{l+1}, \ldots, r_{i-1})$和右子序列$(r_i, r_{i+1}, \ldots, r_h)$构造两棵次优查找树。

为了便于计算 ΔP 值，引入累计权值和计算参考函数 FindSW，计算并构造累计权值表。

```
void CreateSOSTree(SOSTree *T,SSTable ST)
{
    // 由有序表ST构造一棵次优查找树T。ST的数据元素含有权域weight
    int sw[N + 1]; // 累计权值
    if (ST.length == 0)
    {
        *T = NULL;
    }
    else
    {
        FindSW(sw,ST);
        SecondOptimal(T, ST.elem, sw, 1, ST.length);
    }
}
```

次优查找树表中 CreateSOSTree 函数所调用的参考函数是 SecondOptimal 和 FindSW。SecondOptimal 主要利用递归方法创建次优查找树表；FindSW 按照有序表 ST 中各数据元素的 weight 域求累计权值表 sw。详细参考代码如下所示。

```
Status SecondOptimal(BiTree *T, ElemType R[], int sw[], int low, int high)
{
    /* 由有序表R[low..high]及其累计权值表sw
       (其中sw[0]==0)递归构造次优查找树T */
    int i, j;
    double min, dw;
    i = low;
    min = fabs(sw[high] - sw[low]);
    dw = sw[high] + sw[low - 1];
    for (j = low + 1; j <= high; ++j) // 选择最小的△Pi值
    {
        if (fabs(dw - sw[j] - sw[j - 1]) < min)
        {
            i = j;
            min = fabs(dw - sw[j] - sw[j - 1]);
        }
```

```
    }
    *T = (BiTree)malloc(sizeof(BiTNode));
    if (!*T)
    {
        return ERROR;
    }
    (*T)->data = R[i]; // 生成结点
    if (i == low)
    {
        (*T)->lchild = NULL; // 左子树空
    }
    else
    {
        // 构造左子树
        SecondOptimal(&(*T)->lchild, R, sw, low, i - 1);
    }
    if (i == high)
    {
        (*T)->rchild = NULL; // 右子树空
    }
    else
    {
        // 构造右子树
        SecondOptimal(&(*T)->rchild, R, sw,i + 1, high);
    }
    return OK;
}

void FindSW(int sw[], SSTable ST)
{
    // 按照有序表ST中各数据元素的weight域求累计权值表sw
    int i;
    sw[0] = 0;
    for (i = 1; i <= ST.length; i++)
    {
        sw[i] = sw[i - 1] + ST.elem[i].weight;
    }
}
```

静态次优查找树表中查找参考函数为 Search_SOSTree。其查找过程中将待查找关键字从构造的次优查找树的根结点开始进行比较，若小于根结点的关键字值，则递归其左子树，否则递归其右子树；若查找到，则返回 OK，若未查到，则返回 FALSE。

```
Status Search_SOSTree(SOSTree *T,KeyType key)
{
    /* 在次优查找树T中查找关键字等于key的元素。若找到则返回OK,
       否则返回FALSE */
    while (*T) // T非空
    {
        if ((*T)->data.key == key)
        {
```

```
            return OK;
        }
        else if ((*T)->data.key>key)
        {
            *T = (*T)->lchild;
        }
        else
        {
            *T = (*T)->rchild;
        }
        return FALSE;  // 顺序表中不存在待查找元素
    }
}
```

该结构的验证程序略。

## 9.2 动态查找表

### 一、动态查找表的基本操作

- 创建动态查找表；
- 销毁动态查找表；
- 动态查找表中关键字的查找；
- 动态查找表中数据元素的插入；
- 动态查找表中数据元素的删除；
- 遍历动态查找表。

### 二、本节实训目的

1）用 C 或 C++语言实现本节所学的各种动态查找表结构及操作；
2）编写动态查找表的基本操作函数（创建、销毁、查找、删除、插入和遍历）；
3）实现一个对动态查找表进行操作的用户界面；
4）运行程序并对其进行测试。

### 三、静态查找表的实现形式

- 二叉排序树；
- 平衡二叉树；
- B-树；
- 双链键树；
- Trie 键树。

### 9.2.1 二叉排序树

#### 一、二叉排序树结构特点

二叉排序树或者是一棵空树，或者是具有如下特性的二叉树：
1）若它的左子树不空，则左子树上所有结点的值均小于根结点的值；

2）若它的右子树不空，则右子树上所有结点的值均大于根结点的值；
3）它的左、右子树也都分别是二叉排序树。

## 二、实训项目要求

开发一个二叉排序树的操作程序，要求程序至少具备以下操作接口
- InitDSTable（初始化动态二叉排序树函数）；
- DestroyDSTable（销毁动态二叉排序树函数）；
- SearchBST（动态二叉排序树查找函数）；
- InsertBST（动态二叉排序树插入函数）；
- DeleteBST（动态二叉排序树删除函数）；
- TraverseDSTable（动态二叉排序树遍历函数）。

要求程序具有任用户选择操作的菜单来对应以上操作。

## 三、重要代码提示

在构造结构之前应该确定树的数据元素个数、树中关键字的定义和关键字的数据类型。参考以下代码。

```
#define N 10 // 数据元素个数
typedef int KeyType; // 设关键字域为整型
```

一个完整的动态二叉排序树结构必须对树的结点元素数据结构和树的数据结构进行定义。树结点的数据类型为 ElemType，其中包含了 KeyType 型关键字 key 和 int 型变量 others；二叉排序树采用树的二叉链表存储，包含左右孩子指针。由于二叉排序树也是一种链式二叉树，因此许多函数可以直接调用链式二叉树中的函数，如二叉树的初始化函数 InitDSTable、二叉树的销毁函数 DestroyDSTable、二叉树的遍历函数 TraverseDSTable 等本书再此不再赘述，详见6.2.1。本项目数据结构参考如下代码。

```
typedef struct
{
    KeyType key;
    int others;
}ElemType; // 数据元素类型

typedef ElemType TElemType;

typedef struct BiTNode
{
    TElemType data;
    struct BiTNode *lchild, *rchild; // 左右孩子指针
}BiTNode, *BiTree; // 二叉树的二叉链表存储表示

#define InitDSTable InitBiTree // 与初始化二叉树的操作同
#define DestroyDSTable DestroyBiTree // 与销毁二叉树的操作同
#define TraverseDSTable InOrderTraverse // 与中序遍历操作同
```

动态二叉排序树中元素插入可参考函数 InsertBST。根据动态查找表的定义，"插入"操作在查找不成功时才会进行；若二叉排序树为空树，则新插入的结点为新的根结点；否则，新插入的结点必为一个新的叶子结点，其插入位置由查找过程得到。

```
Status InsertBST(BiTree *T, ElemType e)
```

```
{
    /* 当二叉排序树T中不存在关键字等于e.key的数据元素时,
       插入e并返回TRUE,否则返回FALSE */
    BiTree p, s;
    if (!SearchBST1(T, e.key, NULL, &p)) // 查找不成功
    {
        s = (BiTree)malloc(sizeof(BiTNode));
        s->data = e;
        s->lchild = s->rchild = NULL;
        if (!p)
        {
            *T = s; // 被插入的结点*s为新的根结点
        }
        else if (LT(e.key,p->data.key))
        {
            p->lchild = s; // 被插入的结点*s为左孩子
        }
        else
        {
            p->rchild = s; // 被插入的结点*s为右孩子
        }
        return TRUE;
    }
    else
    {
        return FALSE; // 树中已有关键字相同的结点,不再插入
    }
}
```

在动态二叉排序树的插入函数 InsertBST 中,需要先查找二叉排序树 T 中是否存在关键字的函数 SearchBST1,此函数在查找不成功时返回插入位置,以便在相应位置插入结点。

```
Status SearchBST1(BiTree *T,KeyType key,BiTree f,BiTree *p)
{
    /* 在根指针T所指二叉排序树中递归其左右子树查找关键字等于key的
       数据元素,若查找成功,则指针p指向该数据元素结点,并返回TRUE,
       否则指针p指向查找路径上访问的最后一个结点并返回FALSE,
       指针f指向T的双亲,其初始调用值为NULL */
    if (!*T) // 查找不成功
    {
        *p = f;
        return FALSE;
    }
    else if (EQ(key, (*T)->data.key)) // 查找成功
    {
        *p = *T;
        return TRUE;
    }
    else if (LT(key, (*T)->data.key))
    {
        // 在左子树中继续查找
```

```
            return SearchBST1(&(*T)->lchild,key, *T, p);
        }
        else
        {
            //  在右子树中继续查找
            return SearchBST1(&(*T)->rchild, key, *T, p);
        }
    }
```

动态二叉排序树中元素查找参考函数为 SearchBST。若二叉排序树为空，则查找不成功；否则：

1）若给定值等于根结点的关键字，则查找成功；
2）若给定值小于根结点的关键字，则继续在左子树中进行查找；
3）若给定值大于根结点的关键字，则继续在右子树中进行查找。

SearchBST 与前面介绍的 SearchBST1 的区别在于，SearchBST1 查找不成功的时候返回插入位置，而 SearchBST 查找不成功的时候返回空指针。

```
    BiTree SearchBST(BiTree T,KeyType key)
    {
        /* 在根指针T所指二叉排序树中递归地查找某关键字等于key的
           数据元素，若查找成功，则返回指向该数据元素结点的指针，
           否则返回空指针 */
        if (!T || EQ(key, T->data.key))
        {
            return T; // 查找结束
        }
        else if (LT(key, T->data.key)) // 在左子树中继续查找
        {
            return SearchBST(T->lchild, key);
        }
        else
        {
            return SearchBST(T->rchild, key); // 在右子树中继续查找
        }
    }
```

动态二叉排序树中删除结点参考函数为 DeleteBST，函数对待删除数据元素（key）进行查找，若查找到该结点，则调用函数 Delete 进行删除操作，否则递归其左、右子树。

```
    Status DeleteBST(BiTree *T,KeyType key)
    {
        /* 若二叉排序树T中存在关键字等于key的数据元素，
           则删除该数据元素结点，并返回TRUE；否则返回FALSE */
        if (!*T) // 不存在关键字等于key的数据元素
        {
            return FALSE;
        }
        else
        {
            if (EQ(key, (*T)->data.key))
            {
                //找到关键字等于key的数据元素
```

```
            Delete(T);
        }
        else if (LT(key, (*T)->data.key))
        {
            DeleteBST(&(*T)->lchild, key);
        }
        else
        {
            DeleteBST(&(*T)->rchild, key);
        }
        return TRUE;
    }
}
```

动态二叉排序树中删除结点可参考函数 Delete，存在下面几种情况：
1）右子树空，只需重接它的左子树；
2）左子树空，只需重接它的右子树；
3）左右子树均不空，则找到待删除结点的前驱结点（后继结点），替代待删除结点，并从二叉排序树中删除其前驱结点（后继结点）。本例采用的方法为利用前驱结点替代被删除结点，读者可以尝试编程用后继结点替代被删除结点。

```
void Delete(BiTree *p)
{
    // 从二叉排序树中删除结点p,并重接它的左或右子树
    BiTree q, s;
    if (!(*p)->rchild)          // p的右子树空,只需重接它的左子树
    {
        q = *p;
        *p = (*p)->lchild;
        free(q);
    }
    else if (!(*p)->lchild)     // p的左子树空,只需重接它的右子树
    {
        q = *p;
        *p = (*p)->rchild;
        free(q);
    }
    else // p的左右子树均不空
    {
        q = *p;
        s = (*p)->lchild;
        while (s->rchild)       //转左,然后向右直到尽头
        {
            q = s;
            s = s->rchild;
        }
        (*p)->data = s->data; // s指向被删除结点的"前驱"
        if (q != *p) // 情况1
        {
            q->rchild = s->lchild; // 重接*q的右子树
```

```
        }
        else // 情况2
        {
            q->lchild = s->lchild; // 重接*q的左子树
        }
        free(s);
    }
}
```

### 9.2.2 平衡二叉树

#### 一、平衡二叉树结构特点

平衡二叉树（Balanced Binary Tree）是由阿德尔森·维尔斯和兰迪斯（Adelson-Velskii and Landis）于 1962 年首先提出的，所以又称为 AVL 树。

若一棵二叉树中每个结点的左、右子树的深度之差的绝对值不超过 1，则称这样的二叉树为平衡二叉树。将该结点的左子树深度减去右子树深度的值，称为该结点的平衡因子（Balance Factor）。也就是说，一棵二叉排序树中，所有结点的平衡因子只能为 0、1、-1，即 $|h_L - h_R| \leq 1$，则该二叉排序树就是一棵平衡二叉树，否则不是一棵平衡二叉树。

#### 二、实训项目要求

开发一个平衡二叉树的操作程序，要求程序至少具备以下平衡二叉树的操作接口。
- InitDSTable（初始化动态平衡二叉树函数）;
- DestroyDSTable（销毁动态平衡二叉树函数）;
- SearchBST（动态平衡二叉树查找函数）;
- TraverseDSTable（动态平衡二叉树按关键字遍历函数）;
- InsertAVL（动态平衡二叉树插入函数）;
- LeftBalance（动态平衡二叉树左平衡处理函数）;
- RightBalance（动态平衡二叉树右平衡处理函数）;
- L_Rotate（动态平衡二叉树左旋转函数）;
- R_Rotate（动态平衡二叉树右旋转函数）。

要求程序具有任用户选择操作的菜单来对应以上操作。

#### 三、重要代码提示

在构造结构之前应该确定树的数据元素个数、树中关键字的定义和关键字的数据类型。参考以下代码。

```
#define N 5 // 数据元素个数
typedef char KeyType; // 设关键字域为字符型
```

一个完整的动态平衡二叉树结构必须对树的结点元素数据结构和树的数据结构进行定义。树结点的数据类型为 ElemType，其中包含了 KeyType 型关键字 key 和 int 型变量 others；平衡二叉树采用树的二叉链表存储，包含左右孩子指针并且增加了 int 型的平衡因子 bf。由于平衡二叉树也是一种链式二叉树，因此许多函数可以直接调用链式二叉树中的函数，如二叉树的初始化函数 InitDSTable、二叉树的销毁函数 DestroyDSTable、二叉树的遍历函数 TraverseDSTable 等，详见 6.2.1。本项目数据结构参考如下代码。

```
typedef struct
{
    KeyType key;
    int order;
} ElemType; // 数据元素类型

typedef struct BSTNode //  平衡二叉树的类型
{
    ElemType data;
    int bf; // 结点的平衡因子
    struct BSTNode *lchild,*rchild; // 左、右孩子指针
} BSTNode, *BSTree;

typedef BSTree BiTree; // 定义二叉树基本操作的指针类型
typedef ElemType TElemType; // 定义二叉树基本操作的树元素类型

#define InitDSTable InitBiTree // 与初始化二叉树的操作同
#define DestroyDSTable DestroyBiTree // 与销毁二叉树的操作同
#define TraverseDSTable InOrderTraverse // 与中序遍历操作同
```

动态平衡二叉树中元素插入参考函数为 InsertAVL。根据动态查找表的定义，"插入"操作在查找不成功时才会进行；在平衡二叉树上插入一个新的元素的递归算法如下。

1）若平衡二叉树 BSTree 为空树，则新插入的结点 e 为新的根结点，树的深度增 1，并返回 TRUE。

2）若 e 的关键字等于根结点的关键字，则不插入，并返回 FALSE。

3）若 e 的关键字小于根结点的关键字，并且在左子树中不存在关键字等于 e 的结点，则将 e 插入到左子树上，并且树的深度增加时分下列不同情况进行处理。

① 树的根结点的平衡因子 bf=-1，则令 bf=0，树 BSTree 的深度不变；

② 树的根结点的平衡因子 bf=0，则令 bf=1，树 BSTree 深度增 1；

③ 树的根结点的平衡因子 bf=1，若树 BSTree 左子树根结点的平衡因子为 1，则需进行单向右旋平衡处理，并且在右旋处理之后，将根结点和其右子树根结点的平衡因子更改为 0，树的深度不变；若树的左子树根结点的平衡因子 bf=-1，则需进行先向左、后向右的双向旋转平衡处理，并且在旋转处理后，修改根结点和其左、右子树根结点的平衡因子，树的深度不变。

4）若 e 的关键字大于根结点的关键字，并且在右子树中不存在与 e 有相同关键字的结点，则将 e 插入到 BSTree 的右子树中，右子树深度的调整也分情况进行处理，其操作与步骤 3）中二叉树的调整相对称，在此不再复述。

```
Status InsertAVL(BSTree *T,ElemType e,Status *taller)
{
    /* 若在平衡的二叉排序树T中不存在和e有相同关键字的结点，
       则插入e为新结点，并返回TRUE，否则返回FALSE。
       若插入后二叉排序树失去平衡，则做平衡旋转处理，
       布尔变量taller反映了T长高与否 */
    if (!*T) // 插入新结点，树"长高"，置taller为TRUE
    {
        *T = (BSTree)malloc(sizeof(BSTNode));
        (*T)->data = e;
        (*T)->lchild = (*T)->rchild = NULL;
```

```c
            (*T)->bf = EH;
            *taller = TRUE;
        }
        else
        {
            if (EQ(e.key, (*T)->data.key))
            {
                // 若此树中有与e相同的关键字，则不再插入
                *taller = FALSE;
                return FALSE;
            }
            if (LT(e.key,(*T)->data.key)) // 递归*T的左子树
            {
                if (!InsertAVL(&(*T)->lchild, e, taller)) // 未插入
                {
                    return FALSE;
                }
                if (*taller) // 已插入到*T的左子树中且左子树"长高"
                {
                    switch((*T)->bf) // 检查*T的平衡度
                    {
                    case LH:
                    // 原本左子树比右子树高，需要做左平衡处理
                        LeftBalance(T);
                        *taller = FALSE;
                        break;
                    case EH:
                    // 原本左、右子树等高，现因左子树增高而使树增高
                        (*T)->bf = LH;
                        *taller = TRUE;
                        break;
                    case RH: // 原本右子树比左子树高，现左、右子树等高
                        (*T)->bf = EH;
                        *taller = FALSE;
                    }
                }
            }
            else //递归*T的右子树
            {
                if (!InsertAVL(&(*T)->rchild, e, taller)) // 未插入
                {
                    return FALSE;
                }
                if (*taller) // 已插入到T的右子树中且右子树"长高"
                {
                    switch((*T)->bf) // 检查T的平衡度
                    {
                    case LH: // 原本左子树比右子树高，现左、右子树等高
                        (*T)->bf = EH;
```

```
                    *taller = FALSE;
                    break;
                case EH:
                // 原本左、右子树等高,现因右子树增高而使树增高
                    (*T)->bf = RH;
                    *taller = TRUE;
                    break;
                case RH: // 原本右子树比左子树高,需要做右平衡处理
                    RightBalance(T);
                    *taller = FALSE;
            }
        }
    }
    return TRUE;
}
```

在动态平衡二叉树的插入函数 InsertAVL 中,在插入过程中,若破坏了二叉树的平衡性,则需要进行调整:

1) 原本左子树比右子树高,左子树再插入一个元素后,需要做左平衡处理 LeftBalance;
2) 原本右子树比左子树高,右子树再插入一个元素后,需要做右平衡处理 RightBalance。

左平衡处理 LeftBalance 和右平衡处理 RightBalance 的详细算法可参考函数 InsertAVL 中的详细讲解。

左平衡处理:

```
void LeftBalance(BSTree *T)
{
    /* 对以指针T所指结点为根的二叉树做左平衡旋转处理,
       本算法结束时,指针T指向新的根结点 */
    BSTree lc, rd;
    lc = (*T)->lchild; // lc指向*T的左子树根结点
    switch (lc->bf) // 检查*T的左子树的平衡度,并做相应平衡处理
    {
    case LH: // 新结点插入到*T的左孩子的左子树上,要做单右旋处理
        (*T)->bf = lc->bf = EH;
        R_Rotate(T);
        break;
    case RH: // 新结点插入到*T的左孩子的右子树上,要做双旋处理
        rd = lc->rchild; // rd指向*T的左孩子的右子树根
        switch (rd->bf) // 修改*T及其左孩子的平衡因子
        {
        case LH:
            (*T)->bf = RH;
            lc->bf = EH;
            break;
        case EH:
            (*T)->bf = lc->bf = EH;
            break;
        case RH:
            (*T)->bf = EH;
```

```
            lc->bf = LH;
        }
        rd->bf = EH;
        L_Rotate(&(*T)->lchild); // 对*T的左子树做左旋平衡处理
        R_Rotate(T); // 对*T做右旋平衡处理
    }
}
```

右平衡处理：

```
void RightBalance(BSTree *T)
{
    /* 对以指针T所指结点为根的二叉树做右平衡旋转处理，
       结束时指针T指向新的根结点 */
    BSTree rc, rd;
    rc = (*T)->rchild; // rc指向*T的右子树根结点
    switch (rc->bf) // 检查*T的右子树的平衡度，并做相应平衡处理
    {
    case RH: // 新结点插入到*T的右孩子的右子树上，要做单左旋处理
        (*T)->bf = rc->bf = EH;
        L_Rotate(T);
        break;
    case LH: // 新结点插入到*T的右孩子的左子树上，要做双旋处理
        rd = rc->lchild; // rd指向*T的右孩子的左子树根
        switch (rd->bf) // 修改*T及其右孩子的平衡因子
        {
        case RH:
            (*T)->bf = LH;
            rc->bf = EH;
            break;
        case EH:
            (*T)->bf = rc->bf = EH;
            break;
        case LH:
            (*T)->bf = EH;
            rc->bf = RH;
        }
        rd->bf = EH;
        R_Rotate(&(*T)->rchild); // 对*T的右子树做右旋平衡处理
        L_Rotate(T); // 对*T做左旋平衡处理
    }
}
```

动态平衡二叉树中左平衡处理 LeftBalance 和右平衡处理 RightBalance 中需要调用左旋转 L_Rotate 和右旋转 R_Rotate 操作。

左旋转处理：

```
void L_Rotate(BSTree *p)
{
    /* 对以*p为根的二叉树做左旋处理，处理后p指向新树根结点，
       即旋转处理之前的右子树的根结点 */
    BSTree rc;
    rc = (*p)->rchild; // rc指向p的右子树根结点
```

```
            (*p)->rchild = rc->lchild;  // rc的左子树挂接为p的右子树
            rc->lchild = *p;
            *p = rc;  // p指向新的根结点
        }
```

右旋转处理：

```
        void R_Rotate(BSTree *p)
        {
            /* 对以*p为根的二叉排序树做右旋处理，处理之后p指向新的树根
               结点，即旋转处理之前的左子树的根结点 */
            BSTree lc;
            lc = (*p)->lchild;  // lc指向p的左子树根结点
            (*p)->lchild = lc->rchild;  // lc的右子树挂接为p的左子树
            lc->rchild = *p;
            *p = lc;  // p指向新的根结点
        }
```

### 9.2.3 B-树

#### 一、B-树结构特点

B-树是一种平衡的多路查找树，在文件系统中很有用，定义如下。

一棵 m 阶的 B-树，或是空树，或是满足以下条件的 m 叉树：

1）树中每个结点至多有 m 棵子树；

2）若根结点不是叶子结点，则至少有两棵子树；

3）除根结点外的所有非终端结点至少有 int(m/2) 棵子树；

4）所有结点包含信息 $(n,A_0,K_1,A_1,...K_n,A_n)$，其中 $K_i(i=1,...,n)$ 为关键字且有序。$A_i$ 为指向子树根结点的指针，$A_i$ 所指子树中所有结点的关键字均小于 $K_{i+1}$，$A_n$ 所指子树中所有结点的关键字均大于 $K_n$；

5）所有叶子结点都出现在同一层次上，即所有空的指针出现在同一层上。

#### 二、实训项目要求

开发一个 B-树的操作程序，要求程序至少具备以下 B-树的操作接口。

- InitDSTable（创建动态 B-树函数）；
- DestroyDSTable（销毁动态 B-树函数）；
- SearchBTree（动态 B-树查找函数）；
- InsertBTree（动态 B-树插入函数）；
- NewRoot（动态 B-树的新结点生成参考函数）；
- TraverseDSTable（动态 B-树遍历函数）。

要求程序具有任用户选择操作的菜单来对应以上操作。

#### 三、重要代码提示

在构造结构之前应该确定 B-树的阶、B-树中数据元素的个数、字符串最大长度和关键字的数据类型。参考以下代码。

```
        #define m 3            // B_树的阶，暂设为3
        #define N 16           // 数据元素个数
        #define MAX 5          // 字符串最大长度+1
```

```
typedef int KeyType;        // 设关键字域为整型
```
　　一个完整的动态 B-树记录结构 Record 包括 KeyType 型关键字 key 和 Others 型变量 others；B-树结点和 B-树的类型包括 int 型的结点大小、BTNode 型的指向双亲结点的指针和结点向量；B-树的查找结果类型 Result 包括 BTNode 型指针指向找到的结点；int 型变量 i 表示在结点中的关键字序号，int 型变量 tag 为 1 表示查找成功，为 0 表示查找失败。

```
typedef struct
{
    char info[MAX];
} Others;// 记录的其他部分

typedef struct
{
    KeyType key; // 关键字
    Others others; // 其他部分(由主程定义)
} Record; // 记录类型

typedef struct BTNode
{
    int keynum; // 结点中关键字个数，即结点的大小
    struct BTNode *parent; // 指向双亲结点
    struct Node // 结点向量类型
    {
        KeyType key; // 关键字向量
        struct BTNode *ptr; // 子树指针向量
        Record *recptr; // 记录指针向量
    } node[m + 1]; // key,recptr的0号单元未用
} BTNode,*BTree; // B_树结点和B_树的类型

typedef struct
{
    BTNode *pt; // 指向找到的结点
    int i; // 1..m，在结点中的关键字序号
    int tag; // 1表示查找成功,0表示查找失败
} Result; // B-树的查找结果类型
```
　　B-树中元素查找参考函数 SearchBTree，目的是在 m 阶 B-树 T 上查找关键字 K，返回 Result 型结果(pt,i,tag)：若查找成功，则特征值 tag=1，指针 pt 所指结点中第 i 个关键字等于 K；否则特征值 tag=0，表示 K 的关键字应插入到指针 pt 所指结点中第 i 个和第 i+1 个关键字之间。

```
Result SearchBTree(BTree T, KeyType K)
{
    BTree p = T, q = NULL; // 初始化p指向待查结点，q指向p的双亲
    Status found = FALSE;
    int i = 0;
    Result r;
    while(p && !found)
    {
        i = Search(p,K); // p->node[i].key≤K<p->node[i+1].key
        if (i > 0 && p->node[i].key == K) // 找到待查关键字
        {
```

```
                found = TRUE;
            }
            else
            {
                q = p;
                p = p->node[i].ptr;
            }
        }
        r.i = i;
        if (found) // 查找成功
        {
            r.pt = p;
            r.tag = 1;
        }
        else //  查找不成功，返回K的插入位置信息
        {
            r.pt = q;
            r.tag = 0;
        }
        return r;
    }
```

B-树的查找参考函数 SearchBTree 调用了 Search 函数在 p 所指向的元素结点 node[1..keynum].key 中查找到的 i 的位置，位置 i 满足如下条件：p->node[i].key≤K＜p->node[i+1].key，其中，K 为传入的 KeyType 型关键字值。详细参考代码如下所示。

```
    int Search(BTree p, KeyType K)
    {
        int i = 0, j;
        for (j = 1; j <= p->keynum; j++)
        {
            if (p->node[j].key <= K)
            {
                i = j;
            }
        }
        return i;
    }
```

B-树中的插入结点的函数为 InsertBTree，设要插入关键值为 k 的记录，指向 k 所在记录的指针为 p。首先，找到 k 应插入的叶子结点，将 k 和 p 插入。其次，判断被插入结点是否满足 m 叉 B-树的定义，即插入后结点的分支数是否大于 m（结点的关键字数是否大于 m-1），若不大于，则插入结束；否则，要把该结点分裂成两个。

```
    void InsertBTree(BTree *T,Record *r,BTree q,int i)
    {
        BTree ap = NULL;
        Status finished = FALSE;
        int s;
        Record *rx;
        rx = r;
        while (q && !finished)
```

```
        {
            /* 将r->key、r和ap分别插入到q->key[i+1]、
               q->recptr[i+1]和q->ptr[i+1]中 */
            Insert(&q, i, rx, ap);
            if (q->keynum < m)
            {
                finished = TRUE;  // 插入完成
            }
            else// 分裂结点*q
            {
                s = (m + 1) / 2;
                rx = q->node[s].recptr;
                /* 将q->key[s+1..m],q->ptr[s..m]和
                   q->recptr[s+1..m]移入新结点*ap */
                split(&q, &ap);
                q = q->parent;
                if (q)
                {
                    // 在双亲结点*q中查找rx->key的插入位置
                    i = Search(q, rx->key);
                }
            }
        }
        if (!finished)  // T是空树或根结点已分裂为结点*q和*ap
        {
            // 生成含信息(T,rx,ap)的新的根结点*T,原T和ap为子树指针
            NewRoot(T, rx, ap);
        }
    }
}
```

结点分裂调整函数 split 申请一个由指针 ap 指向的新结点,将插入后的结点按照关键字值的大小分成左、中、右三部分,中间只含一项,左边的留在原结点,右边的移入新结点,中间的构成新的插入项,并插入到它们的双亲结点中,若双亲结点在插入后也要分裂,则在分裂后再向上插入。

```
void split(BTree *q,BTree *ap)
{
    int i, s = (m + 1) / 2;
    *ap = (BTree)malloc(sizeof(BTNode));  // 生成新结点ap
    (*ap)->node[0].ptr = (*q)->node[s].ptr;  // 后一半移入ap
    for (i = s + 1; i <= m; i++)
    {
        (*ap)->node[i-s] = (*q)->node[i];
        if ((*ap)->node[i-s].ptr)
        {
            (*ap)->node[i-s].ptr->parent = *ap;}
    }
    (*ap)->keynum = m - s;
    (*ap)->parent = (*q)->parent;
    (*q)->keynum = s - 1;  // q的前一半保留,修改keynum
}
```

B-树中的新结点生成可参考函数 NewRoot，生成含信息(T,r,ap)的新的根结点*T，原 T 和 ap 为子树指针。生成根结点过程中设置 BTree 型结点的各项参数。

```
void NewRoot(BTree *T,Record *r,BTree ap)
{
    BTree p;
    p = (BTree)malloc(sizeof(BTNode));
    p->node[0].ptr = *T;
    *T = p;
    if ((*T)->node[0].ptr)
    {
        (*T)->node[0].ptr->parent = *T;
    }
    (*T)->parent = NULL;
    (*T)->keynum = 1;
    (*T)->node[1].key = r->key;
    (*T)->node[1].recptr = r;
    (*T)->node[1].ptr = ap;
    if ((*T)->node[1].ptr)
    {
        (*T)->node[1].ptr->parent = *T;
    }
}
```

B-树中的遍历参考函数为 TraverseDSTable，由于 B-树中的结点要比其他树结构的结点复杂，因此遍历过程中结点数据的输出也稍显复杂。遍历中同样采用递归实现，如果有第 0 棵子树，则递归进入；否则，利用循环语句按关键字的顺序依次递归其子树。遍历过程中结点数据的输出调用 Print 函数实现。

```
void TraverseDSTable(BTree DT,void(*Visit)(BTNode,int))
{
    //按关键字的顺序对DT的每个结点调用函数Visit()一次且至多调用一次
    int i;
    if (DT) // 非空树
    {
        if (DT->node[0].ptr) // 有第0棵子树
        {
            TraverseDSTable(DT->node[0].ptr, Visit);
        }
        for (i = 1; i <= DT->keynum; i++)
        {
            Visit(*DT,i);
            if (DT->node[i].ptr) // 有第i棵子树
            {
                TraverseDSTable(DT->node[i].ptr, Visit);
            }
        }
    }
}

void print(BTNode c,int i) // TraverseDSTable()调用的函数
```

```
    {
        printf("(%d,%s)", c.node[i].key,
                c.node[i].recptr->others. info);
    }
```

## 9.2.4 双链键树

### 一、双链键树结构特点

键树又称数字查找树（Digital Search Trees）。它是一棵度≥2 的树，树中的每个结点中不是包含一个或几个关键字，而是只含有组成关键字的符号。

键树的存储结构之一是以树的孩子兄弟链表表示键树，则每个分支结点包括以下几个域：symbol 域，用来存储关键字的一个字符；first 域，用来存储指向第一棵子树根的指针；next 域，用来存储指向右兄弟的指针；叶子结点的 infoptr 域，用来存储指向该关键字记录的指针。此时的键树被称为双链键树。

### 二、实训项目要求

开发一个双链键树的操作程序，要求程序至少具备以下双链键树的操作接口。
- InitDSTable（创建动态双链键树函数）;
- DestroyDSTable（销毁动态双链键树函数）;
- SearchDLTree（动态双链键树查找函数）;
- InsertDSTable（动态双链键树插入函数）;
- TraverseDSTable（动态双链键树遍历函数）。

要求程序具有任用户选择操作的菜单来对应以上操作。

### 三、重要代码提示

在构造结构之前应该确定双链键树存储的数据元素和定义结束符。参考以下代码。

```
#define N 16                    // 数据元素个数
#define Nil ' '                 // 定义结束符为空格
#define MAX_KEY_LEN 16          // 关键字的最大长度
```

一个完整的动态双链键树存储表示较为复杂，其中双链树类型中包含了多个结构，详细参考代码如下所示。

```
typedef struct
{
    int ord;
} Others;                        // 记录的其他部分

typedef struct
{
    char ch[MAX_KEY_LEN];        // 关键字
    int num;                     // 关键字长度
} KeysType;                      // 关键字类型

typedef struct
{
    KeysType key;                // 关键字
```

```
    Others others;          // 其他部分(由主程定义)
} Record;                   // 记录类型

typedef enum {LEAF, BRANCH} NodeKind; // 结点种类：{叶子,分支}

typedef struct DLTNode   // 双链树类型
{
    char symbol;
    struct DLTNode *next; // 指向兄弟结点的指针
    NodeKind kind;
    union
    {
        Record *infoptr;   // 叶子结点的记录指针
        struct DLTNode *first;        // 分支结点的孩子链指针
    }a;
} DLTNode, *DLTree;
```

双链键树中还使用到了顺序栈数据结构，顺序栈的存储表示在此不再复述，读者可参考第3章中的代码。

双链键树中结点查找参考函数为 SearchDLTree，在非空双链键树 T 中利用循环语句查找关键字等于 KeysType 型变量 K 的记录，若存在此记录，则返回指向该记录的指针，否则返回空指针。

```
Record *SearchDLTree(DLTree T,KeysType K)
{
    DLTree p;
    int i;
    if (T)
    {
        p = T; // 初始化
        i = 0;
        while(p && i < K.num)
        {
            while(p && p->symbol != K.ch[i])
            {
                // 查找关键字的第i位
                p = p->next;
            }
            if (p && i<K.num) // 准备查找下一位
            {
                p = p->a.first;
            }
            ++i;
        } // 查找结束
        if (!p) // 查找不成功
        {
            return NULL;
        }
        else // 查找成功
        {
```

```
            return p->a.infoptr;
        }
    }
    else
    {
        return NULL;  // 树空
    }
}
```

双链键树中结点插入参考函数为 InsertDSTable。其中，r 为待插入的数据元素的指针，DT 为双链键树，若 DT 中不存在其关键字等于(*r).key.ch 的数据元素，则按关键字顺序将 r 插入到 DT 中。

```
void InsertDSTable(DLTree *DT,Record *r)
{
    DLTree p = NULL, q, ap;
    int i = 0;
    KeysType K = r->key;
    if (! *DT && K.num)  // 空树且关键字符串非空
    {
        *DT = ap = (DLTree)malloc(sizeof(DLTNode));
        for (; i < K.num; i++)  // 插入分支结点
        {
            if (p)
            {
                p->a.first = ap;
            }
            ap->next = NULL;
            ap->symbol = K.ch[i];
            ap->kind = BRANCH;
            p = ap;
            ap = (DLTree)malloc(sizeof(DLTNode));
        }
        p->a.first = ap;  // 插入叶子结点
        ap->next = NULL;
        ap->symbol = Nil;
        ap->kind = LEAF;
        ap->a.infoptr = r;
    }
    else  // 非空树
    {
        p = *DT;  // 指向根结点
        while (p && i < K.num)
        {
            while (p && p->symbol < K.ch[i])  // 沿兄弟结点查找
            {
                q = p;
                p = p->next;
            }
            if (p && p->symbol == K.ch[i])
            {
```

```
                    // 找到与K.ch[i]相符的结点
                    q = p;
                    p = p->a.first;          // p指向将与K.ch[i+1]比较的结点
                    ++i;
                }
                else                         // 未找到，插入关键字
                {
                    ap = (DLTree)malloc(sizeof(DLTNode));
                    if (q->a.first == p)
                    {
                        q->a.first = ap;    // 在长子的位置插入
                    }
                    else                    // q->next == p
                    {
                        q->next = ap;       // 在兄弟的位置插入
                    }
                    ap->next = p;
                    ap->symbol = K.ch[i];
                    ap->kind = BRANCH;
                    p = ap;
                    ap = (DLTree)malloc(sizeof(DLTNode));
                    i++;
                    for (; i < K.num; i++)  // 插入分支结点
                    {
                        p->a.first = ap;
                        ap->next = NULL;
                        ap->symbol = K.ch[i];
                        ap->kind = BRANCH;
                        p = ap;
                        ap = (DLTree)malloc(sizeof(DLTNode));
                    }
                    p->a.first = ap;        // 插入叶子结点
                    ap->next = NULL;
                    ap->symbol = Nil;
                    ap->kind = LEAF;
                    ap->a.infoptr = r;
                }
            }
        }
    }
}
```

双链键树遍历参考函数为 TraverseDSTable：按关键字的顺序输出关键字及其对应的记录。其中，借用了顺序栈结构，将双链树中的结点从根结点开始入栈、出栈并访问。

```
void TraverseDSTable(DLTree DT, void(*Vi)(Record))
{
    SqStack s;
    SElemType e;
    DLTree p;
    int i = 0, n = 8;
    if (DT)
```

```
        {
            InitStack(&s);
            e.p = DT;
            e.ch = DT->symbol;
            Push(&s, e);
            p = DT->a.first;
            while (p->kind == BRANCH) // 分支结点
            {
                e.p = p;
                e.ch = p->symbol;
                Push(&s, e);
                p = p->a.first;
            }
            e.p = p;
            e.ch = p->symbol;
            Push(&s, e);
            Vi(*(p->a.infoptr));
            i++;
            while (!StackEmpty(s))      //直到栈为空
            {
                Pop(&s, &e);            //弹出栈顶元素
                p = e.p;
                if (p->next)            // 有兄弟结点
                {
                    p = p->next;
                    while (p->kind == BRANCH) // 若为分支结点,则入栈
                    {
                        e.p = p;
                        e.ch = p->symbol;
                        Push(&s, e);
                        p = p->a.first;
                    }
                    e.p = p;
                    e.ch = p->symbol;
                    Push(&s, e);
                    Vi(*(p->a.infoptr));
                    i++;
                    if (i % n == 0)
                    {
                        printf("\n");       // 输出n个元素后换行
                    }
                }
            }
        }
    }
```

双链键树中销毁双链键树可参考函数 DestroyDSTable，即递归销毁其孩子、兄弟子树。

```
void DestroyDSTable(DLTree *DT)
{
    if (*DT) // 非空树
```

```
        {
            if ((*DT)->kind == BRANCH && (*DT)->a.first)
            {
                // *DT是分支结点且有孩子
                DestroyDSTable(&(*DT)->a.first); // 销毁孩子子树
            }
            if ((*DT)->next) // 有兄弟
            {
                DestroyDSTable(&(*DT)->next); // 销毁兄弟子树
            }
            free(*DT); // 释放根结点
            *DT = NULL; // 空指针赋0
        }
    }
```

### 9.2.5 Trie 树

#### 一、Trie 树结构特点

键树的另一种存储结构：若以树的多重链表表示键树，则树的每个结点中应含有 d 个指针域，此时的键树又称为 Trie 树。

#### 二、实训项目要求

开发一个 Trie 树的操作程序，要求程序至少具备以下操作接口。
- InitDSTable（初始化动态 Trie 树函数）；
- DestroyDSTable（销毁动态 Trie 树函数）；
- SearchTrie（动态 Trie 树查找函数）；
- InsertTrie（动态 Trie 树插入函数）；
- TraverseDSTable（动态 Trie 树遍历函数）。

要求程序具有任用户选择操作的菜单来对应以上操作。

#### 三、重要代码提示

在构造结构之前应该确定 Trie 树存储的数据元素个数、结点最大度、定义结束符和关键字的最大长度。参考以下代码。

```
    #define N 16                // 数据元素个数
    #define LENGTH 27           // 结点的最大度+1(大写英文字母)
    #define Nil ' '             // 定义结束符为空格
    #define MAX_KEY_LEN 16      // 关键字的最大长度
```

一个完整的动态 Trie 树结构较为复杂，首先定义结构体 Others、KeysType 和 Record，然后定义 Trie 树的数据结构。详细参考代码如下所示。

```
    typedef struct
    {
        int ord;
    } Others; // 记录的其他部分

    typedef struct
    {
```

```
    char ch[MAX_KEY_LEN]; // 关键字
    int num; // 关键字长度
} KeysType; // 关键字类型,同双链键树

typedef struct
{
    KeysType key; // 关键字
    Others others; // 其他部分(由主程定义)
} Record; // 记录类型,同双链键树

typedef enum {LEAF, BRANCH} NodeKind; // 结点种类:{叶子,分支},同双链键树

typedef struct TrieNode // Trie树类型
{
    NodeKind kind;
    union
    {
        struct // 叶子结点
        {
            KeysType K;
            Record *infoptr;
        } lf;
        struct // 分支结点
        {
            struct TrieNode *ptr[LENGTH];
        } bh;
    } a;
} TrieNode, *TrieTree;
```

Trie 树中结点查找参考函数为 SearchTrie,在 Trie 树 T 中查找关键字等于 K 的记录,存在此记录,则返回指向该记录的指针,否则返回空指针。

```
Record *SearchTrie(TrieTree T, KeysType K)
{
    // 在键树T中查找关键字等于K的记录
    TrieTree p;
    int i;
    for (p = T, I = 0; p && p->kind == BRANCH && I < K.num;
        p = p->a.bh.ptr[ord(K.ch[i])], ++i);
    {
    // 对K的每个字符进行查找,*p为分支结点
    // ord()用于求字符在字母表中的序号
        if (p && p->kind == LEAF && p->a.lf.K.num == K.num
            && EQ(p->a.lf.K.ch, K.ch))
        {
            return p->a.lf.infoptr; // 查找成功
        }
    }
    else // 查找不成功
    {
        return NULL;
```

Trie 树中结点插入参考函数为 InsertTrie。其中，r 为待插入的数据元素的指针，T 为 Trie 树，若 T 中不存在其关键字等于(*r).key.ch 的数据元素，则按关键字顺序将 r 插入到 T 中。

```c
void InsertTrie(TrieTree *T, Record *r)
{
    /* 若T中不存在其关键字等于(*r).key.ch的数据元素，
       则按关键字顺序将r插入到T中 */
    TrieTree p, q, ap;
    int i = 0, j;
    KeysType K1, K = r->key;
    if (!*T) // 空树
    {
        *T = (TrieTree)malloc(sizeof(TrieNode));
        (*T)->kind = BRANCH;
        for (i = 0; i < LENGTH; i++) // 指针量赋初值NULL
        {
            (*T)->a.bh.ptr[i] = NULL;
        }
        p = (*T)->a.bh.ptr[ord(K.ch[0])]
          = (TrieTree)malloc (sizeof(TrieNode));
        p->kind = LEAF;
        p->a.lf.K = K;
        p->a.lf.infoptr = r;
    }
    else // 非空树
    {
        for (p = *T, i = 0;
          p && p->kind == BRANCH && i < K.num; ++i)
        {
            q = p;
            p = p->a.bh.ptr[ord(K.ch[i])];
        }
        i--;
        if (p && p->kind == LEAF && p->a.lf.K.num == K.num
        && EQ(p->a.lf.K.ch,K.ch)) // T中存在该关键字
        {
            return;
        }
        else // T中不存在该关键字，插入之
        {
            if (!p) // 分支空
            {
                p = q->a.bh.ptr[ord(K.ch[i])]
                  = (TrieTree)malloc (sizeof(TrieNode));
                p->kind = LEAF;
                p->a.lf.K = K;
                p->a.lf.infoptr = r;
            }
```

```
            else if (p->kind == LEAF) // 有不完全相同的叶子
            {
                K1 = p->a.lf.K;
                do
                {
                    ap = q->a.bh.ptr[ord(K.ch[i])]
                        = (TrieTree)malloc (sizeof(TrieNode));
                    ap->kind = BRANCH;
                    for (j = 0; j < LENGTH; j++)
                    {
                        // 指针量赋初值NULL
                        ap->a.bh.ptr[j] = NULL;
                    }
                    q = ap;
                    i++;
                } while (ord(K.ch[i]) == ord(K1.ch[i]));
                q->a.bh.ptr[ord(K1.ch[i])] = p;
                p = q->a.bh.ptr[ord(K.ch[i])]
                    = (TrieTree)malloc (sizeof(TrieNode));
                p->kind = LEAF;
                p->a.lf.K = K;
                p->a.lf.infoptr = r;
            }
        }
    }
}
```

Trie 树中遍历参考函数为 TraverseDSTable,即按关键字的顺序输出关键字及其对应的记录。在循环过程中，若结点，为叶子结点则调用访问函数依次访问；若为分支结点，则递归调用 TraverseDSTable 进行访问。

```
void TraverseDSTable(TrieTree T,void(*Vi)(Record*))
{
    //按关键字的顺序输出关键字及其对应的记录
    TrieTree p;
    int i;
    if (T)
    {
        for (i = 0; i < LENGTH; i++)
        {
            p = T->a.bh.ptr[i];
            if (p && p->kind == LEAF)
            {
                Vi(p->a.lf.infoptr);
            }
            else if (p&&p->kind == BRANCH)
            {
                TraverseDSTable(p, Vi);
            }
        }
    }
}
```

Trie 树中销毁双链键树的参考函数为 DestroyDSTable。利用循环语句，若访问结点为分支结点，则递归调用 DestroyDSTable；若访问结点为叶子结点，则直接对结点进行销毁。

```
void DestroyDSTable(TrieTree *T)
{
    int i;
    if (*T) // 非空树
    {
        for (i = 0; i < LENGTH; i++)
        {
            if ((*T)->kind == BRANCH&&(*T)->a.bh.ptr[i]) /
            {
            / 第i个结点不空
                if ((*T)->a.bh.ptr[i]->kind == BRANCH) // 是子树
                {
                    DestroyDSTable(&(*T)->a.bh.ptr[i]);
                }
                else // 是叶子
                {
                    free((*T)->a.bh.ptr[i]);
                    (*T)->a.bh.ptr[i] = NULL;
                }
            }
        }
        free(*T);        // 释放根结点
        *T = NULL;       // 空指针赋0
    }
}
```

## 9.3 哈希表

### 一、哈希表结构特点

散列查找也称哈希查找。它既是一种查找方法，又是一种存储方法，称为散列存贮。散列存储的内存存放形式也称为哈希表或散列表。

散列查找与前面介绍的查找方法完全不同，前面介绍的所有查找都是基于待查关键字与表中元素进行比较而实现的查找方法，而散列查找是通过构造哈希函数来得到待查关键字的地址，按理论分析真正不需要用到比较的一种查找方法。

### 二、实训项目要求

开发一个哈希表的操作程序，要求程序至少具备以下哈希表的操作接口。
- InitHashTable（初始化哈希表函数）；
- DestroyHashTable（销毁哈希表函数）；
- SearchHash（哈希表查找函数）；
- InsertHash（哈希表插入函数）；
- RecreateHashTable（哈希表重建函数）；

● TraverseHash（哈希表遍历函数）。

要求程序具有任用户选择操作的菜单来对应以上操作。

### 三、重要代码提示

在构造结构之前应该确定本项目的数据元素个数、关键字的数据类型。参考以下代码。

```
#define NULL_KEY 0      // 0为无记录标志
#define N 10            // 数据元素个数
typedef int KeyType;    // 设关键字域为整型
```

一个完整的哈希表结构 HashTable 中应包含 ElemType 型指针、数据元素个数和哈希表的当前容量。

```
typedef struct
{
    KeyType key;
    int ord;
} ElemType; // 数据元素类型

typedef struct  ///开放定址哈希表的存储结构
{
    ElemType *elem; // 数据元素存储基址，动态分配数组
    int count;      // 当前数据元素个数
    int sizeindex;  // hashsize[sizeindex]为当前容量
} HashTable;
```

哈希表中元素初始化参考函数为 InitHashTable。其初始化过程中申请存放空间，并对结构中的参数进行设置，详细设置如下。

```
void InitHashTable(HashTable *H)
{
    // 操作结果：构造一个空的哈希表
    int i;
    (*H).count = 0;     // 当前元素个数为0
    (*H).sizeindex = 0; // 初始存储容量为hashsize[0]
    m = hashsize[0];
    (*H).elem = (ElemType*)malloc(m*sizeof(ElemType));
    if (!(*H).elem)
    {
        exit(OVERFLOW); // 存储分配失败
    }
    for (i = 0; i < m; i++)
    {
        (*H).elem[i].key = NULL_KEY; // 未填记录的标志
    }
}
```

哈希表中元素查找参考函数为 SearchHash。其先求得关键字 K 的 Hash 地址，若该位置中有记录且关键字不相等，则求下一探查地址（本项目先采用线性探测，再进行散列）。若查找成功，则返回 SUCCESS，否则返回 UNSUCCESS。

```
Status SearchHash(HashTable H,KeyType K,int *p,int *c)
{
    /* 在开放定址哈希表H中查找关键码为K的元素，若查找成功，
```

```
        以p指示待查数据元素在表中的位置，并返回SUCCESS；
        否则，以p指示插入位置，并返回UNSUCCESS,c用以计冲突次数，
        其初值置零，供建表插入时参考 */
    *p = Hash(K);  // 求得哈希地址
    while(H.elem[*p].key != NULL_KEY && !EQ(K,H.elem[*p].key))
    {
        // 该位置中有记录且关键字不相等
        (*c)++;
        if (*c < m)
        {
            collision(p,*c); // 求得下一探查地址p
        }
        else
        {
            break;
        }
    }
    if (EQ(K, H.elem[*p].key))
    {
        return SUCCESS; // 查找成功，p返回待查数据元素位置
    }
    else //查找不成功，p返回的是插入位置
    {
        return UNSUCCESS;
    }
}
```

哈希表中元素查找参考函数为 Find。此函数与 SearchHash 的最大区别在于阈值 c 的设定，SearchHash 函数中阈值 c 为调用函数时传入的参数，而 Find 函数的阈值 c 为函数内部参数。若查找成功，则返回 SUCCESS，否则返回 UNSUCCESS。

```
Status Find(HashTable H,KeyType K,int *p)
{
    /* 在开放定址哈希表H中查找关键码为K的元素，若查找成功，
        则以p指示待查数据元素在表中的位置，并返回SUCCESS；
        否则返回UNSUCCESS */
    int c = 0;
    *p = Hash(K); // 求得哈希地址
    while (H.elem[*p].key != NULL_KEY && !EQ(K, H.elem[*p].key))
    {
        // 该位置中有记录且关键字不相等
        c++;
        if (c < m)
        {
            collision(p, c); // 求得下一探查地址p
        }
        else
        {
            return UNSUCCESS; // 查找不成功
        }
    }
```

```
        if EQ(K, H.elem[*p].key)
        {
            return SUCCESS;  // 查找成功,p返回待查数据元素的位置
        }
        else
        {
            return UNSUCCESS;  // 查找不成功
        }
    }
```

SearchHash 函数和 Find 函数中使用了 Hash 函数和 collision 函数,这两个函数都较为简单,在此不再讲述,参考代码如下。

```
    unsigned Hash(KeyType K)
    {
        // 一个简单的哈希函数(m为表长,全局变量)
        return K % m;
    }

    void collision(int *p, int d)  // 先线性探测再进行散列
    {
        // 开放定址法处理冲突
        *p = (*p + d) % m;
    }
```

哈希表中元素插入参考函数为 InsertHash,查找不成功时插入数据元素 e 到开放定址哈希表 H 中,并返回 OK;若冲突次数过大,则重建哈希表。

```
    Status InsertHash(HashTable *H, ElemType e)
    {
        int c, p;
        c = 0;
        if (SearchHash(*H, e.key, &p, &c))
        {
            // 表中已有与e有相同关键字的元素
            return DUPLICATE;
        }
        else if (c < hashsize[(*H).sizeindex] / 2)
        {
            // 冲突次数c未达到上限(c的值可调)
            // 插入e
            (*H).elem[p] = e;
            ++(*H).count;
            return OK;
        }
        else
        {
            RecreateHashTable(H);  // 重建哈希表
        }
        return ERROR;
    }
```

哈希表中重建哈希表的参考函数为 RecreateHashTable,前面提到,若冲突次数过大,则需

要重建哈希表，其主要目的是增加哈希表的容量。

```c
void RecreateHashTable(HashTable *H)
{
    // 重建哈希表
    int i, count = (*H).count;
    ElemType *p;
    ElemType *elem = (ElemType*)malloc(count * sizeof(ElemType));
    p = elem;
    printf("重建哈希表\n");
    for (i = 0; i < m; i++) // 保存原有的数据到elem中
    {
        if (((*H).elem + i)->key != NULL_KEY) // 该单元有数据
        {
            *p++ = *((*H).elem + i);
        }
    }
    (*H).count = 0;
    (*H).sizeindex++; // 增大存储容量
    m = hashsize[(*H).sizeindex];
    p = (ElemType*)realloc((*H).elem, m * sizeof(ElemType));
    if (!p)
    {
        exit(OVERFLOW); // 存储分配失败
    }
    (*H).elem = p;
    for (i = 0; i < m; i++)
    {
        (*H).elem[i].key = NULL_KEY; // 未填记录的标志(初始化)
    }
    for (p = elem; p < elem + count; p++)
    {
        // 将原有的数据按照新的表长插入到重建的哈希表中
        InsertHash(H, *p);
    }
}
```

哈希表中销毁哈希表的参考函数为 DestroyHashTable，销毁 Hash 表需要释放其空间并将参数设置为空值。

```c
void DestroyHashTable(HashTable *H)
{
    free((*H).elem);
    (*H).elem = NULL;
    (*H).count = 0;
    (*H).sizeindex = 0;
}
```

哈希表中遍历哈希表的参考函数为 TraverseHash，若哈希表指定位置有数据则输出，无则跳过，直至循环结束。

```c
void TraverseHash(HashTable H, void(*Vi)(int,ElemType))
{
```

```
    // 按哈希地址的顺序遍历哈希表
    int i;
    printf("哈希地址0～%d\n", m - 1);
    for (i = 0; i < m; i++)
    {
        if (H.elem[i].key != NULL_KEY) // 有数据
        {
            Vi(i, H.elem[i]);
        }
    }
}
```

## 9.4 查找项目实训拓展

1）设计一个简单的学生宿舍管理查询程序，要求根据菜单处理相应功能。

要求：

① 建立数据文件，数据文件按关键字（姓名、学号、房号）进行排序。

② 查询菜单（可以用二分查找实现以下操作）。

- 按姓名查询；
- 按学号查询；
- 按房号查询等。

③ 可以打印任一查询结果。

④ 每个学生的信息包括：序号、学号、性别、房号、楼号等。

提示：排序方法任选。基本功能为建立文件、增加学生宿舍记录、删除/修改、查询学生宿舍记录。

2）以链表结构的有序表表示某商场家电部的库存模型，当有提货或进货时需要对该链表及时进行维护，每个工作日结束以后，将该链表中的数据以文件形式保存，每日开始营业之前，必须将文件形式保存的数据恢复成链表结构的有序表。

要求：

链表结构的数据域包括家电名称、品牌、单价和数量，以单价的升序体现链表的有序性。程序功能包括初始化、创建表、插入数据、删除数据、更新数据、查询及链表数据与文件之间的转换等。

3）设计一个哈希表，实现个人电话号码查询系统。

要求：

① 设每个记录都有：电话号码、用户名、用户住址等数据项。

② 从键盘输入各记录，分别以电话号码和用户名为关键字建立哈希表。

③ 设计不同的哈希函数，比较冲突率。

④ 在哈希函数确定的前提下，尝试各种不同类型处理冲突的方法，考查平均查找长度的变化。

⑤ 查找并显示给定电话号码/用户名的记录。

# 第 10 章 排序项目实训

在某些应用中，线性存储结构需要依据某些标准保持其元素的有序状态。而将无序状态的线性结构调整为有序是经常用到的操作，而实现排序的操作有多种算法，不同的算法适用于不同的环境，因此有必要掌握一些常见的排序算法。

**一、本章实训目的**

1）用 C 或 C++语言实现本章所学的常见排序算法；
2）在线性表的基础上实现各种排序函数；
3）构造用户操作界面，提供各种排序选项；
4）运行程序并对其进行测试。

**二、常见的排序方法**

- 冒泡排序；
- 插入排序（折半插入排序、希尔排序）；
- 快速排序；
- 选择排序（树形选择排序、堆排序）；
- 归并排序；
- 基数排序；
- 外部排序。

## 10.1 常见排序算法

**一、实训项目要求**

修改第 2 章的顺序表结构，实现一系列排序接口，设计用户选择菜单以对应各种排序的操作。要求实现的函数包括以下几个。

- InsertSort（直接插入排序）；
- BInsertSort（折半插入排序）；
- P2_InsertSort（2 路插入排序）；
- ShellInsert（希尔排序）；
- BubbleSort（冒泡排序）；
- QuickSort（快速排序）；
- SelectSort（简单选择排序）；
- TreeSort（树形选择排序）；
- HeapSort（堆排序）；

- MergeSort（归并排序）。

## 二、重要代码提示

为方便排序操作，这里将第 2 章的顺序表定义做了些许修改，参考如下代码。将顺序表结构 SqList 中的数组成员定义为一个结构类型 RedType，该结构包含一个 KeyType 成员作为比较依据，还包括一个 InfoType 成员来存储数据。因此，在使用结构 SqList 之前要先定义 KeyType 和 InfoType 的具体类型。

```
#define MAX_SIZE 20         // 定义顺序表的最大长度
typedef int KeyType;        // 定义关键字类型为整型
typedef int InfoType;       // 定义其他数据项的类型

struct RedType              // 记录类型
{
    KeyType  key;           // 关键字项
    InfoType otherinfo;     // 其他数据项
}

struct SqList  // 顺序表类型
{
    RedType r[MAX_SIZE + 1]; // r[0]闲置或用做哨兵单元
    int     length;          // 顺序表长度
}
```

插入类排序算法有多种变形，直接插入排序、折半插入排序和 2 路插入排序的算法都比较简单，所以 InsertSort 函数、BInsertSort 函数及 P2_InsertSort 函数的具体代码此处略过。

本书重点讨论希尔排序，希尔排序的思想是依据一个依次递减到 1 的质数序列 dlta[t]，进行 t 次希尔插入排序，即第 i 次排序以 dlta[i-1]为增量间隔，将待排序列划分为 dlta[i-1]个子序列，并针对这些子序列进行简单插入排序，最终得到全局有序序列。

所以，构造一个函数 ShellInsert 操作，每次希尔插入排序，传入顺序表 L 的引用和增量间隔 dk。因为实际数据从 L.r[1]开始，所以初始将 L.r[1]到 L.r[dk]之间的元素依次看做 dk 个子序列，然后从 dk+1 个元素开始，逐步将每个元素插入到其对应增量为 dk 的子序列中，该过程可以借用 L.r[0]作为暂存空间。

```
void ShellInsert(SqList &L, int dk)
{
    /* 操作结果：对顺序表L做一趟希尔插入排序，相比直接插入排序，做以下修改：
            1.前后记录位置的增量是dk，而不是1；
            2.r[0]只是暂存单元，不是哨兵。当j <= 0时，插入位置已找到 */
    int i, j;
    for (i = dk + 1; i <= L.length; ++i)
    {
        if (L.r[i].key < L.r[i - dk].key)
        {
            // 需将L.r[i]插入有序增量子表
            L.r[0] = L.r[i]; // 暂存在L.r[0]中
            for (j = i - dk; j > 0 && L.r[0].key < L.r[j].key; j -= dk)
            {
                L.r[j + dk] = L.r[j]; // 记录后移，查找插入位置
```

```
            }
            L.r[j + dk] = L.r[0]; // 插入
        }
    }
}
```

参考以下代码，希尔排序函数 ShellSort 实现起来很简单，参数传入待排序顺序表引用 L，以及增量序列 dlta[]和它的长度 t。依据 dlta 的元素循环进行 t 次 ShellInsert 函数调用，每次调用后可以打印当前排序之后顺序表的值，具体打印函数 print 比较简单，这里略过。

```
void ShellSort(SqList &L, int dlta[], int t)
{
    // 操作结果：按增量序列dlta[0..t-1]对顺序表L做希尔排序
    int k;
    for (k = 0; k < t; ++k)
    {
        ShellInsert(L, dlta[k]); // 一趟增量为dlta[k]的插入排序
        printf("第%d趟排序结果: ", k + 1);
        print(L);
    }
}
```

普通的冒泡排序算法很简单，这里省去 BubbleSort 函数的具体代码实现，着重讨论冒泡排序的改进形式——快速排序。该排序算法的一个反复操作是要将某个区间的记录调整为小于枢轴的记录在枢轴之前（后），大于枢轴的记录在枢轴之后（前）。

参考以下代码，构造调整区间记录的函数 Partition，参数传入顺序表引用 L 以及待调整区间边界 low 到 high。始终将区间的第一个记录看做枢轴并利用 L.r[0]保存起来，然后从区间两端交替向中间扫描。

先从 high 向 low 扫描，若发现第一个小于枢轴的记录，则移动到 low 的位置，因为原先在 low 的记录作为枢轴已经保存了，所以不会造成丢失数据的情况；然后从 low 向 high 扫描，发现第一个大于枢轴的记录，则移动至 high 的位置（之前 high 位置的记录已被移走）。依据上面的操作交替循环，直到 low 与 high 相遇为止，因为最后的操作是将 low 位置的记录移到 high 位置，所以最终将 L.r[0]保存的枢轴记录移至 low 位置，同时返回 low 即可。

```
int Partition(SqList &L, int low, int high)
{
    /* 操作结果：交换顺序表L中子表r[low..high]的记录，枢轴记录到位，
               并返回其所在位置，此时在它之前(后)的记录均不大(小)于它 */
    KeyType pivotkey;
    L.r[0] = L.r[low]; // 用子表的第一个记录做枢轴记录
    pivotkey = L.r[low].key; // 枢轴记录关键字
    while (low < high) // 从表的两端交替地向中间扫描
    {
        while (low < high && L.r[high].key >= pivotkey)
        {
            --high;
        }
        L.r[low] = L.r[high]; // 将比枢轴记录小的记录移到低端
        while (low < high && L.r[low].key <= pivotkey)
        {
            ++low;
```

```
            L.r[high] = L.r[low]; // 将比枢轴记录大的记录移到高端
        }
        L.r[low] = L.r[0]; // 枢轴记录到位
        return low; // 返回枢轴位置
    }
```

快速排序时先调整完整区间，然后以枢轴为界分别调整枢轴前后的两个子区间，以此类推，直到最终划分的子区间只有一个元素为止。因此，对区间[low，high]进行快速排序的函数 QuickSort 可以利用递归来实现，即先判断区间[low，high]长度是否大于 1，若大于 1，则调用函数 Partition 调整区间并返回枢轴位置；再对枢轴分开的两个子区间递归调用 QuickSort，参考如下代码。

```
void QuickSort (SqList &L, int low, int high)
{
    // 操作结果：对顺序表L中的子序列L.r[low..high]做快速排序
    int pivotloc;
    if (low < high) // 长度大于1
    {
        pivotloc = Partition(L, low, high); // 将L.r[low..high]一分为二
        QSort(L, low, pivotloc - 1); // 对低子表递归排序，pivotloc是枢轴
        QSort(L, pivotloc + 1, high); // 对高子表递归排序
    }
}
```

简单选择排序算法和树形选择排序算法较为简单，因此函数 SelectSort 与函数 TreeSort 的代码略过，此处着重讨论堆排序算法。

堆排序核心操作是输出堆顶元素之后，如何将剩余元素调整为一个堆，因此应先实现调整堆函数 HeapAdjust。假设用顺序表 H 存储完全二叉树结构的堆，则任意结点 H.r[i]的左右孩子结点分别是 H.r[2i]和 H.r[2i+1]。

参考如下代码，函数传入堆引用 H、结点序号 s 和 m，将除 s 以外满足堆特征的 H.r[s...m]调整为一个大顶堆。先用结点变量 rc 将 s 结点保存起来，再找出 s 关键字最大的孩子 j，比较 rc 和 j 的关键字。若 rc 大，则说明堆已经调整好，结束循环；若 j 大，则将 j 结点赋值给 s 结点，改变 s 为 j 的位置。循环操作以上逻辑，最终将 s 移动到 rc 结点应该调整到的位置，再将之前的 rc 结点赋值到 s 所在结点即可完成堆的调整。

```
    typedef SqList HeapType; // 堆采用顺序表存储表示
    void HeapAdjust(HeapType &H, int s, int m)
    {
        /* 操作结果：已知H.r[s..m]中记录的关键字除H.r[s].key之外均满足堆的定义，
                    本函数用于调整H.r[s]的关键字，使H.r[s..m]成为一个大顶堆 */
        RedType rc;
        int j;
        rc = H.r[s];
        for (j = 2 * s; j <= m; j *= 2)
        {
            // 沿key较大的孩子结点向下筛选
            if (j < m && H.r[j].key < H.r[j + 1].key)
            {
                ++j; // j为key较大的记录的下标
```

```
                }
                if (!(rc.key < H.r[j].key))
                {
                    break; // rc应插入到位置s上
                }
                H.r[s] = H.r[j];
                s = j;
            }
            H.r[s] = rc; // 插入
        }
```

堆排序函数 HeapSort 首先要解决的问题是如何将一个顺序表调整为一个初始堆,参考如下代码,从顺序表 H 所存储的完全二叉树结构(H.length 个结点)的最后一个非叶子结点开始(即第 H.length/2 个结点)直到第 1 个结点,自后向前循环调用调整堆函数 HeapAdjust 即可。

当拥有初始堆 H.r[1...i]之后,将堆顶记录 H.r[1]和最后一个记录 H.r[i]进行交换,即将关键字最大的结点放到最后,然后调整堆 H.r[1...i-1];循环递减 i 并重复以上操作,最终当 i 递减到 1 时,顺序表 H 即为有序。

```
void HeapSort(HeapType &H)
{
    // 操作结果:对顺序表H进行堆排序
    RedType t;
    int i;
    for (i = H.length / 2; i > 0; --i) // 把H.r[1..H.length]建成大顶堆
    {
        HeapAdjust(H, i, H.length);
    }
    for (i = H.length; i > 1; --i)
    {
        // 将堆顶记录和当前未经排序子序列H.r[1..i]中最后一个记录相互交换
        t = H.r[1];
        H.r[1] = H.r[i];
        H.r[i] = t;
        HeapAdjust(H, 1, i - 1); // 将H.r[1..i-1]重新调整为大顶堆
    }
}
```

归并排序的算法比较简单,但由于归并思想是外部排序的核心思想,所以本章给出对归并排序代码的详细分析。

通常所说的归并排序指的是 2 路归并排序,即自底向上不断两两归并相邻有序子序列,最终形成完整有序序列。归并子序列的函数 Merge 参考如下代码,传入待排序的线性表 SR 以及待归并的区间边缘序号 i、m、n,其中 SR[i...m]和 SR[m+1...n]分别有序,还要传入一个线性表 TR 保存归并之后的序列。顺序扫描有序子序列 SR[i...m]和 SR[m+1...n]并对两个序列分别扫描到的元素进行比较,始终将较小的元素顺序保存入 TR,直到其中一个序列元素扫描结束为止,最后将另一个序列剩余元素顺序存入 TR 尾部,从而得到归并后有序的序列 TR。

```
void Merge(RedType SR[], RedType TR[], int i, int m, int n)
{
    // 操作结果:将有序的SR[i...m]和SR[m + 1...n]归并为有序的TR[i...n]。
    int j, k, l;
    for (j = m + 1, k = i; i <= m && j <= n; ++k)
```

```
    {
        // 将SR中的记录由小到大地并入TR
        if (SR[i].key <= SR[j].key)
        {
            TR[k] = SR[i++];
        }
        else
        {
            TR[k] = SR[j++];
        }
    }
    if (i <= m)
    {
        for (l = 0; l <= m - i; l++) // 将剩余的SR[i...m]复制到TR中
        {
            TR[k + l] = SR[i + l];
        }
    }
    if (j <= n)
    {
        for (l = 0; l <= n - j; l++) // 将剩余的SR[j...n]复制到TR中
        {
            TR[k + l] = SR[j + l];
        }
    }
}
```

参考以下代码，将一段无序顺序表进行归并排序的函数 MSort 要传入待排序顺序表 SR、待排序的区间边界 s 和 t，以及保存最后有序序列的顺序表 TR1。首先，判断无序区间边界 s 是否等于 t，如果相等，则说明该区间只有一个元素，因此应直接将该元素复制到有序序列 TR1 中；否则将区间[s...t]平分为[s...m]和[m+1...t]，其次，分别对两个区间递归调用 MSort 函数，对它们进行递归排序，排序后的结果存于顺序表 TR2 中。再次，对 TR2 的有序区间[s...m]和[m+1...t]调用 Merge 函数进行归并操作。最后，得到完整的有序区间并保存于顺序表 TR1。

而针对整个顺序表的归并排序函数 MergeSort，只要对传入的顺序表 L 的第一个元素到最后一个元素所构成的区间调用 MSort 函数即可。

```
void MSort(RedType SR[], RedType TR1[], int s, int t)
{
    // 操作结果：将SR[s...t]归并排序为TR1[s...t]。
    int m;
    RedType TR2[MAX_SIZE + 1];
    if (s == t)
    {
        TR1[s] = SR[s];
    }
    else
    {
        m = (s + t) / 2; // 将SR[s...t]平分为SR[s...m]和SR[m + 1...t]
        // 递归地将SR[s...m]归并为有序的TR2[s...m]
        MSort(SR, TR2, s, m);
```

```
            // 递归地将SR[m + 1..t]归并为有序的TR2[m + 1..t]
            MSort(SR, TR2, m + 1, t);
            // 将TR2[s...m]和TR2[m + 1..t]归并到TR1[s..t]
            Merge(TR2, TR1, s, m, t);
        }
    }

    void MergeSort(SqList &L)
    {
        // 操作结果：对顺序表L做归并排序
        MSort(L.r, L.r, 1, L.length);
    }
```

## 10.2 链式基数排序

### 一、实训项目要求

修改第 2 章的静态链表结构，实现链式基数排序算法，并提供用户操作界面验证该排序算法。要求实现的函数如下：

- Distribute（一趟分配函数）；
- Collect（一趟收集函数）；
- RadixSort（链式基数排序函数）；
- Rearrange（重排记录函数）。

### 二、重要代码提示

为提高基数排序的效率，采用静态链表来存储初始数据。对第 2 章的静态链表做修改后的代码如下，因为基数排序针对多个关键字，所以在静态链表结点 SLCell 的定义中增加一个关键字向量 keys，而结点的实用数据存储在 otheritems 成员中；在静态链表结构 SLList 中增加关键字个数成员 keynum。

另外，要根据实际情况定义计数值 RADIX（此处以十进制为例），以及有 RADIX 个元素的指针数组类型 ArrType。

```
    #define MAX_NUM_OF_KEY 8        // 关键字项数的最大值
    #define RADIX 10                // 关键字基数，此时是十进制整数的基数
    #define MAX_SPACE 1000
    typedef int InfoType;           // 定义其他数据项的类型
    typedef int KeyType;            // 定义RedType类型的关键字为整型

    struct SLCell                   // 静态链表的结点类型
    {
        KeysType keys[MAX_NUM_OF_KEY];  // 关键字
        InfoType otheritems;            // 其他数据项
        int      next;
    }

    struct SLList                                  // 静态链表类型
    {
```

```
    SLCell r[MAX_SPACE];        // 静态链表的可利用空间，r[0]为头结点
    int keynum;                 // 记录的当前关键字个数
    int recnum;                 // 静态链表的当前长度
}

typedef int ArrType[RADIX];     // 指针数组类型
```

基数排序的关键操作是"分配"和"回收"，通过对 keys 个关键字的分配和回收，使得到的静态链表有序。参考如下代码，分配函数 Distribute 传入静态向量 r、分配次数 i（以第 i 个关键字进行分配）、具有相同基数值的子链表头指针数组 f、尾指针数组 e。

因为之前进行过 i-1 次分配和回收，所以 r 中的记录已按（keys[0]，…，keys[i-1]）有序。置空 f，按指针遍历静态链表结点，将每个结点依据 keys[i]的值顺序连接到基数指针数组所对应的子链表中，并将 e[i]指向子链表的尾部。于是 r 中形成了以 keys[i]为顺序的多条子链表，而每条链表的元素具有相同的 keys[i]值。

```
void Distribute(SLCell r[], int i, ArrType f, ArrType e)
{
    // 初始条件：静态键表L的r域中记录已按(keys[0]，…，keys[i-1])有序
    // 操作结果：按第i个关键字keys[i]建立RADIX个子表，使同一子表中记录
    //          的keys[i]相同，f[0...RADIX-1]和e[0...RADIX-1]分别指向各子表
    //          中第一个和最后一个记录
    int j, p;
    for (j = 0; j < RADIX; ++j)
    {
        f[j] = 0; // 各子表初始化为空表
    }
    for (p = r[0].next; p; p = r[p].next)
    {
        j = ord(r[p].keys[i]); //ord将记录中第i个关键字映射到[0...RADIX-1]中
        if (!f[j])
        {
            f[j] = p;
        }
        else
        {
            r[e[j]].next = p;
        }
        e[j] = p; // 将p所指的结点插入到第j个子表中
    }
}
```

第 i 次分配之后，回收函数 Collect 通过遍历头指针数组 f 将所有的非空子表链接到上一条非空子表的尾部，可以通过访问指针数组 e 来查询尾部结点。最终将 r 中所有的子链表连接为一整条链表，则链表的记录按照（keys[0]，…，keys[i]）有序。

```
void Collect(SLCell r[], ArrType f, ArrType e)
{
    /* 操作结果：按keys[i]自小至大地将f[0...RADIX-1]所指各子表依次连接成
                一个链表，e[0...RADIX-1]为各子表的尾指针 */
    int j = 0, t;
    while (!f[j]) // 查找第一个非空子表，succ为求后继函数
```

```c
        {
            j = succ(j);
        }
        r[0].next = f[j];
        t = e[j];  // r[0].next指向第一个非空子表中的第一个结点
        while (j < RADIX - 1)
        {
            j = succ(j);
            while (j < RADIX - 1 && !f[j])  // 查找下一个非空子表
            {
                j = succ(j);
            }
            if (f[j])
            {
                // 链接两个非空子表
                r[t].next = f[j];
                t = e[j];
            }
        }
        r[t].next = 0;  // t指向最后一个非空子表中的最后一个结点
    }
```

完整的链式基数排序函数 RadixSort 先遍历 L 中的结点向量,使这些结点顺序链接;再遍历 keys 的序号,循环对每个 keys[i]调用一次 Distribute 函数和一次 Collect 函数;每次分配-回收之后都将静态向量 r 输出一遍,观察单次分配-回收的结果,最终静态链表 L 成为有序表。

```c
void RadixSort(SLList &L)
{
    // 初始条件:静态链表L已被初始化
    // 操作结果:对L做基数排序,使得L成为按关键字自小到大排列的有序静态链表
    int i;
    ArrType f, e;
    for (i = 0; i < L.recnum; ++i)
    {
        L.r[i].next = i + 1;
    }
    L.r[L.recnum].next = 0;
    for (i = 0; i < L.keynum; ++i)
    {
        // 按最低位优先依次对各关键字进行分配和收集
        Distribute(L.r, i, f, e);  // 第i趟分配
        Collect(L.r, f, e);  // 第i趟收集
        printf("第%d趟收集后:\n", i + 1);
        printl(L);
        printf("\n");
    }
}
```

在排序的过程中,如果要频繁移动结点且每次移动的信息量比较大,则可以引入一个地址向量 adr[],从而将移动结点的行为转化为移动地址向量中的数值的行为,这样可以大幅降低运算开销。下面通过静态链表 L 初始化 adr 向量函数 Sort,来遍历 L 的每个结点,然后将当前序

号赋值给 adr 对应的元素。

```
void Sort(SLList L, int adr[])
{
    // 求得adr[1..L.length], adr[i]为静态链表L的第i个最小记录的序号
    int i = 1, p = L.r[0].next;
    while (p)
    {
        adr[i++] = p;
        p = L.r[p].next;
    }
}
```

如果引入了 adr 向量，则需要实现根据 adr 向量的最终状态将原始结构重排为有序的函数，下面给出以静态链表为例的重排函数 Rearrange。

函数传入静态链表引用 L 和地址向量 adr，很明显，adr 的大小一定不小于 L.recnum。根据索引值 i 遍历地址向量，判断当前地址向量 adr[i] 存储的值是否等于 i，如果相等，则意味着 L.r[i] 处于有序序列正确的位置上，进入下一轮循环；否则要将 L.r[i] 保存于 L.r[0]，并将应该位于此处的元素 L.r[adr[i]] 移动到 L.r[i]，此时 adr[adr[i]] 所处的位置有了空缺，又应将应处于该位置的元素移动过来，往复循环，直到遇到初始 L.r[i] 应该在的位置，此时将之前保存的 L.r[i] 移动到该位置，二重循环之后静态链表 L 即为有序的。

```
void Rearrange(SLList &L, int adr[])
{
    // 操作结果：adr给出静态链表L的有序次序，即L.r[adr[i]]是第i小的记录；
    //          本算法按adr重排L.r，使其有序
    int i, j, k;
    for (i = 1; i < L.recnum; ++i)
    {
        if (adr[i] != i)
        {
            j = i;
            L.r[0] = L.r[i]; // 暂存记录L.r[i]
            while (adr[j] != i)
            {
                // 调整L.r[adr[j]]的记录位置，直到adr[j] = i为止
                k = adr[j];
                L.r[j] = L.r[k];
                adr[j] = j;
                j = k; // 记录按序到位
            }
            L.r[j] = L.r[0];
            adr[j] = j;
        }
    }
}
```

## 10.3 排序项目实训拓展

1）现有学生成绩信息文件 1（1.txt），内容如下：

| 姓名 | 学号 | 语文 | 数学 | 英语 |
|---|---|---|---|---|
| 张明明 | 01 | 67 | 78 | 82 |
| 李成友 | 02 | 78 | 91 | 88 |
| 张辉灿 | 03 | 68 | 82 | 56 |
| 王露 | 04 | 56 | 45 | 77 |
| 陈东明 | 05 | 67 | 38 | 47 |
| ... | ... | ... | ... | ... |

学生成绩信息文件2（2.txt），内容如下：

| 姓名 | 学号 | 语文 | 数学 | 英语 |
|---|---|---|---|---|
| 陈果 | 31 | 57 | 68 | 82 |
| 李华明 | 32 | 88 | 90 | 68 |
| 张明东 | 33 | 48 | 42 | 56 |
| 李明国 | 34 | 50 | 45 | 87 |
| 陈道亮 | 35 | 47 | 58 | 77 |
| ... | ... | ... | ... | ... |

试编写一个管理系统，要求如下：
① 实现对两个文件数据的合并，生成新文件3.txt；
② 抽取出三科成绩中有补考的学生并保存在一个新文件4.txt中；
③ 对合并后的文件3.txt中的数据按总分降序排序（至少采用两种排序方法实现）。

# 附录　标准化代码规范参考

工程性的项目必须要统一软件编程风格，提高软件源程序的可读性、可靠性和可重用性，提高软件源程序的质量和可维护性，减少软件维护成本，最终提高软件产品的生产力。

软件开发代码规范完整包含以下内容：基本原则、布局、注释、命名规则、变量常量与类型、表达式与语句、函数与过程、可靠性、可测性、断言与错误处理。

本代码规范的相关术语与解释如下。
- 原则：编程时应该坚持的指导思想。
- 规则：编程时必须遵守的约定。
- 建议：编程时必须加以考虑的约定。
- 说明：对此规则或建议的必要的解释。
- 正例：对此规则或建议给出的正确例子。
- 反例：对此规则或建议给出的反面例子。

## 一、基本原则

【原则1-1】首先是为人编写程序，其次才是计算机。

说明：这是软件开发的基本要点，软件的生命周期贯穿产品的开发、测试、生产、用户使用、版本升级和后期维护等长期过程，只有易读、易维护的软件代码才具有生命力。

【原则1-2】保持代码的简明清晰，避免过分的编程技巧。

说明：简单是最美。保持代码的简单化是软件工程化的基本要求。不要过分追求技巧，否则会降低程序的可读性。

【原则1-3】所有的代码尽量遵循 ANSI C 标准。

说明：所有的代码尽可能遵循 ANSI C 标准，尽可能不使用 ANSI C 未定义的或编译器扩展的功能。

【原则1-4】编程时首先达到正确性，其次考虑效率。

说明：编程首先考虑的是满足正确性、健壮性、可维护性、可移植性等，最后才考虑程序的效率和资源占用。

【原则1-5】避免或少用甚至不用全局变量。

说明：过多地使用全局变量，会导致模块间的紧耦合，违反模块化的要求。可以提供一个接口供外部访问全局变量，而不直接访问全局变量。

【原则1-6】尽量避免使用 GOTO 语句。

【原则1-7】尽可能重用、修正旧的代码。

说明：尽量选择可借用的代码，对其修改优化以达到自身要求。对风格较差、不符合规范的旧代码除非特别稳定，否则应在理解旧代码的基础上重写。

【原则1-8】尽量减少同样的错误出现的次数。

说明：事实上，我们无法做到完全消除错误，但通过不懈努力，可以减少同样的错误出现的次数。

## 二、布局

程序布局的目的是显示程序良好的逻辑结构,提高程序的准确性、连续性、可读性、可维护性。更重要的是,统一的程序布局和编程风格,有助于提高整个项目的开发质量,提高开发效率,降低开发成本。同时,对于普通程序员来说,养成良好的编程习惯有助于提高自己的编程水平,提高编程效率。因此,统一的、良好的程序布局和编程风格不仅仅是个人主观美学上的或者形式上的问题,而且会涉及工程质量,涉及个人编程能力的提高,必须引起大家的重视。

### 1. 文件布局

**【规则2-1】** 遵循统一的布局顺序来书写头文件。

头文件布局:

```
头文件说明
#ifndef 文件名_H（全大写）
#define 文件名_H
其他条件编译选项
#include（依次为标准库头文件、非标准库头文件）
常量定义
全局宏
全局数据类型
类定义
模板（template）（包括C++中的类模板和函数模板）
全局函数原型
#endif
```

注意:
- 尽量避免在头文件中进行变量的定义;
- "文件名_H（全大写）"要保证多个文件定义不重复,如果重复,可在文件名前面加入模块名称。

**【规则2-2】** 遵循统一的布局顺序来书写实现文件。

实现文件布局:

```
实现文件头说明
#include（依次为标准库头文件、非标准库头文件）
常量定义
文件内部使用的宏
文件内部使用的数据类型
全局变量
本地变量（即静态全局变量）
局部函数原型
类的实现
全局函数
局部函数
```

要注意尽量避免外部直接访问全局变量。

建议:当一个实现文件有较多全局变量或本地变量时,应将它们分别定义成一个结构,再声明一个总的实例,这样在访问这些变量时就能提供一个统一的入口。

**【规则2-3】** 使用三个空行分离上面定义的节。

正例:
```
typedef unsigned char BOOLEAN;


int DoSomething(void);
```
【规则 2-4】头文件必须避免重复包含。

说明：可以通过宏定义来避免重复包含。

正例:
```
#ifndef __MODULE_H__
#define __MODULE_H__

[文件体]

#endif
```
【规则 2-5】遵循统一的顺序书写类的定义及实现。

类的定义（在定义文件.h 中）按如下顺序书写：

  公有属性
  公有函数
  保护属性
  保护函数
  私有属性
  私有函数

类的实现（在实现文件.c/.cpp 中）按如下顺序书写：

  构造函数
  析构函数
  公有函数
  保护函数
  私有函数
  基本格式

## 2. 基本格式

【规则 2-6】程序中一行的代码和注释不能超过 80 列。

说明：包括空格在内不超过 80 列。

【规则 2-7】if、else、else if、for、while、do 等语句自占一行，执行语句不得紧跟其后，不论执行语句有多少都要加 { }。

说明：这样可以防止书写失误，也易于阅读。

正例:
```
if (varible1 < varible2) {
    varible1 = varible2;
}
```
反例：在下面的代码中，执行语句紧跟在 if 的条件之后，而且没有加{}，违反了规则。
```
if (varible1 < varible2) varible1 = varible2;   // 这是恶劣的代码
```
【规则 2-8】定义指针类型的变量，*应放在变量前。

正例:
```
float *pfBuffer;
```

反例：
```
    float* pfBuffer;
```

3. 对齐

【规则 2-9】将 Tab 字符替换为空格，层级缩进量为 4 个空格。

【规则 2-10】程序的分界符"{"和"}"应独占一行并且位于同一列，同时与引用它们的语句左对齐。{}之内的代码块使用缩进规则对齐。

说明：这样可使代码便于阅读，并且方便注释。

正例：
```
    void Function(int iVar)
    { // 独占一行并与引用语句左对齐
        while (condition)
        {
            DoSomething(); // 与{ }缩进4格
        }
    }
```

反例：
```
    void Function(int iVar){
        while (condition){
        DoSomething();
    }}
```

【规则 2-11】声明类的时候，public、protected、private 关键字与分界符{} 对齐，这些部分的内容要进行缩进。

正例：
```
    class CCount
    {
    public: // 与 { 对齐
        CCount (void); // 要进行缩进
        ~ CCount (void);
        int GetCount(void);
        void SetCount(int iCount);
    private:
        int m_iCount;
    }
```

【规则 2-12】如果结构型的数组、多维的数组在定义时初始化，则应按照数组的矩阵结构分行书写。

正例：
```
    int aiNumbers[4][3] =
    {
        1, 1, 1,
        2, 4, 8,
        3, 9, 27,
        4, 16, 64
    }
```

【规则 2-13】相关的赋值语句等号要对齐。

正例：

```
tPDBRes.wHead       = 0;
tPDBRes.wTail       = wMaxNumOfPDB - 1;
tPDBRes.wFree       = wMaxNumOfPDB;
tPDBRes.wAddress    = wPDBAddr;
tPDBRes.wSize       = wPDBSize;
```

**【建议 2-14】** 在 switch 语句中，每一个 case 分支和 default 都要用{ }括起来，{ }中的内容需要缩进。

说明：这样可使程序可读性更好。

正例：

```
switch (iCode)
{
    case 1:
    {
        DoSomething();  // 缩进4格
        break;
    }
    case 2:
    {   // 每一个case分支和default都要用{}括起来
        DoOtherThing();
        break;
    }

        … // 其他case分支

    default:
    {
        DoNothing();
        break;
    }
}
```

### 4．空行空格

**【规则 2-15】** 不同逻辑程序块之间要使用空行分隔。

说明：适当的空行可以使程序的布局更加清晰。

正例：

```
void Foo::Hey(void)
{
    [Hey实现代码]
}
// 空一行
void Foo::Ack(void)
{
    [Ack实现代码]
}
```

反例：

```
void Foo::Hey(void)
{
    [Hey实现代码]
```

```
    }
    void Foo::Ack(void)
    {
        [Ack实现代码]
    }
    // 两个函数的实现是两个逻辑程序块,应该用空行加以分隔
```

【规则 2-16】一元操作符,如"!"、"~"、"++"、"--"、"*"、"&"(地址运算符)等前后不加空格。"[ ]"、"."、"->"等操作符前后不加空格。

正例:
```
    !bValue
    ~iValue
    ++iCount
    *strSource
    &fSum
    aiNumber[i] = 5;
    tBox.dWidth
    tBox->dWidth
```

【规则 2-17】多元运算符和它们的操作数之间至少需要一个空格。

正例:
```
    fValue = fOldValue;
    fTotal = fTotal + fValue
    iNumber += 2;
```

【规则 2-18】关键字之后要留空格。

说明:if、for、while 等关键字之后应留一个空格并加左括号"(",以突出关键字。

正例:
```
    if (1)
    {
        //do somthing
    }
```

反例:
```
    if(1)
    {
        //do somthing
    }
```

【规则 2-19】函数名之后不要留空格。

说明:函数名后紧跟左括号"(",以便与关键字进行区分。

【规则 2-20】"("向后紧跟")"、","、";"向前紧跟,紧跟处不留空格。","之后要留空格。";"不是行结束符号时其后要留空格。

正例:
```
    for (i = 0; i < MAX_BSC_NUM; i++)
    {
        DoSomething(nWidth, nHeight);
    }
```

5. 断行

【规则 2-21】长表达式(超过 80 列)要在低优先级操作符处拆分成新行,操作符放在新行

之首（以便突出操作符）。拆分出的新行要进行适当的缩进，使排版更整齐。

说明：条件表达式的续行在第一个条件处对齐；
for 循环语句的续行在初始化条件语句处对齐；
函数调用和函数声明的续行在第一个参数处对齐；
赋值语句的续行在赋值号处对齐。

正例：
```
    if ((iFormat == CH_A_Format_M)
        && (iOfficeType == CH_BSC_M))
        // 条件表达式的续行在第一个条件处对齐
    {
        DoSomething();
    }

    for (long_initialization_statement;
         long_condiction_statement; // for语句的续行在初始化条件语句处对齐
         long_update_statement)

    {
        DoSomething();
    }


        // 函数声明的续行在第一个参数处对齐
        BYTE ReportStatusCheckPara(HWND hWnd,
                                   BYTE ucCallNo,
                                   BYTE ucStatusReportNo);

    // 赋值语句的续行在赋值号处对齐
    fTotalBill = fTotalBill + faCustomerPurchases[iID]
               + fSalesTax(faCustomerPurchases[iID]);
```

【规则 2-22】函数声明时，类型与名称不允许分行书写。

正例：
```
    extern double FAR CalcArea(double dWidth, double dHeight);
```
反例：
```
    extern double FAR
    CalcArea(double dWidth, double dHeight);
```

## 三、注释

注释有助于理解代码，有效的注释是指在代码的功能、意图层次上进行注释，提供有用、额外的信息，而不是代码表面意义的简单重复。

【规则 3-1】C 语言的注释符为 "/* … */"。C++语言中，多行注释采用 "/* … */"，单行注释采用 "// …"。

【规则 3-2】一般情况下，源程序有效注释量必须在 20%以上。

说明：注释的原则是有助于对程序的阅读理解，注释不宜太多也不能太少，注释语言必须准确、易懂、简洁。有效的注释是指在代码的功能、意图层次上进行注释，提供有用的、额外的信息。

【规则 3-3】注释使用中文。

说明：对于特殊要求的可以使用英文注释，如使用的工具不支持中文或是国际化版本时。

【规则 3-4】文件头部必须进行注释，包括.h 文件、.c 文件、.cpp 文件、.inc 文件、.def 文件、编译说明文件等。

说明：注释必须列出文件标识、内容摘要、版本号、作者、完成日期、修改信息等。

正例：
```
/*!
*\file    List.h
*\brief   线性表结构定义文件,包含顺序表、单链表、双向循环链表结构
*\author  Joy Wang
*\date    2017/06/24
*\version 0.1
*/
```

【规则 3-5】函数头部应进行注释，列出函数的目的/功能、输入参数、输出参数、返回值、访问和修改的表、修改信息等。

说明：注释必须列出函数名称、功能描述、输入参数、输出参数、返回值、修改信息等。

正例：
```
/*!
* \brief 获取某个通道的颜色值
* \param inChannel, 通道号
* \param outColor, 具体的颜色值保存位置
* \param inType, 颜色类型,具体见"颜色参数标识定义"
* \exception 无
* \return EDVR_OK;成功;
* \return 其他, 对应各种错误码
*/
```

【规则 3-6】包含在{}中的代码块的结束处应加注释，以便于阅读，特别是多分支、多重嵌套的条件语句或循环语句。

说明：此时注释可以使用英文，以方便查找对应的语句。

正例：
```
void Main()
{
    if (…)
    {
        …
        while (…)
        {
            …
        } /* end of while (…) */ // 指明该while语句结束
        …
    } /* end of if (…) */ // 指明是哪条语句结束
} /* end of void main()*/ // 指明函数的结束
```

【规则 3-7】保证代码和注释的一致性。修改代码的同时应修改相应的注释，不再有用的注释要删除。

【规则 3-8】注释应与其描述的代码相近，对代码的注释应放在其上方或右方（对单条语句的注释）相邻位置，不可放在下面，如放于上方则需与其上面的代码用空行隔开。

说明：在使用缩写时或之前，应对缩写进行必要的说明。

正例：
```
/* 获得子系统索引 */
iSubSysIndex = aData[iIndex].iSysIndex;

/* 代码段1注释 */
[ 代码段1 ]

/* 代码段2注释 */
[ 代码段2 ]
```

反例1：注释与描述的代码相隔太远。
```
/* 获得子系统索引 */



iSubSysIndex = aData[iIndex].iSysIndex;
```

反例2：注释不应放在所描述的代码下面。
```
iSubSysIndex = aData[iIndex].iSysIndex;
/* 获得子系统索引 */
```

反例3：代码与注释过于紧凑，显得拥挤。
```
/* 代码段1注释 */
[ 代码段1 ]
/* 代码段2注释 */
[ 代码段2 ]
```

【规则3-9】全局变量要有详细的注释，包括对其功能、取值范围、访问信息及访问时注意事项等的说明。

正例：
```
/*!
* \var 变量名称
* \brief  变量作用：（错误状态码）
* 变量范围：如0 - SUCCESS 1 - Table error
* 访问说明：（访问的函数以及方法）
*/

BYTE g_ucTranErrorCode;

/*!
* \var    g_nTimerThreadExitFlag
* \brief   模块中是否退出定时线程的标志，
*          当此值小于某数时将退出定时线程
*/
static int g_nTimerThreadExitFlag = -1;
```

【规则3-10】注释与所描述内容进行同样的缩排。

说明：可使程序排版整齐，并方便注释的阅读与理解。

正例：
```
int DoSomething(void)
{
   /* 代码段1注释 */
```

```
    [ 代码段1 ]
    /* 代码段2注释 */
    [ 代码段2 ]
}
```

反例：排版不整齐，阅读不方便。

```
int DoSomething(void)
{
    /* 代码段1注释 */
    [ 代码段1 ]

    /* 代码段2注释 */
    [ 代码段2 ]
}
```

【规则3-11】对分支语句（条件分支、循环语句等）必须编写注释。

说明：这些语句往往是程序实现某一特殊功能的关键，对于维护人员来说，良好的注释有助于更好地理解程序，有时甚至优于查看设计文档。

【建议3-12】对枚举变量需要有详细的注释。

说明：增强枚举量的可阅读性。

正例：
```
/*!
* \brief 备份文件格式
*/
Typedef enum
{
  FILE_H264_RAW, /*!<H.264 RAW文件格式*/
  FILE_MP4, /*!<MP4私有文件格式*/
}FILE_Type;
```

【建议3-13】对结构体需要有详细的注释。

说明：增强结构体的可阅读性。

正例：
```
/*!
* \struct tagTimePoint
* \brief  时间点结构体说明,包括年、月、日、时、分、秒六项
*/
typedef struct tagTimePoint
{
  int nSecond; /*!秒,取值范围[0,59] */
  int nMinute; /*! 分钟,取值范围[0,59] */
  int nHour; /*! 小时,取值范围[0,23] */
  int nDay; /*! 日期,取值范围[1,31] */
  int nMonth; /*! 月份,取值范围[1,12] */
  int nYear; /*! 年份,如*/
}TIMEPOINT, *PTIMEPOINT;
```

### 四、断言与错误处理

断言是对某种假设条件进行检查（可理解为若条件成立则无动作，否则应报告）。它可以快速发现并定位软件问题，同时对系统错误进行自动报警。断言可以对在系统中隐藏很深，用

其他手段极难发现的问题进行定位，从而缩短软件问题定位时间，提高⋯⋯应用时，可根据具体情况灵活地设计断言。

【规则4-1】整个软件系统应该采用统一的断言。如果系统不提供断言，⋯个统一的断言供编程时使用。

说明：整个软件系统提供一个统一的断言函数，如 Assert(exp)，同时可提供⋯定义（可根据具体情况灵活设计）。

例如：

① #define ASSERT_EXIT_M 中断当前程序执行，打印中断发生的文件、行号，该宏在单调时使用；

② #define ASSERT_CONTINUE_M 打印程序发生错误或异常的文件、行号，继续进行后续的操作，该宏一般在联调时使用；

③ #define ASSERT_OK_M 空操作，程序发生错误情况时，继续进行、可以通过适当的方式通知后台的监控或统计程序，该宏一般在 RELEASE 版本中使用。

【规则4-2】使用断言捕捉不应该发生的非法情况。不要混淆非法情况与错误情况之间的区别，后者是必然存在的并且是一定要做出处理的。

说明：断言是用来处理不应该发生的错误的，对于可能会发生的且必须处理的情况要写防错程序，而不是断言。如某模块收到其他模块或链路上的消息后，要对消息的合理性进行检查，此过程为正常的错误检查，不能用断言来实现。

【规则4-3】指向指针的指针及更多级的指针必须逐级检查。

说明：对指针逐级检查，有利于给错误准确定位。

正例：
```
Assert ( (ptStru != NULL)
        && (ptStru->ptForward != NULL)
        && (ptStru->ptForward->ptBackward != NULL));
```
反例：
```
Assert (ptStru->ptForward->ptBackward != NULL);
```

【规则4-4】为较复杂的断言加上明确的注释。

说明：为复杂的断言加注释，可明晰断言含义并减少不必要的误用。

【规则4-5】用断言保证没有定义的特性或功能不被使用。

说明：假设某通信模块在设计时，在消息处理接口中准备处理"同步消息"和"异步消息"。但当前的版本中的消息处理接口仅实现了处理"异步消息"，且在此版本的正式发行版中，用户层（上层模块）不应产生发送"同步消息"的请求，那么在测试时可用断言检查用户是否发送了"同步消息"。

正例：
```
const CHAR ASYN_EVENT = 0;
const CHAR SYN_EVENT = 1;

WORD MsgProcess( T_ExamMessage *ptMsg )
{
  CHAR cType; // 消息类型
  Assert (ptMsg != NULL); // 用断言检查消息是否为空
  cType = GetMsgType (ptMsg);
  Assert (cType != SYN_EVENT); // 用断言检查是否为同步消息
```

件的 DEBUG 版本和 RELEASE 版本，而不要同时存在……文件，以减少维护的难度。

……源文件相同，通过调测开关来进行区分，有利于版本……

……其他调测代码去掉（即把有关的调测开关关掉）。

……测试手段，不能对软件实现的功能等产生影响。

……测试代码的软件，在功能行为上应该一致。

……查程序正常运行时不应发生但在调测时有可能发生的非法情况。

……RELEASE 版本不用的测试代码，可以通过断言来检查测试代码中的非法情况。

【建议4-10】尽可能模拟出各种程序出错状态，测试软件对出错状态的处理。

说明："不要让事情很少发生"。需要确定子系统中可能发生哪些事情，并且使它们一定发生和经常发生。如果发现子系统中有极罕见的行为，要千方百计地设法使其重现。

【建议4-11】编写错误处理程序，然后在处理错误之后可用断言宣布发生错误。

说明：假如某模块收到通信链路上的消息，则应对消息的合法性进行检查，若消息类别不是通信协议中规定的，则应进行出错处理，之后可用断言报告。

正例：

```
#ifdef _EXAM_ASSERT_TEST_ // 若使用断言测试

/* 注意:这个函数不终止和退出程序t */
VOID AssertReport(CHAR *pcFileName, WORD wLineno)
{
    printf("\n[EXAM]Error Report:%s, line%u\n",
            pcFileName, wLineno);
}


#define ASSERT_REPORT(condition)
if (condition)  // 若条件成立，则无动作
{
    NULL;
}
else // 否则报告
{
    AssertReport(_FILE_, _LINE_)
}

#else // 若不使用断言测试
#define ASSERT_REPORT(condition) NULL
#endif // 断言结束

WORD MsgHandle(CHAR cMsgname, CHAR *pcMsg)
{
    switch(cMsgname)
    {
```

```
        case MSG_ONE:
        {
            … // 消息MSG_ONE处理
            return MSG_HANDLE_SUCCESS;
        }
        … // 其他合法消息处理
        default:
        {
            … // 消息出错处理
            ASSERT_REPORT (FALSE);  // "合法"消息不成立,报告
            return MSG_HANDLE_ERROR;
        }
    }
}
```

【建议 4-12】使用断言检查函数输入参数的有效性、合法性。

说明：检查函数的输入参数是否合法，如输入参数为指针，则可用断言检查该指针是否为空≥如输入参数为索引，则检查索引是否在值域范围内。

正例：

```
BYTE StoreCsrMsg(WORD wIndex, T_CMServReq *ptMsgCSR)
{
    WORD wStoreIndex;
    T_FuncRet tFuncRet;

    Assert (wIndex < MAX_DATA_AREA_NUM_A);  // 使用断言检查索引
    Assert (ptMsgCSR != NULL);  // 使用断言检查指针

    … // 其他代码

    return OK_M;
}
```

【建议 4-13】对所有具有返回值的接口函数的返回结果进行断言检查。

说明：对接口函数的返回结果进行检查，可以避免程序在运行过程中因使用不正确的返回值而引起错误。

正例：

```
BYTE HandleTpWaitAssEvent(T_CcuData *ptUdata, BYTE *pucMsg)
{
    T_CacAssignFail *ptAssignfail;
    T_CccData *ptCdata;
    ptAssignfail = (T_CacAssignFail *)pbMsg;

    … // 其他代码

    ptCdata = GetCallData(ptUdata->waCallindex[0]);
    Assert (ptCdata != NULL);  // 使用断言对函数的返回结果进行检查

    …// 其他代码

    return CCNO_M;
```

包括主要模块、函数及其功能说明；
描述

```c
#ifndef COMMAND_H
#define COMMAND_H
#pragma once

#include <dos.h>
#include "mutex.h"



/***************************************************************
*                        常量                                  *
***************************************************************/
#define CONFIG_CODE_MIN 0x01 /* 最小命令码 */
#define CONFIG_CODE_MAX 0x4F /* 最大命令码 */
#define SMCC_SETNECFG_NCP 0x01 /* SMCC设置NCP网元属性命令 */


/***************************************************************
*                        宏定义                                *
***************************************************************/
#define NcpCmdlDesAddr(bf_ptr) (*(ULONG * const)(bf_ptr)) /* 取报文目的
   地址 */


/***************************************************************
*                        数据类型                              *
***************************************************************/
enum TimerState{Idle, Active, Done};    //计时器状态
enum TimerType{OneShot, Periodic};      //计时器类型

/***************************************************************
*                        类声明                                *
***************************************************************/
class Timer /* 定时器 */
{
  public:
  TimerState State;
  TimerType Type;
  unsigned int iLength;
```

```
    unsigned int iCount;
    Timer();
    ~Timer();
    int Start(unsigned int iMilliseconds);
    int Waitfor(void);
    void Cancel(void);
    private:
    static void Interrupt(void);
}

/***************************************************************
*                         模板                                  *
***************************************************************/


/***************************************************************
*                       全局变量声明                              *
***************************************************************/
extern Timer g_Timeer; /* 全局计时器 */



/***************************************************************
*                       全局函数原型                              *
***************************************************************/
extern void SetBoardReset(void); /* 设置单板复位 */


#endif /* COMMAND_H */
```

实现文件书写模板:

```
/*!
*\file      文件名
*\brief     简要描述本文件的内容,包括主要模块、函数及其功能说明;
            关于本文件的内容的详细描述
*\author    输入作者名字
 *\date     输入完成日期
*\version   输入当前版本
*/


#include <board.h>
#include <mpc8xx.h>
#include "ncp.h"
#include "timer.h"

/***************************************************************
*                         常量                                  *
***************************************************************/



/***************************************************************
*                          宏                                   *
***************************************************************/
```

```
/************************************************************
*                        数据类型                            *
************************************************************/

                    d;

/************************************************************
*                        全局变量                            *
************************************************************/

                    0;

/************************************************************
*                      局部函数原型                          *
************************************************************/


/************************************************************
*                  类Timer实现——公共部分                    *
************************************************************/

    /*!
    * \fn      Timer()
    * \brief   构造函数
    * \return
    */

Timer::Timer(void)
{
    // 初始化定时器
    // 其他初始化动作
} /* Timer() */


    /*!
    * \fn      ~Timer()
    * \brief   析构函数
    * \return
    */

Timer::~Timer(void)
{
    // 取消定时器
} /* ~Timer() */


    /*!
```

```
 * \fn        Start(unsigned int iMilliseconds)
 * \brief   启动定时器
 * \param   iMilliseconds   定时器的间隔时间,以毫秒为单位
 * \return  0 成功 -1 如果定时器已经在使用
 */

int Timer::Start(unsigned int iMilliseconds)
{
    // 启动定时器动作(略)
} /* Start() */



/*************************************************************
 *                  类Timer实现——保护部分                    *
 *************************************************************/

 /*!
 * \fn       Interrupt(void)
 * \brief中断处理
 */

void Timer::Interrupt(void)
{
    // 实现略
} /* Interrupt() */



/*************************************************************
 *                      全局函数实现                          *
 *************************************************************/

/*!
 * \fn       SetBoardReset(void)
 * \brief设置单板复位
 */

void SetBoardReset(void)
{
    /* 实现略 */
} /* SetBoardReset(void) */



/*************************************************************
 *                      局部函数实现                          *
 *************************************************************/
/* 略 */
```

# 反盗版声明

电子工业出版社依法对本作品享有专有出版权。任何未经权利人书面许可，复制、销售或通过信息网络传播本作品的行为；歪曲、篡改、剽窃本作品的行为，均违反《中华人民共和国著作权法》，其行为人应承担相应的民事责任和行政责任，构成犯罪的，将被依法追究刑事责任。

为了维护市场秩序，保护权利人的合法权益，我社将依法查处和打击侵权盗版的单位和个人。欢迎社会各界人士积极举报侵权盗版行为，本社将奖励举报有功人员，并保证举报人的信息不被泄露。

举报电话：（010）88254396；（010）88258888
传　　真：（010）88254397
E-mail：　dbqq@phei.com.cn
通信地址：北京市万寿路 173 信箱
　　　　　电子工业出版社总编办公室
邮　　编：100036